高等职业教育"十四五"系列教材

高等职业教育土建类专业"互联网+"数字化创新教材

# 工程测量

李金娜　　左岩岩　　主　编

路丽芳　胡　慧　曹　宏　副主编

中国建筑工业出版社

图书在版编目（CIP）数据

工程测量 / 李金娜，左岩岩主编；路丽芳，胡慧，
曹宏副主编. —— 北京：中国建筑工业出版社，2022.8（2025.7重印）
高等职业教育"十四五"系列教材　高等职业教育土
建类专业"互联网＋"数字化创新教材
ISBN 978-7-112-27744-5

Ⅰ. ①工…　Ⅱ. ①李…　②左…　③路…　④胡…　⑤曹
…　Ⅲ. ①工程测量-高等职业教育-教材　Ⅳ. ①TB22

中国版本图书馆 CIP 数据核字（2022）第 142897 号

本教材根据党的二十大精神和全国教材工作会议精神，以"课程思政"为
指导思想，根据《工程测量》教学大纲，按照高等职业教育的特点和"岗课赛
证"融通综合育人教育理念编写而成的。

本教材为新形态一体化教材，教材分为"基础理论"和"实训手册"两个
教学部分。全书主要内容包括：测量基础知识、水准测量、角度测量、距离测
量与直线定向、全站仪的认识与使用、控制测量、测量误差的基本知识、地形
图测绘、施工测量方法、道路中线测量、路线纵横断面测量、道路施工测量、
桥梁施工测量、隧道施工测量、国家工人技术等级标准（工程测量工）、工程
测量工岗位技能竞赛与考证、实训手册。

本教材为"岗课赛证"融通教材，突出以能力为本位的指导思想，体现了
现代高职教育的特点。本教材可作为高职高专土木建筑类、道路与桥梁工程技
术、建筑工程技术等专业的教学用书，也可作为企业岗位培训和相关工程技术
人员学习参考。

为了方便教学，作者自制课件资源和相关资料，索取方式为：1. 邮箱 jckj
@ cabp. com. cn；2. 电话（010）58337285；3. 建工书院 http：//
edu. cabplink. com。

责任编辑：王予芊
责任校对：党　蕾

高等职业教育"十四五"系列教材
高等职业教育土建类专业"互联网＋"数字化创新教材

**工程测量**

李金娜　左岩岩　主　编
路丽芳　胡　慧　曹　宏　副主编

＊

中国建筑工业出版社出版、发行（北京海淀三里河路9号）
各地新华书店、建筑书店经销
北京鸿文瀚海文化传媒有限公司制版
天津安泰印刷有限公司印刷

＊

开本：787 毫米×1092 毫米　1/16　印张：20¾　字数：470 千字
2022 年 8 月第一版　2025 年 7 月第四次印刷
定价：**46.00** 元（含实训手册、赠教师课件）
ISBN 978-7-112-27744-5
（39554）

# 前　言

　　本教材根据党的二十大精神和全国教材工作会议精神编写，党的二十大强调教育、科技、人才是全面建设社会主义现代化国家的基础性、战略性支撑，实施科教兴国战略。

　　本教材深入贯彻落实国家对于职业教育工作和教材工作的重要指示，全面贯彻党的教育方针，落实立德树人根本任务，突显职业教育类型特色。

　　本教材为河北省教育厅批准立项的"高等职业教育创新发展行动计划（2019—2021年）XM-6 职业教育在线精品课程建设项目"成果。本教材根据《工程测量》教学大纲，按照高等职业教育的特点和"岗课赛证"融通综合育人教育理念编写而成的。

　　本教材的编写特色及创新点如下：

　　1. 本教材为"岗课赛证"融通教材，全书分为了"基础理论"和"实训手册"两个教学部分，本教材增加了"课程思政"元素。

　　2. 本教材为新形态一体化教材，在保持传统教材优秀风格的基础上，以更为开阔的视野，引入"情境链接"版块，以情境教学的方式组织教学体系。

　　3. 以实用知识和技能为核心，进一步简化了烦琐的理论计算、特性分析和公式推导。

　　4. 本教材为校企合作开发教材，突出教、学、做一体化，体现了工学结合。

　　《工程测量》是土木工程类的专业基础课和必修课。测量工作在工程建设中占有非常重要的地位，从勘测设计、施工建设到竣工验收的各阶段都要用到。工程测量技能是施工一线工程技术人员必备的岗位技能。本教材具有较强的实用性和通用性，为便于教与学，本教材配有教学课件、教学大纲、教案、习题答案等资源。

　　本书由李金娜、左岩岩任主编，路丽芳、胡慧、曹宏任副主编，具体编写分工：学习情景 3、8、9 由李金娜编写；学习情景 4、7、11 由左岩岩编写；学习情景 5、10 由路丽芳编写；学习情景 12、14 由胡慧编写；学习情景 1、6 由曹宏编写；学习情景 2、13 由曹春江编写。实训手册以及岗位技能竞赛与考证部分由张丽敏、张博文、崔培雪、王风、左松松编写。国能朔黄铁路发展有限责任公司原平分公司经理王风高级工程师、邯黄铁路有限责任公司科技信息部副部长左松松工程师为本书提供了大量的实践教学案例，提出了很多合理化的教材建设与改革意见。

　　本书在编写过程中，得到了很多一线教师的热心帮助和支持，在此一并致谢。由于编者的水平、经验及时间所限，书中难免存在疏漏与不当之处，恳请各位专家、同仁及广大读者批评指正。

# 目　录

工程测量实训手册

## Chapter 01

# 学习情境1

# 测量基础知识

**知识目标**

理解用水平面代替水准面的限度。

掌握测量学的研究对象和任务。

掌握地球的形状和大小。

掌握确定地面点位坐标的方法。

掌握测量工作的基本原则。

**能力目标**

学会区分测绘与测设任务。

熟知测量工程中遵循测量的基本原则。

**思政目标**

加强中华优秀传统文化知识教育，落实党的领导和社会主义核心价值观教育，促进学生德技并修。

## 情境链接

### 举世瞩目的大型水利电力工程——三峡水电站

工程测量学科的发展，使祖国基础建设繁荣昌盛，日新月异。国家基础建设规模和技术高低已经成为一个国家经济发展水平的标志之一。测量工作在工程建设中占有非常重要的地位，从勘测设计、施工建设到竣工验收的各阶段都要用到。

三峡水电站，即长江三峡水利枢纽工程，又称三峡工程。中国湖北省宜昌市境内的长江西陵峡段，与下游的葛洲坝水电站构成梯级电站。

三峡水电站是世界上规模最大的水电站，也是中国有史以来建设最大型的工程项目（如图1-1所示）。三峡水电站有航运、发电、汛期防洪等功能。三峡水电站1992年获得中国全国人民代表大会批准建设，1994年正式动工兴建，2003年6月1日下午开始蓄水发电，于2009年全部完工。

图1-1　三峡水电站

三峡水电站的输变电系统由中国国家电网公司负责建设和管理，安装的高压输电线路连接至各区域电网。

三峡水电站大坝高程185m，蓄水高程175m，水库长2335m，安装32台单机容量为70万kW的水电机组。三峡电站最后一台水电机组，2012年7月4日投产，这意味着，装机容量达到2240万kW的三峡水电站，2012年7月4日已成为全世界最大的水力发电站和清洁能源生产基地。2018年12月21日8时25分21秒，三峡工程在充分发挥防洪、航运、水资源利用等巨大综合效益前提下，三峡电站累计生产1000亿千瓦时绿色电能。三峡水电站总装机容量和发电量都堪称世界第一。

## 1.1 测量学概述

### 1.1.1 测量学的研究对象和任务

测量学是研究地球的形状和大小以及确定地面（包括空中、地下和海底）点位的科学，是研究对地球整体及其表面和外层空间中的各种自然和人造物体上与地理空间分布有关的信息进行采集处理、管理、更新和利用的科学和技术。

随着科学技术的迅猛发展和社会生产的广泛需要，测量学已发展为以下几门彼此联系又自成体系的分支：

普通测量学，主要研究地球表面较小区域内测绘工作的基本原理、普通测量仪器的使用和大比例尺地形图测绘方法与应用的学科。是测量学的基础部分。

大地测量学，是研究和确定地球形状、大小、重力场、整体与局部运动和地表面点的几何位置，以及它们的变化的理论和技术的学科。其基本任务是建立国家大地控制网，测定地球的形状、大小和重力场，为地形测图和各种工程测量提供基础起算数据；为空间科学、军事科学及研究地壳变形、地震预报等提供重要资料。按照测量手段的不同，大地测量学又分为常规大地测量学、卫星大地测量学及物理大地测量学等。

摄影测量学，主要研究利用航空或航天器对地面摄影或遥感的手段，以获取地物和地貌的影像和光谱信息，并对其进行分析处理，从而绘制成地形图或构建数字模型的学科。

工程测量学，主要研究在工程、工业和城市建设，以及资源开发各个阶段所进行的地形和有关信息的采集和处理，施工放样、设备安装、变形监测分析和预报等的理论、方法和技术，以及研究对测量和工程有关的信息进行管理和使用的学科，它是测绘学在国民经济和国防建设中的直接应用。

地图制图学，是研究模拟和数字地图的基础理论、设计、编绘、复制的技术、方法以及应用的学科。它的基本任务是利用各种测量成果编制各类地图，其内容一般包括地图投影、地图编制、地图整饰和地图制印等分支的学科。

测量仪器学，是研究测量仪器的制造、改进和创新的学科。

地形测量学，是研究如何将地球表面局部区域内的地物、地貌及其他有关信息测绘成地形图的理论、方法和技术的学科。按成图方式的不同，地形测图可分为模拟化测图和数字化测图。

测量工作对于国家的经济建设和国防建设具有非常重要的作用，在公路、桥梁、隧道工程建设中有着广泛的应用，在测量中要认真记录，因测量工作大部分在野外，所以在测量过程中要克服工作环境带来的不便，认真细致地工作，弘扬工匠精神和爱国主义情怀。

### 1.1.2 测量学在道路工程中的应用

在道路工程建设中，为了能够修建一条最经济、最合理的路线，首先要进行路线勘测，根据测量得到的数据资料再进行路线选线。

确定路线方案后，要进行路线的详细测量，也就是进行路线的中线测量、纵断面测量、横断面测量、地形测量和有关调查测量等，以便为路线设计提供准确、详细的外业资料。当路线跨越河流时，应测绘河流两岸的地形图，测定桥轴线的长度及桥位处的河床断面，为桥梁方案选择及结构设计提供必要的数据。当路线穿越高山，采用隧道工程时，应测绘隧址处地形图，测定隧道的轴线、洞口、竖井等的位置，为隧道设计提供必要的数据。

施工开始时，要将设计好的路线、桥涵和隧道在图纸中的各项元素，按规定的精度准确无误地测设于实地，即进行施工放样测量。施工过程中，要经常通过测量手段来检查工程的进度和质量。在隧道施工过程还要不断地进行贯通测量，以保证隧道的平面位置和高程正确贯通。工程竣工后，要进行竣工测量并编制竣工图，以满足工程的验收、维护、加固乃至扩建的需要。

营运阶段，还要应用测量进行一些常规检查和定期进行变形观测，以确保公路、桥梁和隧道等构造物的安全使用。

可以说，公路、桥梁、隧道的勘测、设计、施工、竣工及营运的各个阶段都离不开测量工作。因此，作为一名道路桥梁工程建设人员，只有具备道路工程测量的基本理论、基本知识和基本技能，才能为我国的交通建设事业多做贡献。

## 1.2 测量工作的研究对象及水准面

### 1.2.1 地球的形状和大小

测量工作主要研究地球的自然表面。而地球的自然表面是很不规则的，有陆地、海洋、高山和平原。研究表明，地球近似于椭球，其长短半轴之差约为 21.3km。我国西藏与尼泊尔交界处的珠穆朗玛峰高达 8848.86m，而太平洋西部的马里亚纳海沟则深达11034m，两者相比，起伏变化非常大。虽然如此，这种起伏变化和地球平均半径（约6371km）比较起来仍是微不足道的。

### 1.2.2 水准面和大地水准面

由于地球表面上海洋面积约占 71%，陆地面积仅占 29%，因此，人们常把地球的形状看作是被海水包围的球体。也就是设想有一个静止的海水面，向陆地延伸而形成一个封闭的曲面，我们把这个静止的海水面称为水准面。水准面作为流体的海水面是受地球重力影响而形成的重力等势面，是一个处处与重力方向垂直的连续曲面。由于海水面也是有高有低的，因此，水准面有无数个，我们将其中通过平均海水面的那个水准面，称为大地水准面，如图 1-2（a）所示。一般把大地水准面作为高程测量的基准面。

## 1.2.3　旋转椭球面

由于地球内部质量分布不均匀，导致地面上各点的重力方向（即铅垂线方向）产生了不规则的变化，因而大地水准面实际上是一个有微小起伏的不规则曲面。如果将大地控制网投影到这个不规则的曲面上，将无法进行大地测量计算，所以必须要用一个和大地水准面的形状非常接近的数学形体，来代替大地水准面。在测量上则是选用一定大小和形状的椭圆绕其短轴旋转而成的椭球面，来替代大地水准面，并将其与大地水准面的相对位置和方向确定后，便可作为测量计算的基准面，故也称为参考椭球面。参考椭球面，作为测量计算的基准面，如图 1-2（b）所示。

目前我国采用的参考椭球的长半轴 $a = 6378140\text{m}$，短半轴 $b = 6356755\text{m}$，扁率 $\alpha = (a-b)/a = 1/298257$。由于旋转椭球的扁率很小，因此当测区范围不大时，为简化计算把旋转椭球当作圆球看待，取其近似半径为 6371km。

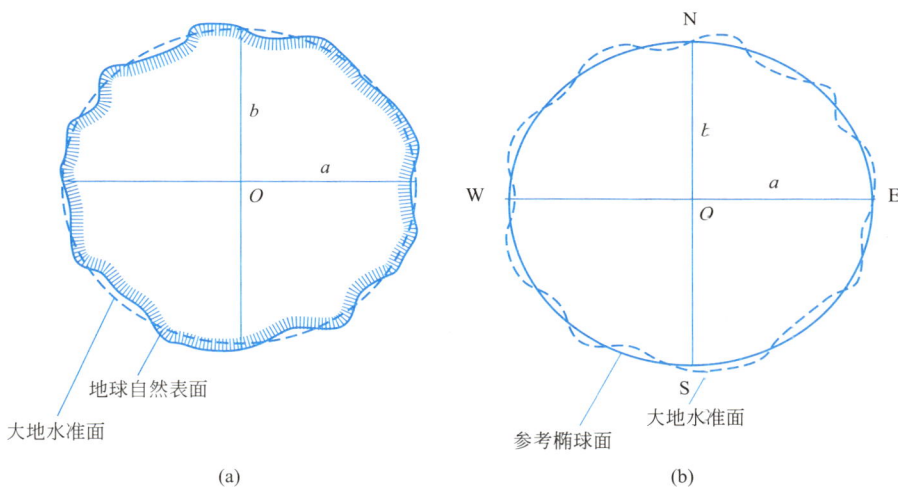

（a）　　　　　　　　　　　　　　　　（b）

**图 1-2　大地水准面和参考椭球面**

（a）大地水准面；（b）参考椭球面

## 1.3　地面点位的确定

测量工作的基本任务就是确定地面点的空间位置。一个点在空间的位置，可以采用三维空间直角坐标表示，也可采用二维球面坐标或平面直角坐标并组合点至大地水准面的垂直距离（高程）表示。二维球面坐标或该点投影到平面上的二维平面坐标，就是该点到大地水准面的铅垂距离，也是确定地面点在投影面上的坐标和点到投影面的铅垂距离（高程）。

确定地面点位的坐标系，根据具体情况，可选用大地坐标系、高斯平面直角坐标系和独立平面直角坐标系三种坐标系。

## 1.3.1　大地坐标系

用大地经度和大地纬度表示地面点在参考椭球面上投影位置的坐标系，称为大地坐标系。如图 1-3 所示，NS 为椭球的旋转轴，N 表示北极，S 表示南极。

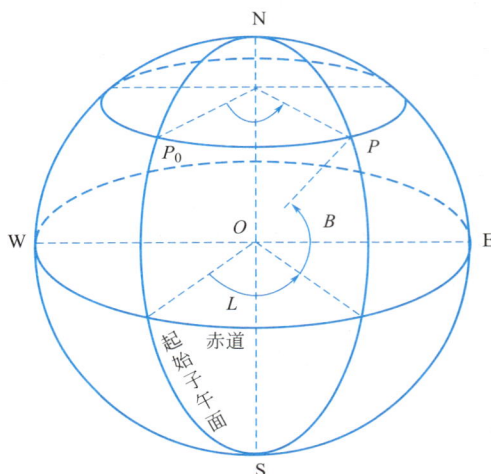

图 1-3　大地坐标

子午面是指经线通过地轴的那个平面，通称子午线平面或经线平面，子午面和赤道平面直交。

通过参考椭球中心且与椭球旋转轴正交的平面称为赤道面，赤道面与地球表面的交线称为赤道。其他与椭球旋转轴正交，但不通过球心的平面与椭球面相交所得的曲线称为平行圈，也称纬线或纬圈。起始子午面和赤道面，是在椭球面上确定任一点投影位置的两个基本面。

大地经度，是指通过某点（如图 1-3 中的 $P$ 点）和地球椭球体旋转轴的平面与起始大地子午面（本初子午面）间的夹角 $L$，从起始子午面算起：向东 $0°\sim180°$ 称为东经；向西 $0°\sim180°$ 称为西经。

大地纬度，是指将地球表面点投射到地球椭球体上，投影点法线方向与赤道平面的夹角，用 $B$ 表示，从赤道面算起：向北 $0°\sim90°$ 称为北纬，向南 $0°\sim90°$ 称为南纬。

地面点的大地坐标，是根据大地测量数据由大地原点（大地坐标原点）推算而得的。我国目前采用的大地坐标系为"2000 国家大地坐标系"，简写"CGCS2000"，原点为包括海洋和大气的整个地球的质量中心；$x$ 轴由原点指向格林尼治参考子午线与地球赤道面的交点，$y$ 轴与 $z$ 轴、$x$ 轴构成右手正交坐标系。

## 1.3.2　高斯平面直角坐标系

在研究大范围的地球形状和大小时，必须用大地坐标表示地面点的位置才符合实际。但在绘制地形图时，只能将参考椭球面上的图形用地图投影的方法描绘到纸的平面上，这就需要用相应的地图投影方法建立一个平面直角坐标系。我国从 1952 年开始采用高斯投影作为地形图的基本投影，并以高斯投影的方法建立了高斯平面直角坐标系统。

高斯投影是地球椭球面正形投影于平面的一种数学转换过程。以中央子午线和赤道投影后的交点 $O$ 作为坐标原点，以中央子午线的投影为纵坐标轴 $x$，规定 $x$ 轴向北为正；以赤道的投影为横坐标轴 $y$，规定 $y$ 轴向东为正。

如图 1-4 所示，设想把一个平面卷成一个空心椭圆柱，把它横着套在旋转椭球外面，使椭圆柱的中心轴位于赤道面内并通过球心，并与椭球面上某一条子午线相切，即这条子午线与椭圆柱重合，通常称它为"中央子午线"或称"轴子午线"。若以椭球中心为投影中心，将中央子午线两侧一定经差范围内的椭球图形投影到圆柱面上，再顺着过南、北极点的圆柱母线将圆柱面剪开，展成平面，这个平面就是高斯投影平面。

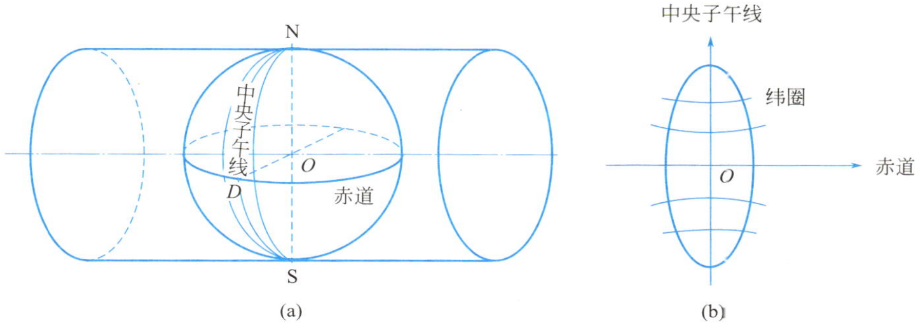

图 1-4　高斯平面直角坐标的投影

在高斯投影平面上，中央子午线的投影是一条直线，其长度无变形，其他子午线的投影为凹向中央子午线的曲线。赤道的投影为一条与中央子午线垂直的直线，其他纬线的投影为凸向赤道的曲线。除中央子午线外，其他线段的投影均有变形，且离中央子午线愈远，长度变形愈大。投影前后的角度保持不变，且小范围内图形保持相似。

中央子午线投影展开后是一条直线，以此直线作为纵轴，向北为正，即 $x$ 轴；赤道是一条与中央子午线相垂直的直线，将它作为横轴，向东为正，即 $y$ 轴；两直线的交点为原点，则组成了高斯平面直角坐标。

为了使投影变形不致影响测图精度，规定以经差 6° 或更小的经差为准来限定高斯投影的范围，每一个投影范围为一个投影带。如图 1-5 所示，从起始子午线开始，将整个地球

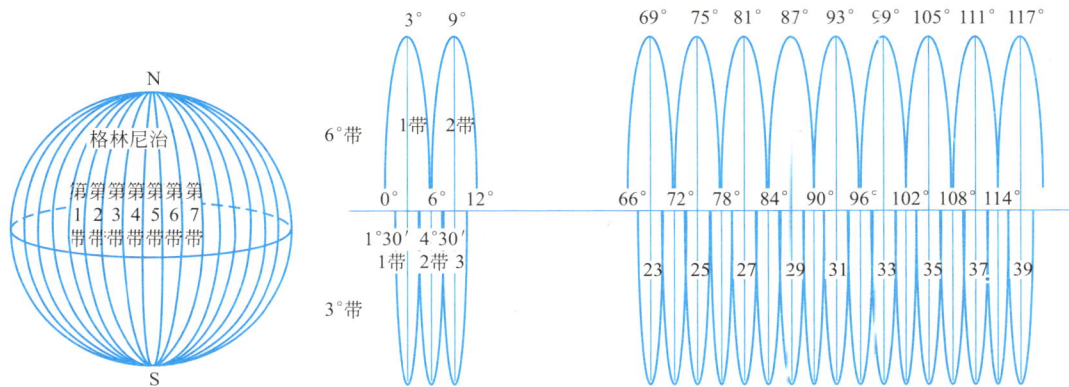

图 1-5　6°带和 3°带的投影

划分成 60 个投影带，并顺次编号，叫做高斯 6°投影带（简称 6°带）。6°带中央子午线经度 $L$ 与投影带号 $N$ 之间的关系式为：

$$L = N \times 6° - 3° \tag{1-1}$$

对于大比例尺测图，则需采用 3°带或 1.5°带来限制投影误差。

采用分带投影后，由于每一投影带的中央子午线和赤道的投影为两正交直线，故可取两正交直线的交点为坐标原点。中央子午线的投影线为坐标纵轴（$x$ 轴），向北为正；赤道投影线为坐标横轴（$y$ 轴），向东为正。这就是全国统一的高斯平面直角坐标系。

投影后得到的地面点坐标称为自然坐标，我国位于北半球，纵坐标 $x$ 均为正值，横坐标 $y$ 有正有负，如图 1-6 所示。为避免横坐标 $y$ 出现负值，故规定把坐标纵轴向西平移 500km，另外，为了根据横坐标能确定该地点位于哪一个 6°带内，还规定在横坐标值前冠以带号，经此变换后的坐标称为通用坐标。例如：$y_A = 20792538m$，表示 $A$ 点位于第 20 带内，自然坐标横坐标值为 $792538m - 500000m = 292538m$；$y_B = 20235860m$，表示 $B$ 位于第 20 带内，自然坐标横坐标值为 $235860m - 500000m = -264140m$。

## 1.3.3 独立平面直角坐标系

当测量的范围较小时，可以把测区的球面近似成平面。直接将地面点沿铅垂线投影到水平面上，用平面直角坐标来表示地面点的投影位置，如图 1-7 所示。

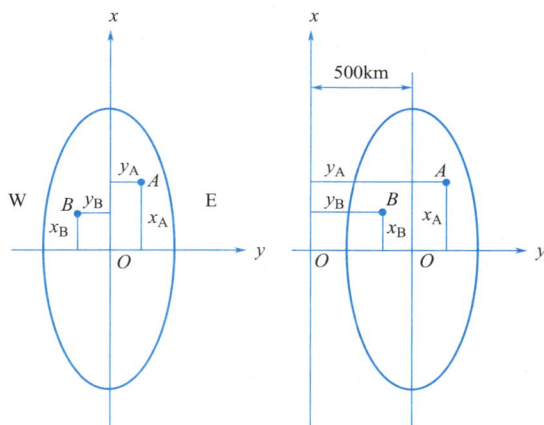

图 1-6 高斯平面直角坐标系

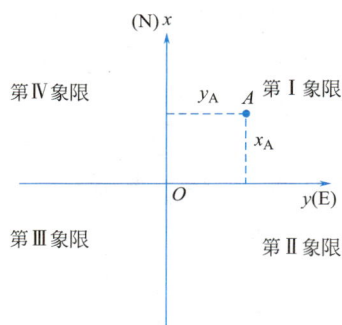

图 1-7 独立平面直角坐标系

测量工作以 $x$ 轴为纵轴，一般用它表示南北方向，向北为正；以 $y$ 轴为横轴，表示东西方向，向东为正。坐标原点可假定，也可选择在已知点上，象限按顺时针方向编号。测量工作中以极坐标表示点位时，其角度值是以北方为准，按顺时针方向计算的夹角，而数学中则是从横轴按逆时针计算，故把解析几何中的 $x$ 轴与 $y$ 轴互换后，全部三角公式都可以不加改变直接应用。

## 1.3.4　地面点的高程体系

平面坐标仅表明了空间点在基准面上的投影位置。除此以外，还应确定该点到某一基准面（大地水准面或参考椭球面）的铅垂距离。在一般测量工作中，是以大地水准面作为基准面。因而某点到基准面的高度，是指某点沿铅垂线方向到大地水准面的距离，通常称它为绝对高程或海拔，简称高程。在图 1-8 中地面点 $A$、$B$ 的高程分别是 $H_A$、$H_B$。

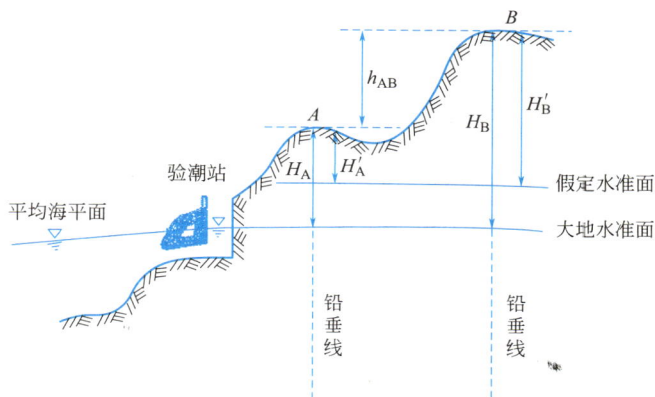

图 1-8　高程与高差之间的相互关系

当在局部地区进行高程测量时，也可以假定一个水准面作为高程起算面。地面点到假定水准面的铅垂距离，则称为假定高程或相对高程，如图 1-8 中 $H_A'$、$H_B'$。

任意两点高程之差称为高差，如图 1-8 中 $A$、$B$ 两点间的高差为：

$$h_{AB} = H_B - H_A = H_B' - H_A'$$

我国的高程系统是以青岛验潮站历年观测的黄海平均海水面为大地水准面，并在青岛的观象山建立国家水准原点，其高程为 $72.2604\text{m}$，由此建立的高程系统称为"1985 年国家高程基准"。

# 1.4　用水平面代替水准面的限度

当我们要测量的区域范围较小时，可以用水平面代替水准面，即用平面代替曲面。这样的替代可以使测量的计算和绘图工作大为简化。但是当测区范围较大时，就必须顾及地球曲率的影响。那么多大范围内才允许用水平面代替水准面呢？接下来就来讨论这个限度。

## 1.4.1　对水平距离的影响

设地球是半径为 $R$ 的球体，地面上 $A$、$B$ 两点投影到大地水准面上的距离为弧长 $D$，如图 1-9 所示，投影到水平面上的距离为 $D'$，显然两者之差即为用水平面代替水准面所产生的距离误差，设其为 $\Delta D$，则：

$$\Delta D = D' - D = R\tan\theta - R\theta = R(\tan\theta - \theta)$$

式中，$\theta$——弧长 $D$ 所对应的圆心角。

将 $\tan\theta$ 用级数展开并略去高次项得：

$$\tan\theta = \theta + \frac{1}{3}\theta^3 + \cdots = \theta + \frac{1}{3}\theta^3,$$

又因为 $\theta = \dfrac{D}{R}$，

则距离误差为：$\Delta D = \dfrac{D^3}{3R^2}$；

距离的相对误差为：$\dfrac{\Delta D}{D} = \dfrac{D^2}{3R^2}$ （1-2）

代入 $R = 6371\text{km}$ 和不同的 $D$ 值，求出距离误差和距离的相对误差，结果见表 1-1。

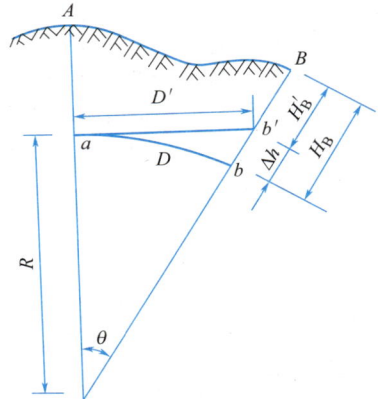

图 1-9 用水平面代替水准面的影响

地球曲率对水平距离的影响 表 1-1

| 距离 $D$（km） | 距离误差 $\Delta D$（m） | 距离相对误差 $\Delta D/D$ |
| --- | --- | --- |
| 10 | 0.008 | 1∶1220000 |
| 25 | 0.128 | 1∶200000 |
| 50 | 1.027 | 1∶49000 |
| 100 | 8.212 | 1∶12000 |

由表 1-1 可以看出，距离为 10km 时，产生的相对误差为 1∶1220000，小于目前物理测距的最高精度 1∶1000000。因此可以认为，在半径 10km 的区域，地球曲率对水平距离的影响可以忽略不计。

## 1.4.2 对水平角的影响

从球面三角学可知，球面上三角形内角之和比平面上相应的三角形内角之和多出一个球面角超 $\varepsilon$，如图 1-10 所示。其值可根据多边形面积求得，即：

$$\varepsilon = \frac{P}{R^2}\rho \qquad (1-3)$$

式中，$\varepsilon$——球面角超，以秒为单位；

$P$——球面多边形面积；

$\rho$——206265″（1 弧度合 180°/π，即 206265″）；

$R$——地球半径。

把不同的球面多边形面积代入式（1-3），求出球面角超，见表 1-2。

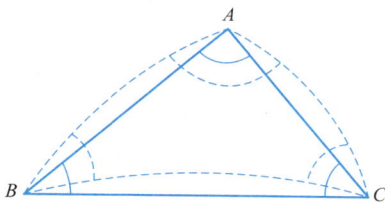

图 1-10 球面角超

| 球面多边形面积（km²） | ε(″) | 球面多边形面积（km²） | ε(″) |
|---|---|---|---|
| 10 | 0.05 | 100 | 0.51 |
| 50 | 0.25 | 500 | 2.54 |

计算表明，当测区范围在 $100km^2$ 时，用水平面代替水准面对角度的影响仅为 $0.51''$，在普通测量工作中可忽略不计。

### 1.4.3  对高程的影响

如图 1-8 所示，地面点 $B$ 的绝对高程为该点沿铅垂线到大地水准面的距离 $H_B$，当用过 $A$ 点与大地水准面相切的水平面代替大地水准面时，$B$ 点的高程为 $H'_B$，两者的差值为 $bb'$，即为用水平面代替大地水准面所产生的高程误差，用 $\Delta h$ 表示，由几何关系得：

$$(R + \Delta h)^2 = R^2 + D'^2$$

即：

$$\Delta h = \frac{D'^2}{2R + \Delta h}$$

因为水平距离 $D'$ 与弧长 $D$ 很接近，取 $D' = D$；又因 $\Delta h$ 远小于 $R$，取 $2R + \Delta h$ 为 $2R$，代入上式得：

$$\Delta h = \frac{D^2}{2R} \tag{1-4}$$

以 $R = 6371km$ 和不同的 $D$ 值代入上式，算得相应的 $\Delta h$ 值列于表 1-3 中。

| 距离 $D$(km) | 0.1 | 0.2 | 0.3 | 0.4 | 0.5 | 0.6 | 0.7 | 0.8 | 0.9 |
|---|---|---|---|---|---|---|---|---|---|
| 高程误差 $\Delta h$(m) | 0.0008 | 0.003 | 0.007 | 0.013 | 0.02 | 0.028 | 0.038 | 0.05 | 0.064 |

由上表可以看出，用水平面代替水准面作为高程起算面，对高程的影响是很大的。例如距离为 0.2km 时就有 3mm 的高程误差，在 0.5km 时高程误差达 20mm，这在测量中是不允许的。因此，即便是距离很短，也不能忽略地球曲率对高程的影响。

## 1.5  测量工作的工作程序和基本原则

### 1.5.1  测量工作程序

测量工作的基本内容是确定地面点的位置。它有两方面的含义：一方面是将地面点的实际位置用坐标和高程表示出来；另一方面是根据点位的设计坐标和高程将其在实地上的位置标定出来。要完成上述任务，必须用测量仪器通过一定的观测方法和手段测出已知点与未知点之间的几何关系，才能由已知点导出未知点的位置。

**1. 控制测量**

在测量工作中，为了限制误差的累积与传播，满足测图和施工的精度需要，就必须遵循测量工作的基本原则，即"从整体到局部，由高级到低级，先控制后碎部"。也就是说，控制测量工作是整个测量工作的首要工作。

控制测量包括平面控制测量和高程控制测量。平面控制测量可采用导线测量和三角测量的方法。高程控制测量可采用水准测量和三角高程测量方法进行。

**2. 碎部测量**

碎部测量可根据测图的性质、范围及工程要求采用全野外实测和航测等方法进行。

## 1.5.2　测量工作基本原则

在地面上从事测图工作时，需要测定很多碎部点（地物点和地貌点）的平面坐标和高程。因为任何一种测量工作都会产生不可避免的误差，所以每次测量时都必须采取一定的程序和方法，以防止误差的积累。假如从一个碎部点开始，逐点进行施测，最后虽可得到待测各点的位置，但是这些点的位置可能是很不准确的。因为前一点的测量误差，将会传递到下一点，这样积累起来，最后可能达到不容许的程度，因此，必须采取一种科学的工作程序和方法。

在实际测量工作中要遵循 1.5.1 中提到的基本原则。这样可以有效地控制误差的传递和累积，使整个测区的精度较为均匀和统一。

测量工作分为外业和内业。点与点之间的几何元素有距离、角度和高差，这三个基本元素称之为测量三要素。而距离测量、角度测量、高差测量是测量的基本工作。

### 小结

本节是学习本课程甚至是测量专业的基础预备知识。主要内容包括：测量学的相关概念、道路工程测量在工程中的主要任务、地面点位的确定方法、测量的基本工作以及测量的基本原则等。学生应深刻理解和掌握铅垂线、水平面、水准面、大地水准面、绝对高程和相对高程、高差、大地坐标系、高斯平面直角坐标系等测量学基本概念，对本课程和后续专业课的学习具有重要作用。测量工作的基本内容和基本原则，应结合后续的学习和实践进一步加深理解。

### 思考题

1. 什么叫水准面？什么叫大地水准面？它们的特性是什么？
2. 什么叫绝对高程（海拔）？什么叫相对高程？什么叫高差？
3. 表示地面点位有哪几种坐标系？各有什么用途？
4. 测量学中的平面直角坐标系和数学上的平面直角坐标系有何不同？为何这样规定？

5. 已知点位 M 于东经 117°46′，计算它所在的 6°带和 3°带及其相应的中央子午线的经度。

6. 设 A 点的高斯平面直角坐标为 $x=2578546$m，$y=18235672$m，则该点属于第几投影带，离中央子午线和赤道各有多远？

7. 对于水平距离和高差而言，在多大的范围内可用水平面代替水准面？

8. 确定地面点的三个基本要素是什么？测量的基本工作是什么？

9. 测量工作的基本原则是什么？

## Chapter 02

# 学习情境 2

## 水准测量

**知识目标**

掌握水准测量原理与水准测量方法。

掌握 $DS_3$ 微倾式水准仪的使用方法。

掌握 $DS_3$ 微倾式水准仪的检验与校正方法。

理解水准测量的误差来源及减小误差的方法。

**能力目标**

学会运用水准仪进行高程测量和内业处理。

学会检验和校正经纬仪。

熟知水准仪的构造及其功能。

**思政目标**

通过水准外业测量和内业数据处理，培养认真细致的工作态度，以及吃苦耐劳、团结协作的工匠精神。

### 情境链接

#### 雄安站混凝土主体结构封顶施工现场

祖国建设一片繁荣景象，而在祖国重大项目建设中，建设施工中需要测量地面点高程，其中水准测量的精度非常高，广泛应用于国家等级高程控制测量和各种工程测量中。图 2-1 所示为京雄城际铁路雄安站施工现场。

2020 年 4 月 30 日，京雄城际铁路雄安站工地，24 台塔式起重机交叉挥舞，起重机巨臂高擎。伴随着最后一方混凝土浇筑完成，京雄城际铁路雄安站混凝土主体结构正式封顶。雄安站作为雄安新区设立以来首个大型基础设施项目、河北省首个 "5G＋" 边缘计算智慧工地。

雄安站站房外观呈水滴状椭圆造型，采用 "青莲滴露" 的主题，如图 2-2 所示。椭圆形的屋盖轮廓如清泉源头，似一瓣青莲上的露珠；平整的建筑屋顶在中部高架候车厅处向上抬起，边缘向内层层收进，如同微风荡漾时湖泊中泛起的层层涟漪；立面形态舒展，又似传统中式大殿，展现了中华传统文化的深厚底蕴。

图 2-1　京雄城际铁路雄安站施工现场

图 2-2　雄安站水滴状椭圆造型外观图

# 2.1　水准仪的认识与使用

## 2.1.1　水准测量原理

高程测量是普通测量的基本工作之一。测量地面点高程的方法有水准测量、三角高程测量、气压高程测量和卫星定位测量等方法。由于水准测量的精度最高，故其广泛应用于国家等级高程控制测量和各种工程测量中。

水准测量的原理是利用水准仪提供的水平视线，根据前后点水准尺的读数，测定两点的高差，从而由一点的已知高程，推算另一点的高程。测量 A、B 两点的高差可以在 A、B 两点竖立两根尺子即水准尺，并在 A、B 两点间安置一台可以提供水平视线的仪器即水准仪，如图 2-3 所示。设水准仪

3.
水准测量
基本原理

的水平视线截在尺子的位置为 $M$、$N$，过 $A$ 点作一水平线与过 $B$ 点的铅垂线相交于 $C$，因为 $BC$ 的长度即是 $A$、$B$ 两点之间的高差 $h_{AB}$，所以由矩形 $MACN$ 可以得到计算 $h_{AB}$ 的式子为：

$$h_{AB} = H_B - H_A = a - b \qquad (2\text{-}1)$$

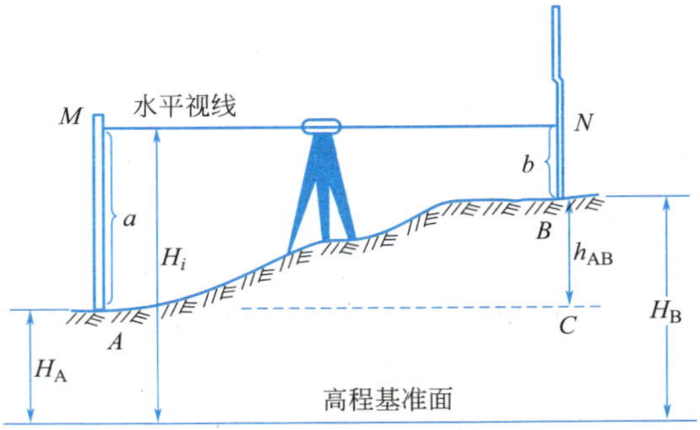

图 2-3  水准测量原理

在实际工作时，$a$、$b$ 的值是用水准仪瞄准水准尺直接读出来的。因为 $A$ 点是已知高程的点，通常称 $a$ 为后视读数，称 $b$ 为前视读数。即：

$$h_{AB} = 后视读数 - 前视读数$$

实际上高差 $h_{AB}$ 本身可正可负。由式（2-1）可知，当 $a$ 大于 $b$ 时 $h_{AB}$ 值为正，这种情况是 $B$ 点高于 $A$ 点；当 $a$ 小于 $b$ 时 $h_{AB}$ 值为负，即 $B$ 点低于 $A$ 点。无论 $h_{AB}$ 值是正是负，式（2-1）始终成立。为了避免计算中发生正负符号的错误，在书写高差 $h_{AB}$ 的符号时必须注意 $h$ 的脚标 $A$、$B$，前面的字母代表了已知点的点号，也就是说 $h_{AB}$ 是表示由已知高程的 $A$ 点推算至未知高程的 $B$ 点的高差。

有时安置一次仪器须测量许多点的高程，为了方便起见，可先求出水准仪的视线高程，然后再分别计算各点高程，从图 2-1 中可以看出：

视线高 $\qquad\qquad\qquad H_i = H_A + a \qquad\qquad\qquad (2\text{-}2)$

$B$ 点高程 $\qquad\qquad\qquad H_B = H_i - b \qquad\qquad\qquad (2\text{-}3)$

综上所述，测量地面上两点间的高差或点的高程所依据的是一条水平视线，如果视线不水平，上述公式不成立，测算将发生错误。因此，视线必须水平，是水准测量中要牢牢记住的操作要领。

## 2.1.2  水准仪和水准尺

水准仪是建立水平视线测定地面两点间高差的仪器。原理为根据水准测量原理测量地面点间高差。主要部件有望远镜、管水准器（或补偿器）、垂直轴、基座、脚螺旋等。按精度分为精密水准仪和普通水准仪。按结构分为微倾水准仪、自动安平水准仪、激光水准仪和数字水准仪（又称电子水准仪）。

### 1. DS$_3$ 微倾式水准仪的构造

如图 2-4 所示，水准仪主要由望远镜、水准器和基座组成。水准仪的望远镜能绕仪器竖轴在水平方向转动。为了能精确地提供水平视线，望远镜能够在竖直面内作微小转动，所以称为微倾式水准仪。

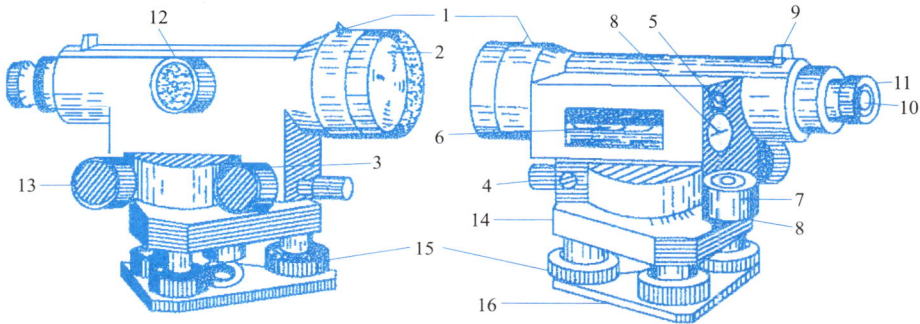

**图 2-4　DS₃ 型微倾式水准仪**

1—准星；2—物镜；3—微动螺旋；4—制动螺旋；5—符合水准器观测镜；6—管水准器；

7—圆水准器；8—校正螺栓；9—照门；10—目镜；11—目镜对光螺旋；

12—物镜对光螺旋；13—微倾螺旋；14—基座；15—脚螺旋；16—连接板

（1）望远镜

望远镜由物镜、目镜和十字丝分划板三个主要部分组成，它的主要作用是为我们看清远处目标并提供一条水平视线。如图 2-5 所示。

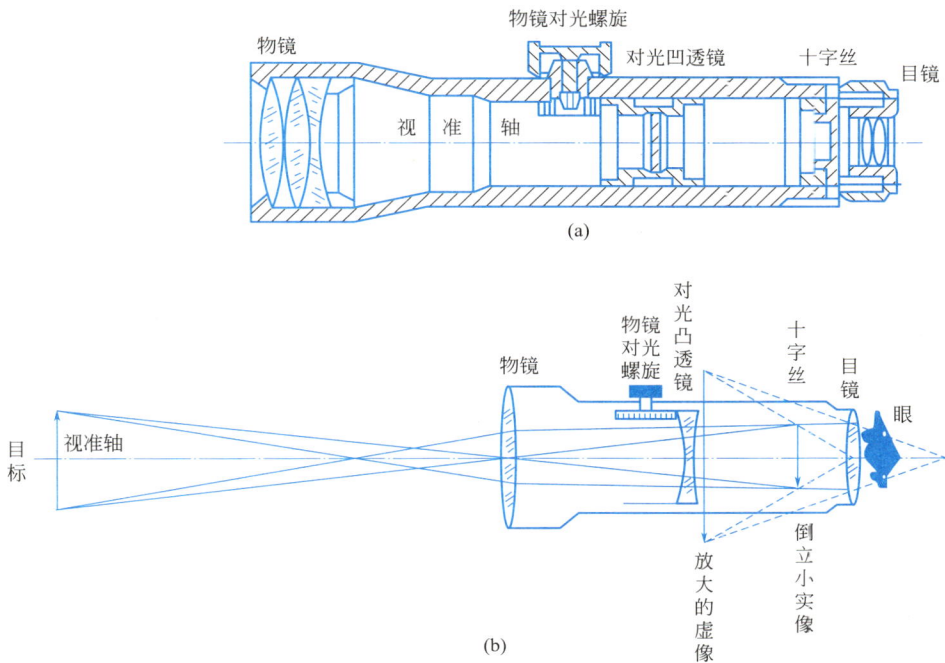

(a)

(b)

**图 2-5　望远镜的结构**

（a）内对光望远镜构造；（b）望远镜的成像原理

目标发出的光线通过物镜后，在镜筒内成一个倒立、缩小的实像，转动物镜对光螺旋，可以使倒立、缩小的实像清晰地成在十字丝分划板上。目镜起放大作用，人眼经目镜看到的是倒立、缩小的实像和十字丝一起放大的虚像。十字丝的作用是提供照准目标的标准线。为了提高望远镜成像的质量，物镜和目镜以及对光透镜由多块透镜组合而成。放大的虚像与用眼睛直接看到目标视角的比值称为望远镜的放大率。

十字丝分划板是一块刻有分划线的透明平板玻璃片，装在十字丝环上，再用固定螺栓固定在望远镜筒内，如图2-6所示。分划板上面刻有两条相互垂直的十字丝，竖直的一条称为纵丝或竖丝，水平的一条称为横丝或中丝，与横丝平行的上下两条对称的短丝称为视距丝，用于测量仪器到标尺间的距离。十字丝横丝与竖丝的交点与物镜光心的连线称为视准轴。

为了控制望远镜快速照准目标，在水准仪上装有一套制动和微动螺旋。当拧紧制动螺旋时，望远镜就被固定，此时可转动微动螺旋，使望远镜在水平方向做微动来精确照准目标。当松开制动螺旋时，微动就失去作用。有些仪器是靠摩擦制动，无制动螺旋，只有微动螺旋。

（2）水准器

水准器的作用是把望远镜的视准轴安置到水平位置。水准器有管水准器和圆水准器两种。

圆水准器是一个玻璃圆盒，盒内装有酒精与乙醚的混合液，加热密封时留有气泡，如图2-7所示。圆水准器内表面是圆球面，中央画一小圆，其圆心称为圆水准器的零点，过零点的法线称为圆水准器轴。当气泡中心与零点重合时，即为气泡居中。此时，圆水准轴位于铅垂位置。也就是说水准仪竖轴处于铅垂位置，仪器达到基本水平状态。气泡由零点向任意方向偏离2mm，圆水准器轴相对铅垂线偏离的角值称为圆水准器分划值。水准仪上圆水准器的角值一般为（$8'\sim10'$）/2mm，灵敏度低，只能用于粗略整平仪器，使水准仪的纵轴大致处于铅锤位置，便于用微倾螺旋使水准管气泡精确居中。

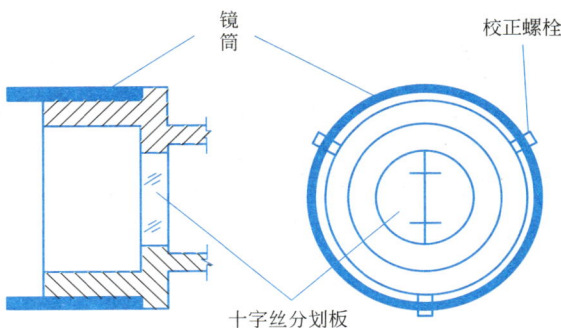

图 2-6　十字丝分划板

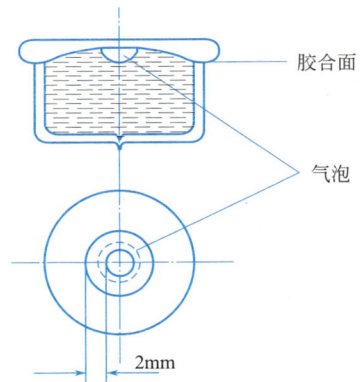

图 2-7　圆水准器

管水准器简称水准管，是把玻璃管纵向内壁磨成曲率半径很大的圆弧面，管壁上有刻划线，管内装有酒精与乙醚的混合液，加热密封时留有气泡而成，如图2-8所示。水准管内壁圆弧中心为水准管零点，过零点与内壁圆弧相切的直线称为水准管轴。当气泡两端与零点对称时气泡居中，这时的水准管轴处于水平位置，也就是水准仪的视准轴处于水平位置。水准管气泡偏离零点 2mm 弧长所对圆心角 $\tau$ 称为水准管分划值，即：

$$\tau'' = 2\rho''/R \qquad\qquad (2\text{-}4)$$

式中，$\rho''$——206265；

$R$——水准管圆弧半径，以 mm 为单位。

水准管分划值的实际意义，可以理解为当气泡移动 2mm 时，水准管轴所倾斜的角度，如图 2-8 所示。分划值越小则水准管灵敏度越高，用它来整平仪器就越精确。DS$_3$ 的水准管分划值通常为（20″～30″）/2mm。

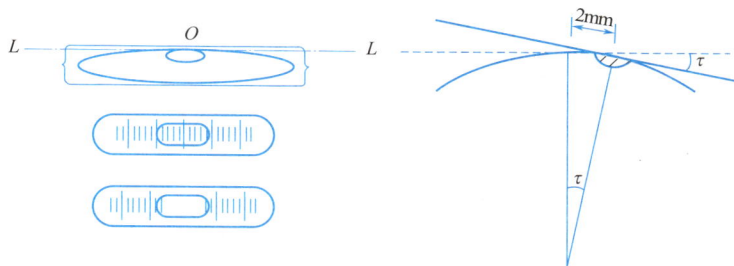

图 2-8　管水准器

（3）基座

基座主要由轴座、脚螺旋和连接板组成。仪器上部通过竖轴插入座内，由基座承托整个仪器，仪器用连接螺旋与三脚架连接。

## 2. 自动安平水准仪

借助于自动安平补偿器获得水平视线的一种水准仪，如图 2-9 所示。它的特点主要是当望远镜视线有微量倾斜时，补偿器在重力作用下对望远镜作相对移动，从而能自动而迅速地获得视线水平时的标尺读数。

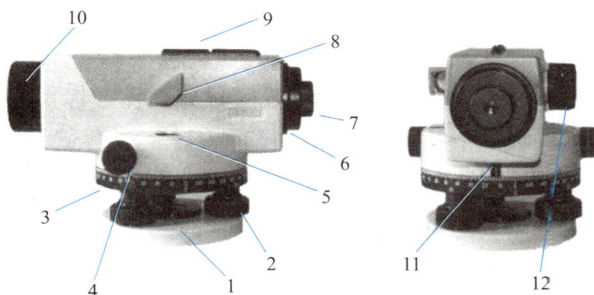

图 2-9　自动安平水准仪

1—基座；2—脚螺旋；3—度盘；4—水平微动手轮；5—圆水准气泡；6—目镜罩；7—目镜；
8—水准气泡观察器；9—粗瞄器；10—物镜；11—度盘指示牌；12—调焦手轮

自动安平水准仪的原理如图 2-10 所示，当望远镜处于水平位置时，由标尺上某点进入望远镜的瞄准光速通过分划板中心 $F_0$，如果望远镜对水准轴倾斜一个微小角度 $\alpha$，在分划板上的点将高于或低于 $F_0$ 一个数值，从而在标尺上产生一个读数差 $\Delta h = f \cdot \tan\alpha \approx f \cdot \infty$。

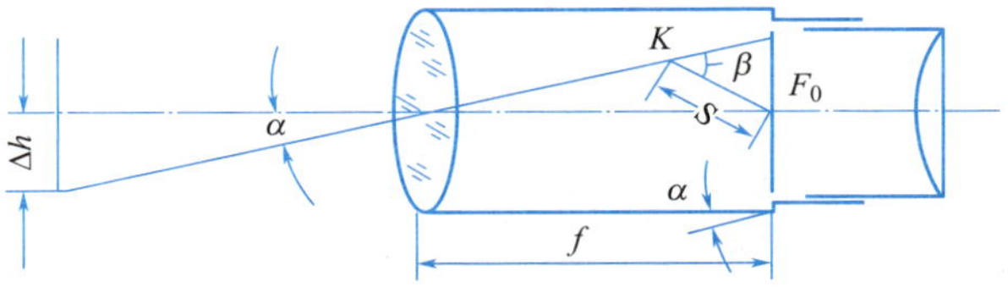

图 2-10　自动安平原理

假如在望远镜光路中某个节点 $K$ 的位置上加上一组控制元件，改变光路方向，使其偏转一个 $\beta$ 角后正好通过分划板的中心 $F_0$，就可以达到整平视准轴的目的。

使用自动安平水准仪时只要将仪器圆水准气泡居中（粗略整平），即可瞄准水准尺进行读数。一般圆水准器的分划值为 $5'/2mm$，补偿器作用范围约为 $\pm5'$，所以只要使圆水准气泡居中并不越出圆水准器中央小黑圆圈范围，补偿器就会产生自动安平的作用。但使用自动安平水准仪仍应认真进行粗略整平。另外，由于补偿器相当于一个重力摆，不管是空气阻尼或者磁性阻尼，其重力摆静止稳定约需 $2\sim4s$，故瞄准水准尺约过几秒钟后再读数为好。

有的自动安平水准仪配有一个键或自动安平钮，每次读数前应按一下键或自动安平钮才能读取，否则补偿器不会起作用。使用时应仔细阅读仪器说明书。

### 3. 电子数字水准仪

电子数字水准仪是集电子光学、图像处理、计算机技术于一体的当代最先进的水准测量仪器。它具有速度快、精度高、使用方便、作业员劳动强度轻、便于用电子手簿记录、实现内外业一体化等优点，代表了当代水准仪的发展方向，具有光学水准仪无法比拟的优越性，如图 2-11 所示。电子数字水准仪的标尺是条码标尺，条码标尺是由宽度相等或不等的黑白条码按照一定的编码规则有序排列而成，如图 2-12 所示。这些黑白条码的排列规则就是各仪器生产厂家的核心技术，各厂家的条码图案完全不同，更不能互换使用。

当标尺影像通过望远镜成像在十字丝平面上，经过处理器译释、对比、数字化后，显示屏上显示中丝在标尺上的读数或视距。

电子数字水准仪的操作方法十分简便，只要将望远镜瞄准标尺并调焦后，按测量键，数秒钟后即显示中丝读数；再按测距键，即可显示视距；按存储键可把数据存入内存储器，仪器自动进行检核和高差计算。观测时，不需要精确校准标尺分划，也不用在测微器上读数，可直接由电子手簿记录。

### 4. 水准尺

水准尺是与水准仪配合进行水准测量的工具。水准尺分为直尺、折尺和塔尺，如图 2-13（a）所示。水准尺长有多种，如有 3m 塔尺、5m 塔尺。

水准尺的刻划从零开始，每隔 1cm 涂有黑白或红白相间的分格，每分米处注有数字。塔尺是双面刻划，有正字和倒字。直尺（双面水准尺）多用于三、四等水准测量，一般尺长为 3m，尺的一面为黑白相间的分划，称为黑面尺；另一面为红白相间的分划，称为红面尺。黑面为基本分划，黑面尺尺底读数从零开始；而红面为辅助分划，红面尺的尺底读数是从 4.687m 或 4.787m 开始，4.687m 和 4.787m 称为基辅差。作水准测量时，在同一测站上可同时利用黑面尺、红面尺测出两个高差进行测站校核。

1　提柄
2　物镜
3　调焦手轮
4　电源开关/测量键
5　型号标贴
6　水平微动手轮
7　数据输出插口
8　水平度盘
9　脚螺旋

10　粗瞄器
11　电池
12　液晶显示屏
13　面板
14　按键
15　目镜
16　目镜护罩
17　圆水准器反射镜
18　MICRO SD卡
19　基座
20　圆水准器

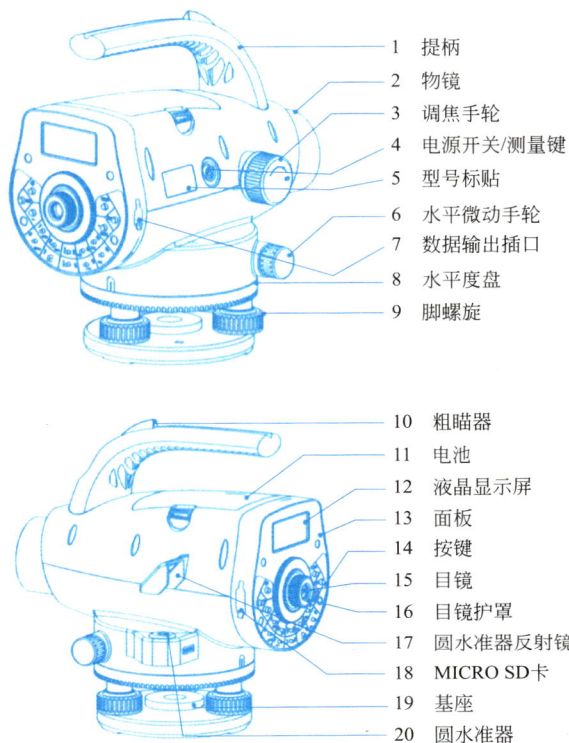

图 2-11　电子数字水准仪

图 2-12　条码标尺

尺垫是供支撑水准尺和传递高程所用的工具，一般制成三角形或圆形的铁座，中央有一凸起的半圆球体作为立尺点，下面有三个尖脚可踏入土中，如图 2-13（b）所示。尺子竖立在尺垫上，可防止尺子下沉，转动尺子时不会改变其高度。

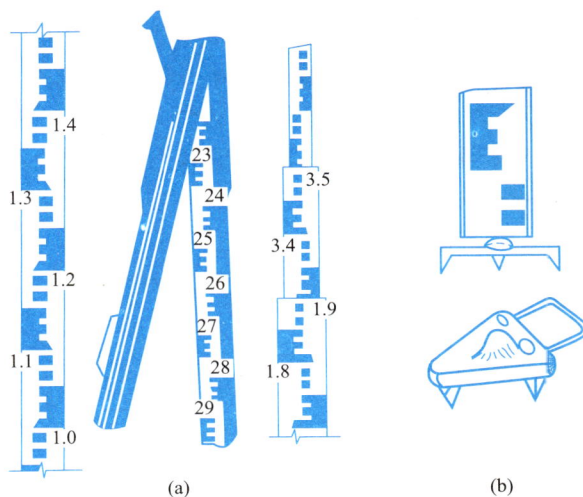

(a)　　　　　　　　　(b)

图 2-13　水准尺和尺垫

## 2.1.3 水准仪的使用

使用水准仪时，先打开三脚架，把架头大致整平，高度适中，踏实脚架尖后，将水准仪安放在架头上并拧紧中心螺旋。然后进行粗平、瞄准、精平、读数操作。

### 1. 粗平

粗平是调节仪器脚螺旋使圆水准器气泡居中，达到水准仪的竖轴近似竖直、视线大致水平的目的。操作方法是，双手按相反方向同时转动两个脚螺旋 1、2，使气泡移动到与圆水准器零点的连线垂直于 1、2 两个脚螺旋的连线处，也就是气泡、零点、脚螺旋 3 三点共线，如图 2-14（a）所示。

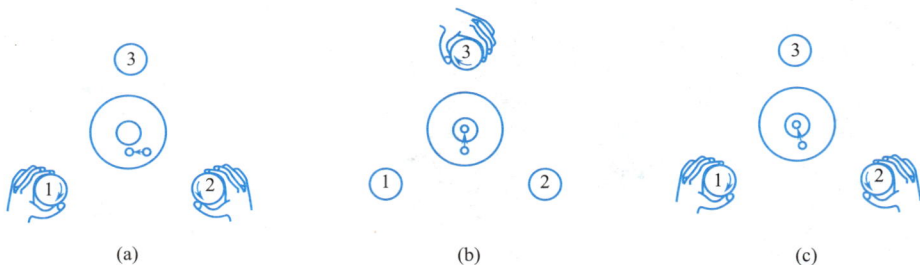

**图 2-14 粗略整平过程**

然后再转动第 3 个脚螺旋使气泡居中，如此反复进行，直至仪器转至任何位置水准气泡均居中为止。注意，气泡移动的方向始终与左手大拇指旋转方向一致。

### 2. 瞄准

瞄准就是通过望远镜瞄准水准尺，通过目镜看到清晰的水准尺和十字丝。具体操作方法是，先转动目镜对光螺旋，使十字丝的成像清晰。然后放松固定螺旋，用望远镜镜筒外的照门和准星瞄准水准尺，粗略地进行物镜对光，当在望远镜内看到水准尺像时，将固定螺旋固定，转动微动螺旋，使十字丝竖丝位于标尺中心。在上述操作过程中，由于目镜、物镜对光不精细，目标影像平面与十字丝平面未重合好，当眼睛靠近目镜上下微微晃动时，物像随着眼睛的晃动也上下移动，这就表明存在视差。有视差就会影响照准和读数精度，如图 2-15 所示。

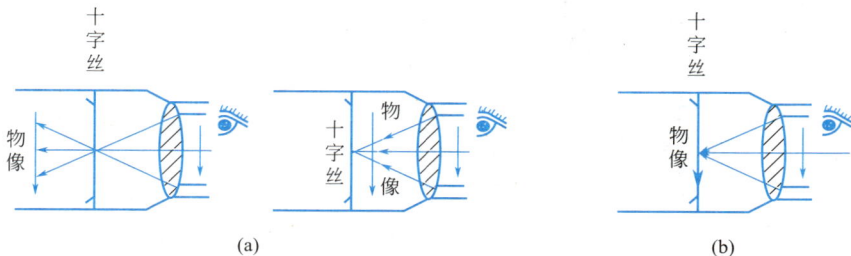

**图 2-15 视差的产生**

消除视差的方法是仔细反复地调节目镜和物镜对光螺旋，使十字丝和目标影像都十分清晰地成在同一平面上。

### 3. 精平

精平就是转动微倾螺旋将水准管气泡居中，使视线精确水平。其做法是，慢慢转动微倾螺旋，使观察窗中符合水准气泡的影像符合。由于气泡影像移动有惯性，在转动微倾螺旋时要慢、轻、稳。确认符合水准气泡的影像符合后才能读数。

7. 水准仪的精平

### 4. 读数

水准仪精平后，应立即用十字丝横丝在水准尺上读数。读数时要按由小到大的方向，应先用十字丝横丝估读出 mm 数，然后再读 m、dm、cm 数，读数后应检查水准管的符合水准气泡是否符合：如符合，则读数有效；否则，应使符合水准气泡符合后重读。

8. 水准仪的读数

## 2.2　普通水准测量

### 2.2.1　水准点

水准点是通过水准测量方法获得高程的高程控制点，用 BM 表示。水准点有永久性和临时性两种。永久性水准点一般用混凝土制成，顶部嵌入半球形的金属标志。临时性水准点用长木桩钉入地下，桩顶钉一个半球形的铁钉。无论永久性或临时性水准点都应设置在土质坚实、不易破坏、便于保存的地方。

### 2.2.2　水准路线

在两水准点之间进行水准测量所经过的路线称为水准路线。根据测区的情况不同，水准路线可布设成以下几种形式。

#### 1. 闭合水准路线

如图 2-16（a）所示，是从一高级水准点 $BM_A$ 出发，经过测定沿线其他各点高程，最后又闭合到 $BM_A$ 的环形路线。

#### 2. 附合水准路线

如图 2-16（b）所示，是从一高级水准点 $BM_A$ 出发，经过测定沿线其他各点高程，最后附合到另一高级水准点 $BM_B$ 的路线。

#### 3. 支水准路线

如图 2-16（c）所示，是从一已知水准点 $BM_1$ 出发，沿线往测其他各点高程到终点 2，又从 2 点返测到水准点 $BM_1$，其路线既不闭合又不附合，但必须是往返施测的路线。

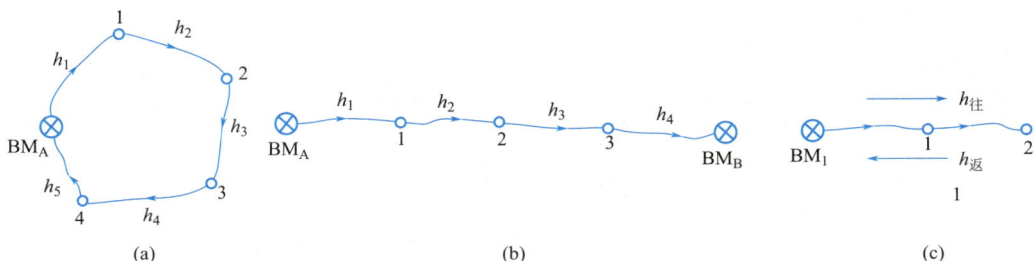

图 2-16　水准路线

### 2.2.3　普通水准测量方法

**1. 观测和记录**

普通水准测量通常用经检校后的 DS₃ 型水准仪施测。测量时水准仪置于两水准尺中间，使前、后视距尽可能相等。

（1）如图 2-17 所示，置水准仪于距已知后视高程点 $A$ 和转点 1（$ZD_1$）约等距离的测站 I 上，在 $A$ 点和 $ZD_1$ 点上分别立水准尺；

（2）将水准仪粗平后，先瞄准后视尺，消除视差。精平后读取后视读数 $a_1$，并记入水准测量记录表中，见表 2-1；

（3）平转望远镜照准前视尺，精平后，读取前视读数 $b_1$，并记入水准测量记录表中。至此便完成了普通水准测量一个测站的观测任务；

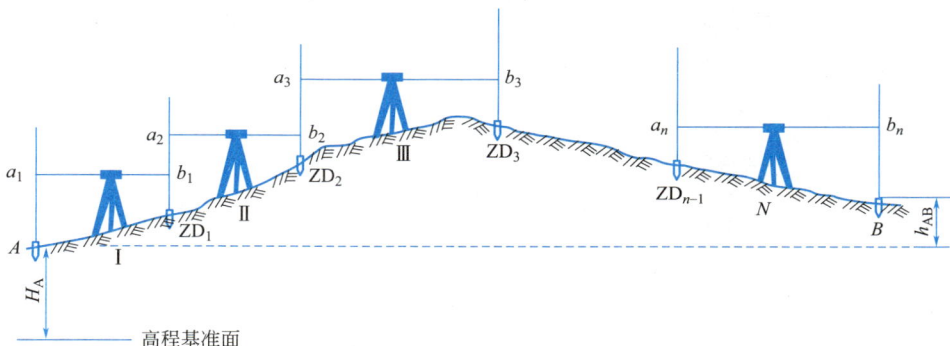

图 2-17　水准测量的实施

（4）将仪器搬迁到 II 站，把 I 站的后视尺移到第 II 站的转点 $ZD_2$ 上，也就是把原第 I 站的前视尺变成第 II 站的后视尺；

（5）按（2）、（3）步骤测出第 II 站的后、前视读数，并记入水准测量记录表中；

（6）重复上述步骤测至终点 $B$ 结束。

$B$ 点高程的计算是先计算出各站高差：

$$h_i = a_i - b_i \quad (i=1,2,3\cdots n) \tag{2-5}$$

**水准测量记录计算表**　　　　　　　　　　　　　　　　　　表 2-1

| 测点 | 水准尺读数 | | 高差 | | 高程 | 备注 |
|---|---|---|---|---|---|---|
| | 后视读数 | 前视读数 | ＋ | － | — | — |
| A | 2.512 | | 1.138 | | 417.624 | 已知：$H_A=417.624$ |
| ZD₁ | 1.710 | 1.374 | | 0.956 | 418.762 | |
| ZD₂ | 1.818 | 2.666 | 0.416 | | 417.806 | |
| ZD₃ | 2.716 | 1.402 | | | 418.222 | |
| B | | 0.504 | 2.212 | | 420.434 | |
| ∑ | 8.756 | 5.946 | 3.766 | 0.956 | | |
| 计算检核 | $\sum a - \sum b = 8.756 - 5.946 = +2.810\text{m}$<br>$\sum h = 3.766 - 0.956 = +2.810\text{m}$<br>$H_B - H_A = 417.624 - 420.434 = +2.810\text{m}$<br>$\sum h = \sum a - \sum b = H_B - H_A$（计算正确） | | | | | |

然后计算 $A$、$B$ 两点的总高差：

$$h_{AB} = \sum a - \sum b \tag{2-6}$$

则 $B$ 点的高程为：

$$H_B = H_A + h_{AB}$$

需要指出的是，在水准测量中，高程是依次由 1、2……点传递过来的，这些传递高程的临时立尺点称为转点（ZD）。转点既有前视读数又有后视读数，转点的选择将影响水准测量的精度，因此转点要选在坚实、凸起、明显的位置，在一般土地上应放置尺垫。

## 2. 校核方法

（1）计算校核

由式（2-7）看出 $B$ 点对 $A$ 点的高差等于各转点之间高差的代数和，也等于后视读数之和减去前视读数之和，即：

$$h_{AB} = \sum h = \sum a - \sum b \tag{2-7}$$

经上式校核无误后，说明高差计算是正确的。

按照各站观测高差和 $A$ 点已知高程，推算出各转点的高程，最后求得终点的高程。终点 $B$ 的高程 $H_B$ 减去起点 $A$ 的高程 $H_A$ 应等于各站高差的代数和，即：

$$H_B - H_A = h_{AB} = \sum h \tag{2-8}$$

经上式校核无误后，说明各转点高程的计算是正确的。

（2）测站校核

水准测量连续性很强，一个测站的误差或错误对整个水准测量成果都有影响。为了保证各个测站工作的正确性，可采用变更仪器高法和双面尺法进行校核。

变更仪器高法，是在一个测站上用不同的仪器高度测出两次高差。测得第一次高差后，改变仪器高度（至少 10cm），然后再测一次高差。当两次所测高差之差不大于 5mm（规程规定的限差），则认为观测值符合要求，取其平均值作为最后结果。若大于 5mm，则需要重测。

双面尺法，是仪器高度不变，用水准尺的红面和黑面高差进行校核。红黑面高差之差也不能大于 5mm。

（3）成果校核

测量成果受到测量误差的影响，使得水准路线的实测高差值与应有值不相符，其差值就称为高差闭合差。若高差闭合差在允许误差范围之内时，认为外业观测成果合格。若高差闭合差超过允许误差范围时，应查明原因进行重测，直到符合要求为止。一般普通水准测量的高差容许闭合差为：

$$f_{h容} = \pm 40\sqrt{L} \ (\text{mm})$$

$$f_{h容} = \pm 12\sqrt{n} \ (\text{mm}) \tag{2-9}$$

式中，$L$——单程水准路线长度，以 km 为单位；

$n$——测站数。

一般平地采用 $L$ 计算，山地采用 $n$ 计算。

普通水准测量的成果校核，根据不同的水准路线布设形式，其校核的方法也不同，不同的水准路线其高差闭合差的计算不同。

附合水准路线，实测高差的总和与始、终已知水准点高差的差值称为附合水准路线的高差闭合差，即：

$$f_h = \sum h_测 - (H_终 - H_始) \tag{2-10}$$

闭合水准路线，实测高差的代数和不等于零，其和为闭合水准路线的高差闭合差，即：

$$f_h = \sum h_测 \tag{2-11}$$

支水准路线，实测往返高差的代数和称为支水准路线的高差闭合差，即：

$$f_h = \sum h_往 + \sum h_返 \tag{2-12}$$

如果水准路线的高差闭合差 $f_h$ 小于或等于其容许的高差闭合差 $f_{h容}$，即 $f_h \leqslant f_{h容}$，就认为外业观测成果合格，否则必须进行重测。

## 2.2.4 水准测量成果处理

普通水准测量的成果处理，就是当外业观测成果的高差闭合差在容许范围内时，所进行的观测高差的调整。调整后的高差值等于应有值，也就是使 $f_h = 0$。最后用调整后的高差计算各测段水准点的高程。

高差闭合差的调整原则，是按测站数或测段长度成正比地将闭合差反符号分配到各测段上，并进行实测高差的改正计算。

### 1. 按测站数调整高差闭合差

若按测站数进行高差闭合差的调整，则某一测段高差的改正数 $V_i$ 为：

$$V_i = -\frac{f_h}{\sum n} n_i \tag{2-13}$$

式中，$\sum n$——水准路线的测站数总和；

　　　　$n_i$——某一测段的测站数。

### 2. 按测段长度调整高差闭合差

若按测段长度进行高差闭合差的调整，则某一测段高差的改正数 $V_i$ 为：

$$V_i = -\frac{f_h}{\sum L}L_i \tag{2-14}$$

式中，$\sum L$——水准路线的总长度；

　　　　$L_i$——某一测段的长度。

按测站数调整高差闭合差和高程计算示例如图 2-18 所示，并参见表 2-2。

需要指出的是，在水准测量成果处理时，无论是按测站数调整高差闭合差还是按测段长度调整高差闭合差，都应满足下列关系：

$$\sum V_i = -f_h$$

也就是水准路线的改正数之和与高差闭合差大小相等符号相反。

**图 2-18　附合水准路线**

**按测站数调整高差闭合差及高程计算表**　　　　表 2-2

| 测段编号 | 测点 | 测站数 | 实测高差(m) | 改正数(m) | 改正后的高差(m) | 高程(m) | 备注 |
|---|---|---|---|---|---|---|---|
| 1 | $BM_A$ | 12 | +2.785 | −0.010 | +2.775 | 36.345 | $BM_B - BM_A = 2.694m$ |
| 2 | $BM_1$ | 18 | −4.369 | −0.016 | −4.385 | 39.120 | $f_h = \sum h - (BM_B - BM_A)$ |
| 3 | $BM_2$ | 13 | +1.960 | −0.011 | +1.969 | 34.735 | $= 2.741 - 2.694 = +0.074m$ |
| 4 | $BM_3$ | 11 | +2.345 | −0.010 | +2.335 | 36.704 | $\sum n = 54$ |
| $\sum$ | $BM_B$ | 54 | +2.741 | −0.047 | +2.694 | 39.039 | $V_i = -\dfrac{f_h}{\sum n}n_i$ |

按测段长度调整高差闭合差和高程计算示例如图 2-12 所示，并参见表 2-3。

**按测段长度调整高差闭合差及高程计算表**　　　　表 2-3

| 测段编号 | 测点 | 测段长度(km) | 实测高差(m) | 改正数(m) | 改正后的高差(m) | 高程(m) | 备注 |
|---|---|---|---|---|---|---|---|
| 1 | $BM_A$ | 2.1 | +2.785 | −0.011 | +2.774 | 36.345 | $BM_B - BM_A = 2.694m$ |
| 2 | $BM_1$ | 2.8 | −4.369 | −0.014 | −4.383 | 39.119 | $f_h = \sum h - (BM_B - BM_A)$ |
| 3 | $BM_2$ | 2.3 | +1.960 | −0.012 | +1.968 | 34.736 | $= 2.741 - 2.694 = +0.074m$ |
| 4 | $BM_3$ | 1.9 | +2.345 | −0.010 | +2.335 | 36.704 | $\sum L = 9.1$ |
| $\sum$ | $BM_B$ | 9.1 | +2.741 | −0.047 | +2.694 | 39.039 | $V_i = -\dfrac{f_h}{\sum L}L_i$ |

## 2.3 微倾式水准仪的检验与校正

水准仪在出厂前，虽然对各轴线的几何关系都进行了严格的检验与校正，但经过长途运输或长期使用过程中，各轴线的几何关系可能会发生变化，因此要定期进行检验和校正。

水准仪在检校前，首先应进行视检，其内容包括：顺时针和逆时针旋转望远镜，看竖轴转动是否灵活、均匀；微动螺旋是否可靠；瞄准目标后，再分别转动微倾螺旋和对光螺旋，看望远镜是否灵敏，有无晃动等现象；望远镜视场中的十字丝及目标能否调节清晰；有无霉斑、灰尘、油迹；脚螺旋或微倾螺旋均匀升降时，圆水准器及管水准器的气泡移动不应有突变现象；仪器的三脚架安放好后，适当用力转动架头时，不应有松动现象。

根据水准测量原理，微倾式水准仪各轴线间应具备的几何关系是：圆水准器轴应平行于仪器竖轴（$L'L'$//$VV$）；十字丝的横丝应垂直于仪器竖轴；水准管轴应平行于仪器视准轴（$LL$//$CC$），如图 2-19 所示。

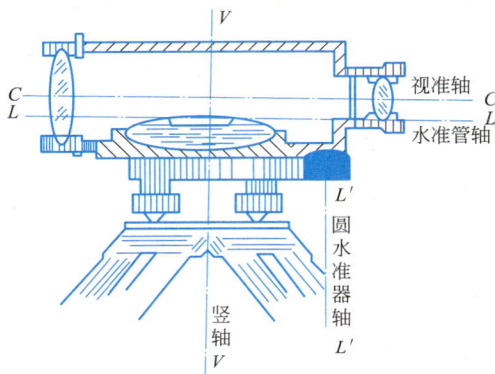

图 2-19　水准仪的主要轴线

### 2.3.1 圆水准器的检验与校正

圆水准器的检验与校正目的是使圆水准器轴平行于仪器竖轴，也就是当圆水准器的气泡居中时，仪器的竖轴处于铅垂位置。

检验原理：$VV$ 为仪器旋转轴，即竖轴。$L'L'$ 为圆水准器轴。假设两轴线不平行而有一交角 $\alpha$ 角，如图 2-20（a）所示。当气泡居中时，圆水准器轴 $L'L'$ 是处于铅垂位置，而仪器的竖轴相对铅垂线倾斜了 $\alpha$ 角。将仪器绕竖轴旋转 $180°$，由于仪器旋转时是以 $VV$ 为旋转轴，即 $VV$ 的空间位置是不动的，但圆水准器从竖轴的右侧转到竖轴的左侧，圆水准器中的液体受重力的作用，使气泡处于最高处，圆水准器轴相对铅垂轴线倾斜了两倍 $\alpha$ 角，造成气泡中点偏离零点，如图 2-20（b）所示。

检验方法：首先转动脚螺旋使圆水准气泡居中。然后将仪器旋转 $180°$。如果气泡仍居中，说明两轴平行；如果气泡偏移了零点，说明两轴不平行，需校正。

校正：拨动圆水准器的校正螺栓，使气泡中点退回距零点偏离量的一半，这时圆水准器轴 $L'L'$ 将与竖轴 $VV$ 平行，如图 2-20（c）所示。需要注意的是在拨动圆水准器的校正螺栓时，有的仪器是首先松开圆水准器的固定螺栓，当顺时针拨动时，校正螺栓升高，气泡移向校正螺栓位置，逆时针拨动则气泡远离校正螺栓。然后转动脚螺旋使气泡居中，这时仪器竖轴就处于铅垂位置了，如图 2-20（d）所示。有的仪器是直接拨动校正螺栓，先松后紧，使气泡居中。检验和校正应反复进行，直至仪器转到任何位置圆水准气泡始终居中为止。

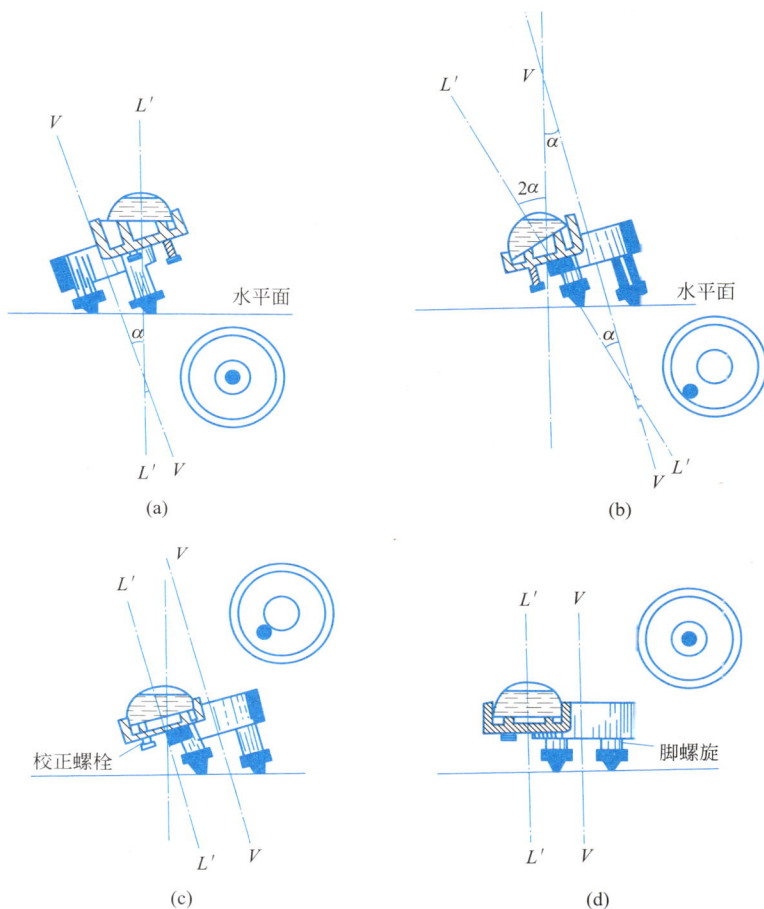

图 2-20　圆水准器的检验与校正

## 2.3.2　十字丝的检验与校正

　　十字丝的检验与校正目的是使十字丝横丝垂直于仪器的竖轴，也就是竖轴铅垂时，横丝应水平。

　　检验：整平仪器后，将横丝的一端对准一明显固定点，旋紧制动螺旋后再转动微动螺旋，如果点子始终在横丝上移动，说明十字丝横丝垂直于竖轴，如图 2-21（a）所示。如果点子离开横丝，说明横丝不水平，需要校正，如图 2-21（b）所示。

　　检验时还可以用挂垂球线的方法，观测十字丝竖丝是否与垂球线重合，如重合说明横丝水平。

　　校正：用螺丝刀松开十字丝环的三个固定螺丝，再转动十字丝环，调整偏移量的 1/2，直到满足条件为止，最后拧紧固定螺栓，上好外罩。

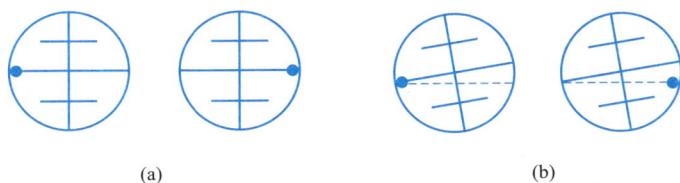

**图 2-21　十字丝横丝的检验与校正**
（a）无需校正；（b）需要校正

一般情况下，为了避免和减少校正不完善的残余误差影响，观测时应该用十字丝交点照准目标进行读数。

### 2.3.3　水准管轴的检验与校正

水准管轴的检验与校正目的是使水准管轴平行于视准轴，也就是当管水准器气泡居中时，视准轴应该处于水平状态。

检验：首先在平坦地面上选择 $A$、$B$、$C$ 三点，并使其大致在同一条直线上，且使 $AC=CB$；$A$、$B$ 相距为 $60\sim80$m，在两点放上尺垫或打入木桩，并竖立水准尺，如图 2-22 所示。然后将水准仪安置在 $A$、$B$ 两点的中间位置 $C$ 处进行观测，假如水准管轴不平行于视准轴，即视线倾斜了 $i$ 角（此误差又称为 $i$ 角误差），视线在尺上的读数分别为 $a_1$ 和 $b_1$，由于视线的倾斜而产生的读数误差均为 $x$（仪器距两尺的距离相等），$a$ 和 $b$ 分别为视线水平时尺的读数，则两点间的高差 $h_{AB}$ 为：

$$h_{AB}=a_1-b_1$$

由图 2-22 可知，$a_1=a+x$，$b_1=b+x$，代入上式得：

$$h_{AB}=(a+x)-(b+x)=a-b$$

上式表明，若将水准仪安置在两点中间进行观测，便可消除由于视准轴不平行于水准管轴所产生的误差 $\Delta$，得到两点间的正确高差 $h_{AB}$。

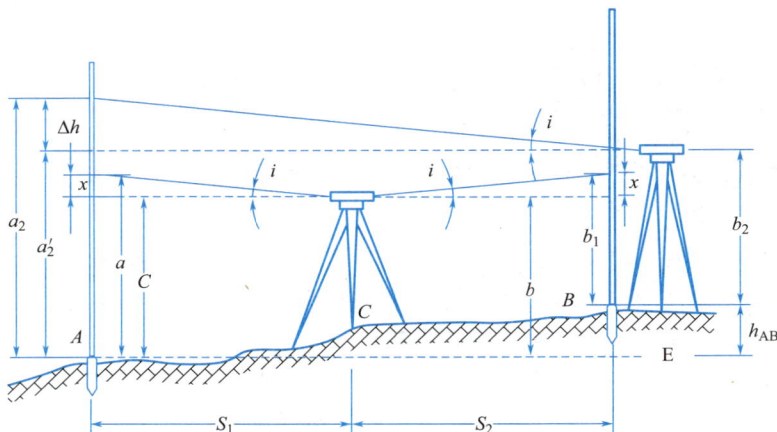

**图 2-22　水准管轴的检验**

　　为了防止错误和提高观测精度，一般应改变仪器高观测两次，若两次高差的误差小于 3mm 时，取平均数作为正确高差 $h_{AB}$。

　　再将水准仪安置在距 $B$ 尺约 2m 处，安置好仪器后，先读取近尺 $B$ 的读数值 $b_2$，因仪器离 $B$ 点很近，两轴不平行的误差可忽略不计。然后根据 $b_2$ 和正确高差 $h_{AB}$ 计算视线水平时在远尺 $A$ 的正确读数值 $a'_2$。

$$a'_2 = b_2 + h_{AB}$$

　　用望远镜照准 $A$ 点的水准尺，转动微倾螺旋将横丝对准 $a'_2$，这时视准轴已处于水平位置，如果水准管气泡影像符合，说明水准管轴平行于视准轴，否则应进行校正。

　　校正：转动微倾螺旋使横丝对准 $A$ 尺正确读数 $a'_2$ 时，视准轴已处于水平位置，由于两轴不平行，使得水准管气泡偏离零点，即气泡影像不符合，如图 2-23 所示。这时首先用拨针松开水准管左右校正螺丝（水准管校正螺丝在水准管的一端），用校正针拨动水准管上、下校正螺丝，拨动时应先松后紧，以免损坏螺丝，直到气泡影像符合为止。

　　为了避免和减少校正不完善的残留误差影响，在进行等级水准测量时，一般要求前、后视距离基本相等。

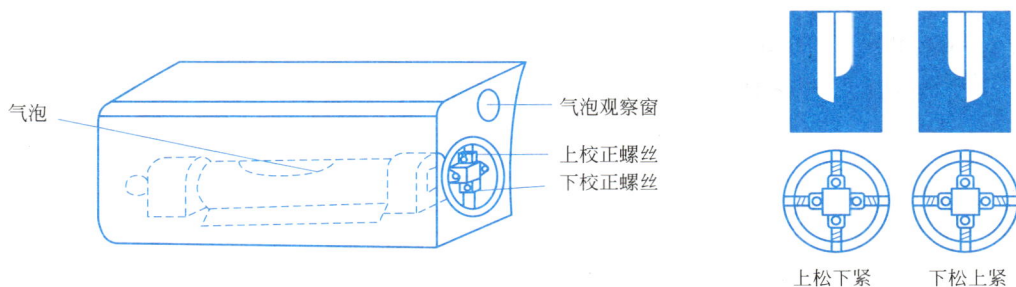

图 2-23　水准管轴的校正

## 小结

　　水准测量是高程测量的一种常用方法。本节主要介绍了水准测量的原理、水准测量的仪器工具及使用方法、普通水准测量的外业观测和内业计算。

　　在理解水准测量的基础上，通过情境学会普通水准测量的外业组织、观测、记录和内业成果计算。水准路线可布设成闭合水准路线、附合水准路线和支水准路线。水准路线高差闭合差等于路线观测高差代数和与其理论值的差值。闭合水准路线高差代数和理论值等于零；附和水准路线高差代数和理论值等于终点高程和起点高程之差。高差闭合差的配赋原则为：按与测段的测站数或距离成正比地将闭合差以相反的符号分配于各测段高差之中。

　　同时，应具有水准仪检验和校正的基本技能。水准仪应满足的三个几何条件是：圆水准器轴平行于竖轴；十字丝横丝垂直于竖轴；视准轴平行于水准管轴。三项检校的顺序不能颠倒，否则不能同时满足三个条件。

思考题 🔍

1. 绘图说明水准测量的基本原理。

2. 什么是视准轴？什么是水准管轴？

3. 什么是水准管分划值？它的大小和整平仪器的精度有什么关系？

4. 什么是视差？产生视差的原因是什么？如何消除视差？

5. 什么是转点？转点的作用是什么？

6. 水准仪的圆水准器和管水准器的作用有何不同？水准测量时，读完后视读数后转动望远镜瞄准前视尺时，圆水准气泡和符合气泡都有少许偏移（不居中），这时应如何调节仪器，才能读前视读数？

7. 水准仪有哪些几何轴线？它们之间应满足哪些条件？其中什么是主要条件？

8. 在 DS$_3$ 水准仪的水准管轴平行于视准轴的检验中，选择相距 80m 的 $A$，$B$ 两点，仪器安置于 $A$，$B$ 两点中间时，$A$，$B$ 两尺的读数分别为 1665m 和 1.249m；将水准仪搬至前视尺 $B$ 点近旁约 3m 处，$A$，$B$ 两尺的读数分别为 1.755m 和 1.352m，问该水准仪的水准管轴是否平行于视准轴？如不平行，$i$ 角是多少？该如何校正？

9. 水准测量的误差有哪些？在测量中应如何操作才能消除或减小其对测量成果的影响？

# 学习情境 3

Chapter **03**

## 角度测量

▶▶

**知识目标**

理解角度测量的基本原理。

掌握经纬仪的构造及其作用。

掌握经纬仪测量的方法和内业计算方法。

掌握经纬仪的检验与校正原理及方法。

**能力目标**

学会运用经纬仪进行角度测量和内业处理。

学会检验和校正经纬仪。

**思政目标**

加强中国先进文化知识教育，树立高尚的职业道德，培养学生一丝不苟的工作态度，弘扬劳动光荣的时代风尚。

**国家体育场（鸟巢）主体建设**

国家体育场（鸟巢），位于北京奥林匹克公园中心区南部，为 2008 年北京奥运会的主体育场，占地 20.4 万 m²，建筑面积 25.8 万 m²，可容纳观众 9.1 万人；举行了奥运会、残奥会以及冬奥会开闭幕式、田径比赛及足球比赛决赛。奥运会后成为北京市民参与体育活动及享受体育娱乐的大型专业场所，并成为地标性的体育建筑和奥运遗产。

2003 年 12 月 24 日开工建设，2008 年 3 月完工，总造价 22.67 亿元人民币。作为国家标志性建筑，2008 年奥运会主体育场，国家体育场结构特点十分显著。体育场为特级体育建筑，大型体育场馆。主体结构设计使用年限 100 年，耐火等级为一级，抗震设防烈度 8 度，地下工程防水等级 1 级。

体育场的空间效果新颖激进，但又简洁古朴，从而为 2008 年奥运会创造了独一无二而又史无前例的地标性建筑。

图 3-1　国家体育场施工现场图

图 3-2　国家体育场造型外观图

在国家体育场建设过程中，测定好地面点高程后还需要确定各个点的相对位置，这就涉及距离和角度，角度测量广泛应用于各种工程测量中。图 3-1 为国家体育场施工现场图，图 3-2 为国家体育场造型外观图。

# 3.1　经纬仪的认识与使用

## 3.1.1　角度测量原理

9.
水平角
测量原理

角度测量分为水平角测量和竖直角测量。水平角是一点到两个目标的方向线垂直投影在水平面上所成的夹角，通常用 $\beta$ 表示。水平角测量用于确定地面点的平面位置（图 3-3）。竖直角是一点到目标的方向线和一特定方向之

间在同一竖直面内的夹角。测量上又称为倾斜角或竖角，用 $\alpha$ 表示。竖角有仰角和俯角之分。夹角在水平线之上为"正"，称为仰角；在水平线之下为"负"，称为俯角。竖直角测量用于间接确定地面点的高程和点之间的距离（图 3-4）。角度测量主要使用经纬仪。

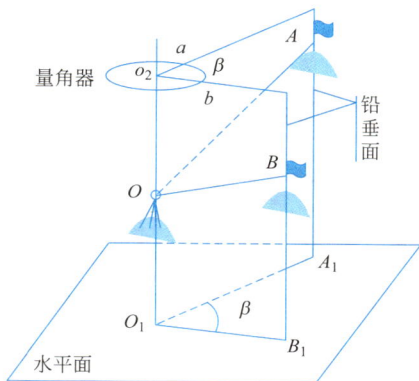

图 3-3　水平角测量原理

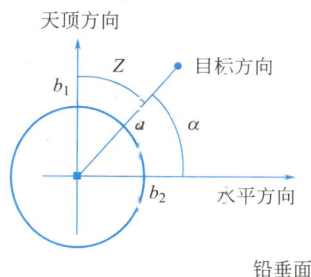

图 3-4　竖直角测量原理

## 3.1.2　经纬仪的分类

经纬仪是一种根据测角原理设计的测量水平角和竖直角的测量仪器，分为光学经纬仪和电子经纬仪两种，最常用的是电子经纬仪。

### 1. 光学经纬仪

光学经纬仪分为 $DJ_7$、$DJ_1$、$DJ_2$、$DJ_6$、$DJ_{15}$、$DJ_{60}$ 六级，其中 D、J 分别为大地测量的"大"和经纬仪的"经"汉语拼音的第一个字母，后面的数字是以秒为单位的精度指标，数字越小，精度越高。其中 $DJ_6$、$DJ_2$ 级是常见的两种光学经纬仪。

如图 3-5 所示的是我国某光学仪器厂生产的 $DJ_6$ 级光学经纬仪，它主要由照准部（包括望远镜、水平度盘、竖直度盘、读数设备、水准器）、基座、脚架三部分组成。

（1）望远镜

经纬仪望远镜的构造和水准仪望远镜的构造基本相同，用来照准远方目标，它和横轴固连在一起放在支架上，要求望远镜的视准轴垂直于横轴，当横轴水平时，望远镜绕横轴旋转的视准面是一个铅垂面。为了精确照准目标，在照准部外壳上设置有一套望远镜制动和微动螺旋。在照准部外壳上还设置有一套水平制动和微动螺旋，以控制水平方向的转动。当拧紧望远镜或照准部的制动螺旋后，转动微动螺旋，望远镜或照准部能作微小的转动。

（2）水平度盘

水平度盘是用光学玻璃制成的圆盘，在盘上按顺时针方向从 $0°$ 到 $360°$ 刻有等角度的分划线。相邻分划线的角值有 $1°$ 或 $30'$ 两种。度盘固定在轴套上，轴套套在轴座上。水平度盘和照准部两者之间的转动关系，由复测钮控制。

（3）竖直度盘

竖直度盘固定在横轴的一端，当望远镜转动时，竖盘也随之转动，用以观测竖直角。

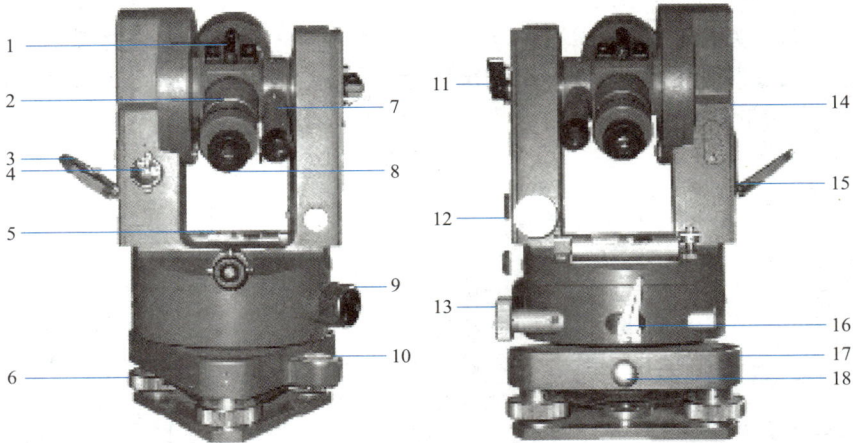

图 3-5　DJ₆级光学经纬仪

1—粗瞄器；2—望远镜调焦环；3—照明反光镜；4—护盖；5—管水准器；6—基座脚螺旋；
7—读数显微目镜；8—望远镜目镜；9—配置度盘；10—圆水准器；11—望远镜制动手柄；
12—望远镜微动螺旋；13—水平微动螺旋；14—左侧护盖；15—照明窗；
16—水平制动扳手；17—底座；18—底座制紧螺栓

另外在竖直度盘的构造中还设有竖盘指标水准管，它由竖盘水准管的微动螺旋控制。每次读数前，都必须首先使竖盘水准管气泡居中，以使竖盘指标处于正确位置。目前光学经纬仪普遍采用竖盘自动归零装置来代替竖盘指标水准管，大大提高了观测速度和观测精度。

（4）读数装置

我国制造的 DJ₆级光学经纬仪采用测微尺读数装置，它把度盘和测微尺的影像，通过一系列透镜的放大和棱镜的折射，反映到读数显微镜内进行读数，如图 3-6 所示。

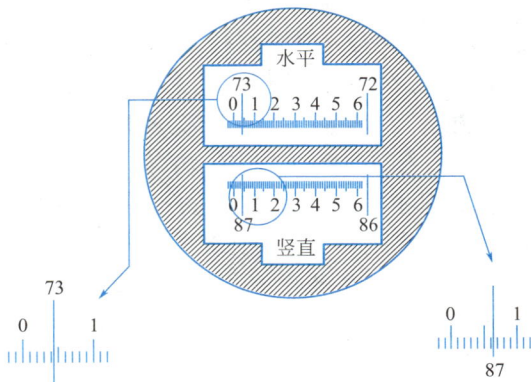

图 3-6　测微尺读数窗

在读数显微镜内可以看到有长刻划线和大号数字的度盘，短刻划线和小号数字的分微尺。分微尺的长度等于度盘 1°的长度。分微尺分成 6 大格，60 小格，每小格为 1′，可估读到 0.1′，即 6″。测微尺的 0 分划线是指标线。读数时，先从落在测微尺上的度盘分划线读取度数，然后从度盘分划线与指标线之间的测微尺读取分数，并估读到 0.1′，即得整个读数。图 3-6 中水平度盘读数为 73°04.4′，即 73°04′24″。竖直度盘读数为 87°06.5′，即 87°06′30″。

（5）水准器

照准部上的管水准器适用于精确整平仪器，圆水准器用于粗略整平仪器。

（6）基座

基座是支撑仪器的底座。基座上有三个脚螺旋，转动脚螺旋可使照准部水准管气泡居中，从而使水平度盘水平。基座和三脚架头用中心螺旋连接，可将仪器固定在三脚架上。中心螺旋下有一小钩可挂垂球，测角时用于仪器对中。光学经纬仪还装有直角棱镜光学对中器，光学对中器比垂球对中具有精确度高和不受风吹干扰的优点。

### 2. 电子经纬仪

电子经纬仪是在光学经纬仪的电子化智能化基础上，采用了电子细分、控制处理技术和滤波技术，实现测量读数的智能化，如图 3-7 所示。电子经纬仪既可单独作为测角仪器完成导线测量等测量工作，又可与激光测距仪、电子手簿等组合成全站仪，与陀螺仪、卫星定位仪、激光测距机等组成炮兵测地系统，实现边角连测、定位、定向等各种测量。在采用点阵式双面双排液晶显示和标准的（RS232、RS485、USB2.0 和最近发展起来的蓝牙技术等）通信接口后，既可直接读数，同时又可实现数据通信。电子经纬仪能够实现数据的液晶显示，误差补偿，尤其是对仪器本身工艺上所产生误差进行补偿和校正，使用电子经纬仪测量时，能够以较少的测量前期工作达到较高的精度，大大减轻了测量作业量。电子经纬仪对误差的修正和测量是通过按键设定和操作来实现的。

电子经纬仪由以下部件组成：望远镜、照准部、光栅盘或光学码盘、测微器系统、轴系、水准器、基座及脚螺旋、光学对点器、读数面板几大部分组成。

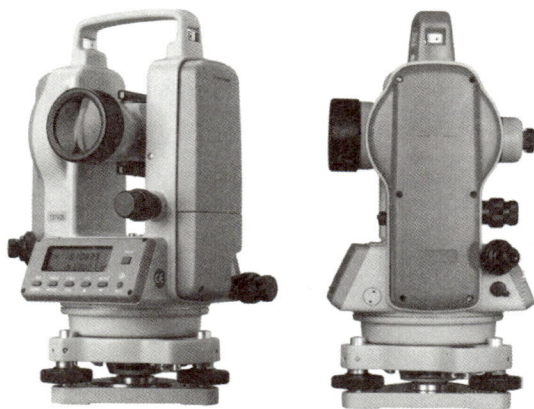

图 3-7　电子经纬仪

## 3.1.3　DJ$_6$ 级光学经纬仪的使用

经纬仪的技术操作包括：对中—整平—瞄准—读数。

### 1. 对中

对中的目的是使仪器的中心与测站点标志中心位于同一铅垂线上。对中时，先打开三脚架，使架头大致水平并使架头中心对准测站点，同时高度要适中，以方便观测。然后踩紧三脚架，装上仪器，注意使三个脚螺旋的高度适中（使其在中间位置最好），旋紧中心螺旋。转动光学对中器的目镜调焦螺旋，使分划板的中心圈（有的经纬仪采用十字丝）清晰，再拉出或推进对中器镜筒作物镜调焦，使测站点标志成像清晰。观测光学对中器，看测站点是否偏离分划板中心，如果偏离较多，以

11.
经纬仪的
对中整平

一个脚架腿为支点，移动另两个脚架腿使分划板中心对准测站点；如果偏离较少，稍微松开中心螺旋，在架头上移动仪器，分划板中心对准测站点后旋紧中心螺旋，至此完成对中。一般光学对中误差应小于1mm。

### 2. 整平

整平的目的是使仪器的竖轴竖直，水平度盘居于水平位置。整平分粗略整平和精确整平，粗略整平是通过伸缩架腿的高度，使圆水准器气泡居中；精确整平是通过调整三个脚螺旋，使水准管气泡居中，具体过程：先使水准管平行于两脚螺旋的连线，如图3-8（a）所示，两手同时向内（或向外）旋转两个脚螺旋使气泡居中。气泡移动方向和左手大拇指转动的方向相同。然后将仪器绕竖轴旋转90°，如图3-8（b）所示，旋转另一个脚螺旋使气泡居中。按上述方法反复进行，直至仪器旋转到任何位置时水准管气泡都居中为止。气泡允许偏离零点的量以不超过一格为宜。

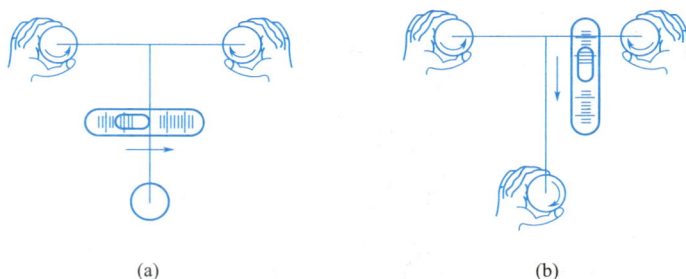

(a)                    (b)

图3-8 整平

对中和整平是在测站点上安置经纬仪的基本工作。目前生产的光学经纬仪大多采用光学对中器，在采用光学对中器进行对中时，应与整平仪器结合进行。具体操作步骤如下：

（1）先打开三脚架，使架头大致水平并使架头中心对准测站点，同时高度要适中，以方便观测。

（2）踩紧三脚架，装上仪器，注意使三个脚螺旋的高度适中（使其在中间位置最好）。

（3）转动光学对中器的目镜调焦螺旋，使分划板的中心圈（有的经纬仪采用十字丝）清晰，再拉出或推进对中器镜筒作物镜调焦，使测站点标志成像清晰。

（4）观测光学对中器，看测站点是否偏离分划板中心，如果偏离较多，以一个脚架腿为支点，移动另两个脚架腿使分划板中心对准测站点；如果偏离较少，稍微松开中心螺旋，在架头上移动仪器，分划板中心对准测站点后旋紧中心螺旋。

（5）伸缩三脚架腿的高度，使圆水准器气泡居中。

（6）用三个脚螺旋精确整平水准管。

（7）观察光学对中器，若测站点偏离分划板中心，则松开中心螺旋，在架头上移动仪器，使分划板中心对准测站点。

（8）观察仪器是否整平，若不平，则重新整平仪器。对中和整平是相互影响的，应反复进行直至对中和整平同时满足要求为止。

### 3. 瞄准

用望远镜瞄准目标时，先将望远镜照准远处，调节目镜调焦螺旋使十字丝清晰。然后，利用望远镜上的照门和准星或瞄准器粗略照准目标点，拧紧望远镜制动螺旋和水平制动螺旋，进行物镜调焦，使目标点影像清晰，最后转动望远镜微动和水平微动螺旋，使十字丝交点对准目标，并观察有无视差。如有视差，应重新调焦，予以消除。

### 4. 读数

打开读数反光镜，调节视场亮度，转动读数显微镜对光螺旋，使读数窗影像清晰，然后读数。

12. 经纬仪的读数

## 3.2　水平角测量

水平角的测量常用测回法和方向观测法。

13. 测回法水平角观测

### 3.2.1　测回法测量水平角

在水平角观测中，为了发现错误并提高测角精度，一般要用盘左和盘右两个位置进行观测。当观测者对着望远镜的目镜，竖盘在望远镜的左边时称为盘左位置，又称正镜。若竖盘在望远镜的右边时称为盘右位置，又称倒镜。

设 $O$ 为测站点，$A$、$B$ 为观测目标，$\angle AOB$ 为观测角，如图 3-9 所示。先在 $O$ 点安置仪器，进行对中、整平，然后按下面步骤进行观测。

#### 1. 上半测回

使仪器处于盘左位置，先照准目标 $A$，读取水平度盘读数为 $a_{左}$，并记入测回法测角记录表中，见表 3-1。然后顺时针转动照准部照准目标 $B$，读取水平度盘读数为 $b_{左}$，并记入记录表中。以上称为上半测回，其观测角值为：

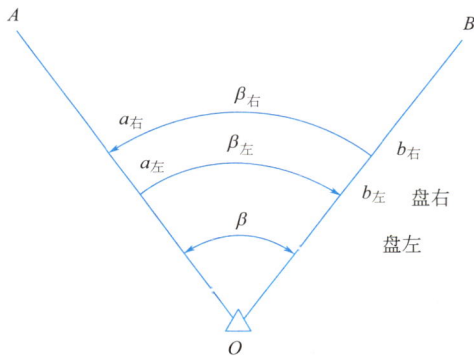

$$\beta_{左} = b_{左} - a_{左} \qquad (3-1)$$

图 3-9　测回法观测水平角

水平角观测手簿　　　　表 3-1

| 测站 | 盘位 | 目标 | 水平度盘读数 (° ′ ″) | 水平角 (° ′ ″) 半测回角值 | 水平角 (° ′ ″) 一测回角值 | 备注 |
|------|------|------|------|------|------|------|
| O | 左 | A | 0　01　24 | 60　49　06 | | |
| | | B | 60　50　30 | | 60　49　03 | |
| | 右 | A | 180　01　30 | 60　49　00 | | |
| | | B | 240　50　30 | | | |

### 2. 下半测回

倒转望远镜使仪器处于盘右位置，先照准目标 $B$，读取水平度盘读数为 $b_右$，记入记录表中，再逆时针转动照准部照准目标 $A$，读取水平度盘读数为 $a_右$，并记入记录表中，则得下半测回角值为：

$$\beta_右 = b_右 - a_右 \tag{3-2}$$

### 3. 一测回观测值计算

一般规定，用 $DJ_6$ 级光学经纬仪进行观测，上、下半测回角值之差不超过 $40''$ 时，可取其平均值作为一测回的角值，即：

$$\beta = \frac{1}{2}(\beta_左 + \beta_右) \tag{3-3}$$

## 3.2.2 方向观测法测量水平角

14.
方向法水
平角观测

上面介绍的测回法是对两、三个方向的单角观测。如要观测三个以上的方向，为了更快、更好地在测站上测得所有水平角，通常采用方向观测法进行观测。

方向观测法应首先选择一起始方向作为零方向。如图 3-10 所示，设 $A$ 方向为零方向。要求零方向应选择距离适中、通视良好、成像清晰稳定、俯仰角和折光影响较小的方向。

将经纬仪安置于 $O$ 站，对中整平后按下列步骤进行观测：

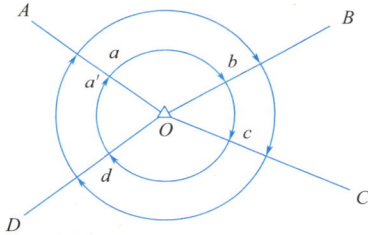

（1）上半测回，瞄准起始方向 $A$，把水平度盘读数配置在略大于 $0°$，而后再松开制动，重新照准 $A$ 方向，读取水平度盘读数 $a$，并记入方向观测法记录表中，见表 3-2。

图 3-10 方向观测法测量水平角

（2）按照顺时针方向转动照准部，依次瞄准 $B$、$C$、$D$ 目标，并分别读取水平度盘读数为 $b$、$c$、$d$，并记入记录表中。

（3）最后回到起始方向 $A$，再读取水平度盘读数为 $a'$，这一步称为"归零"，$a$ 与 $a'$ 之差称为"归零差"。"归零"的目的是为了检查水平度盘在观测过程中是否发生变动。"归零差"不能超过允许限值（$DJ_2$ 级经纬仪为 $8''$，$DJ_6$ 级经纬仪为 $18''$）。以上为上半测回。

（4）下半测回，按逆时针方向旋转照准部，依次瞄准 $A$、$D$、$C$、$B$、$A$，分别读取水平度盘读数，记入记录表中，并算出盘右的"归零差"。称为下半测回。

上、下两个半测回合称为一测回。观测记录及计算如表 3-2 所列。

（5）限差，在同一测回中各方向 $2c$ 误差（也就是盘左、盘右两次照准误差）的差值，即 $2c$ 互差不能超过限差要求（$DJ_2$ 级经纬仪为 $18''$）。表 3-2 中的数据是用 $DJ_6$ 级经纬仪观测的，故对 $2c$ 互差不作要求。同一方向各测回归零方向值之差，即测回差也不能超过限值要求（$DJ_2$ 级经纬仪为 $9''$，$DJ_6$ 级经纬仪为 $24''$）。

（6）度盘配置，当在同一测站上观测几个测回时，为了减少度盘分划误差的影响，每测回起始方向的水平度盘读数应按 $180°/n$ 的差值配置（$n$ 为测回数）。

方向观测法测角记录　　　　　　　　　　　表 3-2

| 测站 | 测回 | 目标 | 水平度盘读数<br>(° ′ ″) | | 平均读数<br>(° ′ ″) | 一测回归零方向值(° ′ ″) | 各测回归零方向值(° ′ ″) | 水平角<br>(° ′ ″) |
| | | | 盘左 | 盘右 | | | | |
| 1 | 2 | 3 | 4 | 5 | 6 | 7 | 8 | 9 |
| O | 1 | A | 0 01 18 | 180 01 06<br>$\Delta_右=-06$ | (0 01 15)<br>0 01 12 | 0 00 00 | 0 00 00 | 39 32 18 |
| | | B | 39 33 36 | 219 33 24 | 39 33 30 | 39 32 15 | 39 32 18 | |
| | | | | | | | | 66 12 10 |
| | | C | 105 45 48 | 285 45 36 | 105 45 42 | 105 44 27 | 105 44 28 | |
| | | | | | | | | 65 33 38 |
| | | D | 171 19 30 | 351 19 24 | 171 19 27 | 171 18 12 | 171 18 06 | |
| | | A | 0 01 24<br>$\Delta_左=+06$ | 180 01 12 | 0 01 18 | — | — | — |
| O | 2 | A | 90 02 18 | 270 02 18 | (90 02 18)<br>90 02 18 | 0 00 00 | — | — |
| | | B | 129 34 48 | 309 34 30 | 39 34 39 | 39 32 21 | — | — |
| | | C | 195 46 54 | 15 46 42 | 195 46 48 | 105 44 30 | — | — |
| | | D | 261 20 24 | 81 20 12 | 261 20 18 | 171 18 00 | — | — |
| | | A | 90 02 18<br>$\Delta_左=0$ | 270 02 18<br>$\Delta_右=0$ | 90 02 18 | — | — | — |

# 3.3　竖直角测量

## 3.3.1　竖直角的计算方法

### 1. 竖直度盘的构造

竖直度盘垂直固定在望远镜旋转轴的一端，随望远镜的转动而转动。竖直度盘的刻划与水平度盘基本相同，但其注字随仪器构造的不同分为顺时针和逆时针两种形式，如图 3-6 所示。

在竖盘中心的铅垂方向装有光学读数指示线，为了判断读数前竖盘者标线位置是否正确，在竖盘指标线（一个棱镜或棱镜组）上设置了管水准器，用来控制指标位置。当竖盘指标水准管气泡居中时，竖盘指标就处于正确位置。J₆级光学经纬仪竖盘与指标及指标水准管之间应满足下列关系：当视准轴水平，指标水准管气泡居中时，指标所指的竖盘读数值，盘左为 90°，盘右为 270°。如图 3-11 所示。

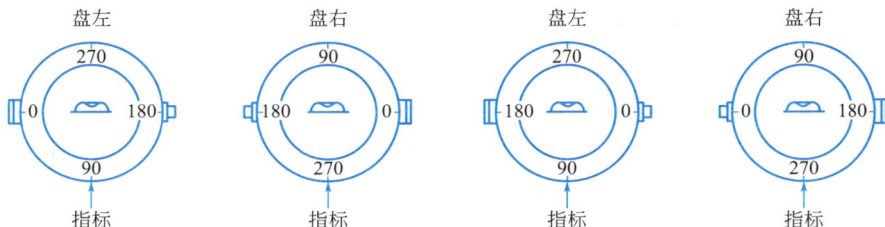

图 3-11　竖盘构造

### 2. 竖直度盘自动归零装置

目前光学经纬仪普遍采用了竖盘自动归零补偿装置来代替竖盘指标水准管，这种自动补偿装置的原理与自动安平水准仪补偿器原理基本相同，能自动调整光路。在正常情况下，若仪器竖轴有倾斜时，能获得竖盘指标在正确位置时的读数值。在观测竖直角时，只要瞄准目标，即可读数，从而简化了操作程序。

使用时，将自动归零补偿器锁紧手轮逆时针旋转，使手轮旋转到"ON"的位置，用手轻轻敲动仪器，如听到竖盘自动归零补偿器有叮当的响声，表示补偿器处于正常工作状态，如听不到响声表明补偿器有故障。竖直角观测完毕，一定要顺时针旋转手轮到"OFF"的位置，以锁紧补偿装置，防止震坏吊丝。

### 3. 竖直角的计算公式

测角前，首先应依据竖盘的注记形式，推导出竖直角的计算公式。

（1）盘左位置把望远镜大致置水平位置，这时竖盘读数盘左约 90°，盘右约 270°，这个读数称为起始读数。

（2）慢慢仰起望远镜，观测竖盘读数（盘左时记作 $L$，盘右时记作 $R$）并与起始读数相比，是增加还是减少。

（3）以盘左为例，若 $L > 90°$，则竖直角的计算公式为：

$$\alpha_左 = L - 90°$$
$$\alpha_右 = 270° - R$$

若 $L < 90°$，则竖直角的计算公式为：

$$\alpha_左 = 90° - L$$
$$\alpha_右 = R - 270°$$

对于图 3-12（a）的竖盘注记形式，其竖直角计算公式为：

盘左：　　　　　　　　　　　　$\alpha_左 = 90° - L$　　　　　　　　　　　　（3-4）

盘右：　　　　　　　　　　　　$\alpha_右 = R - 270°$　　　　　　　　　　　　（3-5）

一测回竖直角：　　　　　　　　$\alpha = \dfrac{1}{2}(\alpha_左 + \alpha_右)$

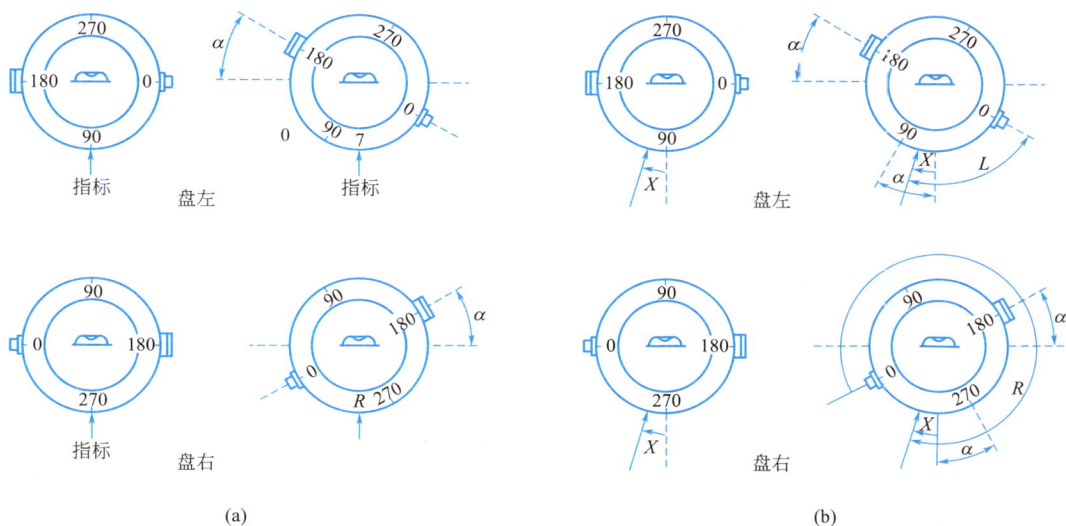

图 3-12  竖盘注记方式

## 3.3.2  竖盘指标差

上述竖直角的计算公式是认为竖盘指标处在正确位置时导出的。即当视线水平，竖盘指标水准管气泡居中时，竖直指标所指读数应为起始读数。但当指标偏离正确位置时，这个指标线所指的读数就比起始读数增大或减少一个角值 $x$，此值称为竖盘指标差，也就是竖盘指标位置不正确所引起的读数误差。

在有指标差时，如图 3-12（b）所示，以盘左位置瞄准目标，转动竖盘指标水准管微动螺旋使水准管气泡居中，测得竖盘读数为 $L$，它与正确的竖直角 $\alpha$ 的关系是：

$$\alpha_{左} = 90° - (L - x) \tag{3-6}$$

以盘右位置按同样的方法测得竖盘读数为 $R$，它与正确的竖直角 $\alpha$ 的关系是：

$$\alpha_{右} = (R - x) - 270° \tag{3-7}$$

将式（3-6）加式（3-7）得一测回竖直角观测值：

$$\alpha = \frac{1}{2}(R - L - 180°) \tag{3-8}$$

将式（3-6）减去式（3-7）得竖盘指标差计算公式：

$$x = \frac{1}{2}(R + L - 360°) \tag{3-9}$$

通过上述分析可得到如下结论：

（1）从式（3-8）可以看出，用盘左、盘右观测取平均值可以消除竖盘指标差的影响。

（2）当只用盘左或盘右观测时，应在计算竖直角时加入指标差改正。指标差是由仪器安装误差引起的，短时间内为一固定值，先观测一测回求出 $x$。再按式（3-6）或式（3-7）计算竖直角。计算时 $x$ 应带有正负号。

（3）指标差 $x$ 的值有正有负，当竖盘指标沿度盘注记方向偏移时，造成读数偏大，则 $x$ 为正，反之为负。

指标差大小是由仪器安装误差决定的，指标差互差大小显示了观测质量的高低，规范对一个测站各方向指标差互差有要求小于 $24''$。

### 3.3.3 测回法测量竖直角

**15. 中丝法竖直角观测**

#### 1. 上半测回

瞄准目标后，用十字丝横丝卡准目标的固定位置，旋转竖盘指标水准管微动螺旋，使水准管气泡居中，读取竖盘读数 $L$，并记入竖直角观测记录表中，见表 3-3。称为上半测回观测。

#### 2. 下半测回

仍照准原目标，调节竖盘指标水准管微动螺旋，使水准管气泡居中，读取竖盘读数 $R$，并记入竖直角观测记录表中。称为下半测回观测。

**竖直角观测记录表**　　　　　　　　　　　　　　　　表 3-3

| 测站 | 目标 | 盘位 | 竖盘读数<br>(° ′ ″) | 半测回竖直角<br>(° ′ ″) | 指标差<br>(″) | 一测回竖直角<br>(° ′ ″) | 仪器高<br>(m) | 觇标高<br>(m) | 备注 |
|---|---|---|---|---|---|---|---|---|---|
| O | A | 左 | 77 32 30 | +12 27 30 | +06 | +12 27 36 | | | 盘左<br>270 / 180 - 0 / 90 |
| | | 右 | 282 27 42 | +12 27 42 | | | | | |
| | C | 左 | 96 26 42 | −06 26 42 | +24 | −06 26 18 | | | 盘右<br>90 / 180 - 0 / 270 |
| | | 右 | 263 34 06 | −06 25 54 | | | | | |

垂直角观测值与仪器高和觇标高密切相关，观测垂直角时应同时记录仪器高和觇标高。

## 3.4 经纬仪的检验与校正

为了保证测角的精度，在作业前，应对经纬仪进行检验和校正，使之满足作业要求。在经纬仪进行检验校正前，应先进行一般的视检。如度盘和照准部旋转是否灵活，各部分螺旋是否灵活有效，望远镜视场是否清晰，度盘分划线是否清晰，测微尺分划是否清晰，仪器及各种附件是否齐全等。视检非常重要，在经纬仪进行检验校正前一定要认真检查。外观检查没有问题再进行经纬仪的检验和校正。

### 3.4.1　经纬仪应满足的几何条件

经纬仪的主要轴线有横轴 $HH$、竖轴 $VV$、望远镜视准轴 $CC$、照准部水准管轴 $LL$。

为使经纬仪能正确工作，各主要轴线应满足下列条件：

（1）照准部水准管轴垂直于仪器的竖轴，$LL \perp VV$。

（2）十字丝竖丝垂直于仪器的横轴。

（3）望远镜视准轴垂直于横轴，$CC \perp HH$。

（4）横轴垂直于竖轴，$HH \perp VV$。

经纬仪主要轴线如图 3-13 所示。

由于仪器经过长期外业使用或长途运输及外界影响等，会使各部分轴线的几何关系发生变化，因此在使用前必须对仪器进行检验和校正。

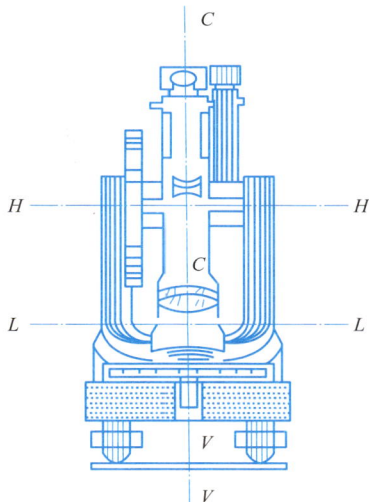

图 3-13　经纬仪的主要轴线

### 3.4.2　经纬仪的检验与校正

**1. 照准部水准管的检验与校正**

目的：当照准部水准管气泡居中时，应使水平度盘水平，竖轴铅垂。

检验：将仪器安置好后，使照准部水准管平行于一对脚螺旋的连线，转动这对脚螺旋使气泡居中。再将照准部旋转 $180°$，若气泡仍居中，说明水准管轴垂直于仪器竖轴，否则应进行校正。

校正：如果水准管不垂直于仪器竖轴，当水准管的气泡居中时，竖轴与铅垂线的夹角为 $\alpha$，如图 3-14（a）所示，照准部旋转 $180°$ 后，仪器竖轴的位置没有动，气泡不再居中，此时水准管轴对水平线的倾角为 $2\alpha$。角 $2\alpha$ 的大小是通过气泡偏离零点的格数来表现的，如图 3-14（b）所示。转动平行于水准管的两个脚螺旋使气泡退回偏离零点的格数的一半，则水平度盘处于水平位置，如图 3-14（c）所示。再用拨针拨动水准管校正螺丝，使气泡居中，如图 3-14（d）所示，使水准管轴垂直于仪器竖轴。

**2. 十字丝竖丝的检验与校正**

目的：使十字丝竖丝垂直横轴。当横轴居于水平位置时，竖丝处于铅垂位置。

检验：用十字丝竖丝的一端精确瞄准远处某点，固定水平制动螺旋和望远镜制动螺旋，慢慢转动望远镜微动螺旋，如果目标不离开竖丝，说明十字丝竖丝垂直于横轴，否则需要校正。

校正：要使竖丝铅垂，就要转动十字丝板座或整个目镜部分。如图 3-15 就是十字丝板座和仪器连接的结构示意。校正时，首先旋松压环固定螺丝，转动十字丝板座，使点返回偏离值一半，然后再旋紧固定螺栓。

**3. 视准轴的检验与校正**

目的：使望远镜的视准轴垂直于横轴。视准轴不垂直于横轴的偏角 $c$ 为视准轴误差，

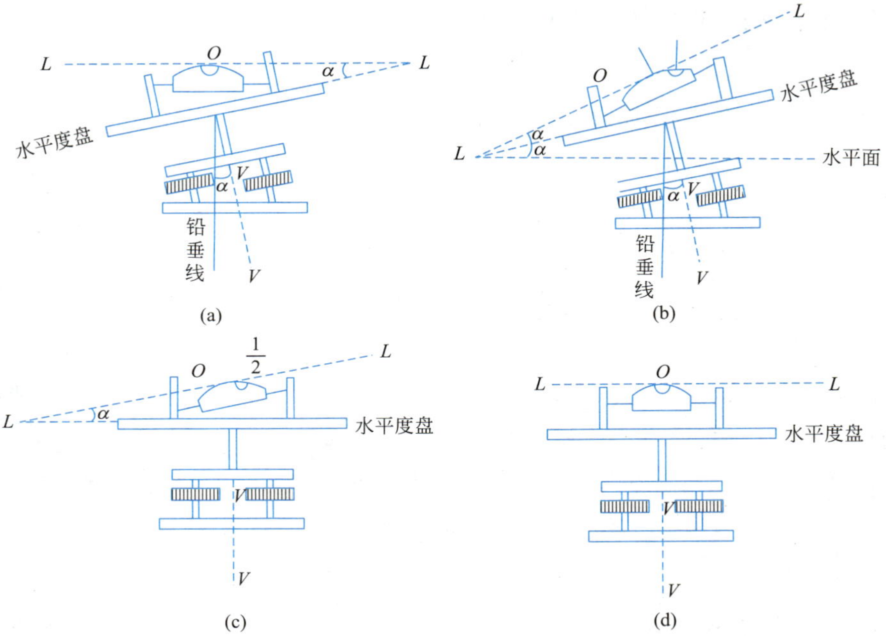

图 3-14　照准部水准管轴的检验与校正

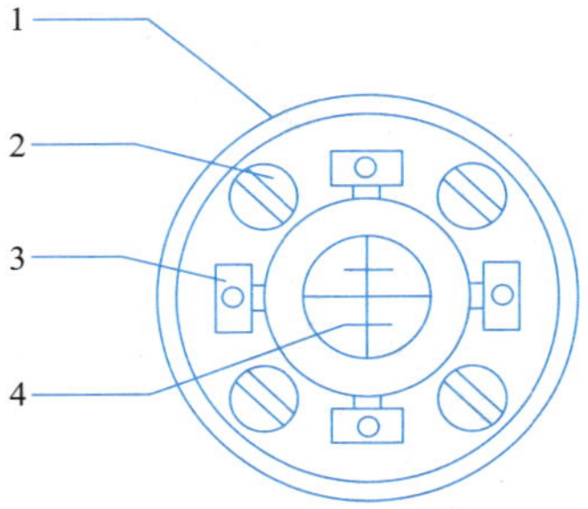

图 3-15　十字丝板座和仪器连接结构示意

1—镜筒；2—压环固定螺丝；3—十字丝校正螺栓；4—十字丝分划板

它是由于十字丝交点的位置不正确产生的。

检验：选一长约 80m 的平坦地区，经纬仪安置于中间 $O$ 点，在 $A$ 点竖立测量标志，在 $B$ 点水平横置一根水准尺，使尺身垂直于视线 $OB$ 并与仪器同高。

盘左位置，视线大致水平照准 $A$ 点，固定照准部，然后纵转望远镜，在 $B$ 点的横尺上读取读数 $B_1$，如图 3-16（a）所示。松开照准部，以盘右位置照准 $A$ 点，固定照准部，再纵转望远镜在 $B$ 点横尺上读取读数 $B_2$，如图 3-16（b）所示。如果 $B_1$、$B_2$ 两点重合，则说明视准轴与横轴相互垂直，否则需要进行校正。

校正：盘左时，$\angle AOH_2=\angle H_2OB_1=90°-c$，则 $\angle B_1OB=2c$。盘右时，同理 $\angle BOB_2=2c$。由此得到 $\angle B_1OB_2=4c$，$B_1B_2$ 所产生的差数是四倍视准误差。校正时从 $B_2$ 起在 $B_1B_2$ 距离 1/4 处得 $B_3$ 点，则 $B_3$ 在尺上读数为视准轴应对准的正确位置。用拨针拨动十

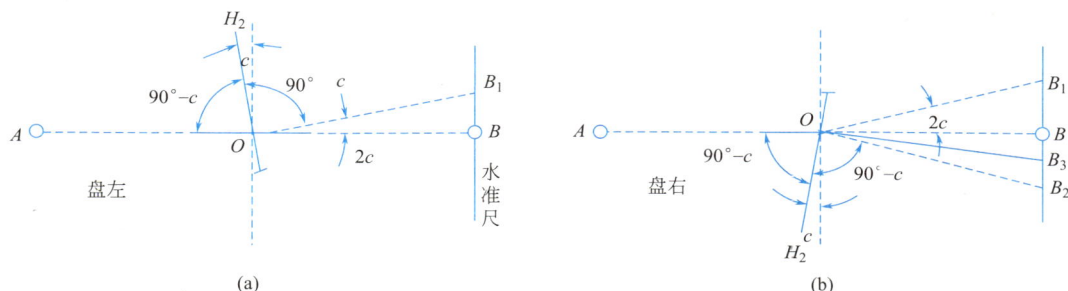

图 3-16　视准轴垂直于横轴的检验

字丝的左右两个校正螺丝，如图 3-17 所示。注意应先松后紧，边松边紧，使十字丝交点对准 $B_3$ 点的读数即可。要求在同一测回中，同一目标的盘左、盘右读数的差为两倍视准轴误差，称为 $2c$ 误差。对于 DJ$_2$ 级光学经纬仪当 $2c$ 的绝对值大于 30″时，就应进行校正。$2c$ 互差是检验观测质量的标准。

### 4. 横轴的检验与校正

目的：使横轴垂直于仪器竖轴。

检验：将仪器安置在一个清晰的高目标附近，其仰角为 30°左右。盘左位置照准高目标 $M$ 点，固定水平制动螺旋，将望远镜大致放平，在墙上或横放的尺上标出 $m_1$ 点，如图 3-18 所示。纵转望远镜，盘右位置仍然照准 $M$ 点，放平望远镜，在墙上标出 $m_2$ 点。如果 $m_1$ 和 $m_2$ 重合，说明横轴垂直于仪器竖轴，否则需要进行校正。

校正：此项校正一般应由厂家或专业仪器修理人员进行。

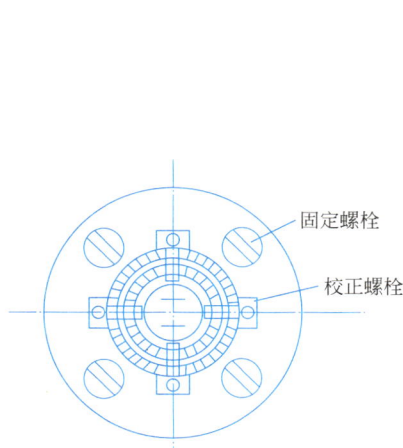

图 3-17　视准轴垂直于横轴的校正

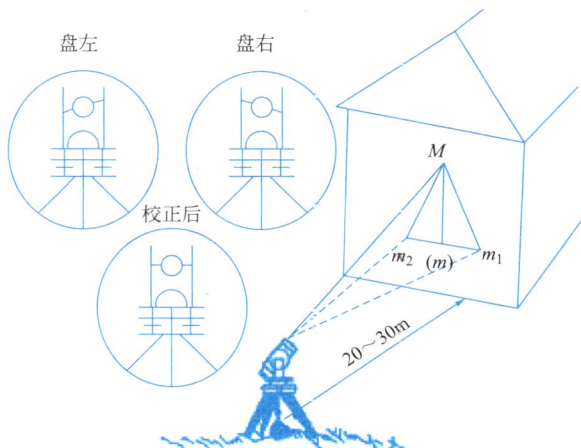

图 3-18　横轴垂直于竖轴的检验

### 5. 光学对中器的检验与校正

目的：使光学对中器视准轴与仪器竖轴重合。

检验：精确整平经纬仪，在仪器下面的地面上放一张白纸，由光学对中器目镜观测，将光学对中器分划板的刻划中心标记于纸上，然后水平旋转照准部，每隔 120°用同样的方法在白纸上作出标记点。过三点画圆，若圆半径小于1mm，为合格，否则需要进行校正。

校正：由于仪器的类型不同，校正部位也不同。有的校正转向直角棱镜，有的校正分划板，有的两者均可校正。校正时均须通过拨动对点器上相应的校正螺丝，调整目标至圆心，并反复1～2次，直到照准部转到任何位置时，目标都在中心圈以内为止。

必须指出，这五项检验校正的顺序不能颠倒，而且照准部水准管轴垂直于仪器的竖轴的检校是其他项目检验与校正的基础，这一条件不满足，其他几项检验与校正就不能正确进行。另外，竖轴不铅垂对测角的影响不能用盘左、盘右两个位置观测来消除，所以此项检验与校正也是主要的项目。其他几项，在一般情况下有的对测角影响不大，有的可通过盘左、盘右两个位置观测来消除影响，是次要的检校项目。

## 小结

角度测量是测量三个基本工作之一。本节主要介绍了角度测量的基本原理、角度测量使用的仪器及其使用方法、水平角的两种观测方法（测回法和方向观测法）、竖直角的观测方法、角度的内业计算、及经纬仪的检验与校正。

在理解角度测量的基础上，通过情景学会角度的外业组织、观测、记录和内业成果计算，能够在技术要求的基础上进行检核。同时，应具有经纬仪检验和校正的基本技能，在使用经纬仪时满足条件要求。

## 思考题

1. 什么是水平角？什么是竖直角？
2. 分别叙述测回法与方向观测法观测水平角的步骤，并说明二者的适用情况。
3. 瞄准某一目标，利用度盘变换手轮，使水平度盘读数为$0°00'00''$，应如何操作？
4. 对中的目的是什么？整平的目的是什么？如何操作？
5. 整理下列测回法观测水平角的记录：

| 测站 | 盘位 | 目标 | 水平度盘读数 (° ′ ″) | 水平角(° ′ ″) 半测回角值 | 一测回角值 | 备注 |
|------|------|------|------------------------|--------------------------|------------|------|
| O | 左 | A | 0  02  12 | | | |
| | | B | 263  18  24 | | | |
| | 右 | A | 180  02  18 | | | |
| | | B | 83  18  12 | | | |

6. 某水平角观测4个测回，各测回应如何配置水平度盘？
7. 经纬仪有哪些主要轴线？它们之间应满足什么条件？
8. 将某经纬仪置于盘左，当视线水平时，竖盘读数为$90°$；当望远镜逐渐上仰，竖盘读数减小，请写出该仪器的竖直角计算公式。
9. 光学经纬仪的检验主要有几项？这些项目的检验次序应如何安排？

10. 按下列观测记录，计算出瞄准各目标时的竖直角。

| 测站 | 目标 | 盘位 | 竖盘读数<br>(° ′ ″) | 半测回竖直角<br>(° ′ ″) | 指标差<br>(″) | 一测回竖直角<br>(° ′ ″) | 备注 |
|---|---|---|---|---|---|---|---|
| O | A | 左 | 72 18 18 | | | | 竖盘按逆时针注记 |
| | | 右 | 287 42 00 | | | | |
| | B | 左 | 103 10 06 | | | | |
| | | 右 | 256 50 00 | | | | |
| | C | 左 | 64 25 24 | | | | |
| | | 右 | 295 34 30 | | | | |

# 学习情境 4

Chapter **04**

# 距离测量与直线定向

**知识目标**

理解距离测量和直线定向的概念及方法。

掌握钢尺量距的方法。

**能力目标**

学会使用钢尺进行距离测量。

熟知直线定向。

**思政目标**

培养吃苦耐劳、团结协作的工作精神，弘扬爱国主义，促进学生德技并修。

## 情境链接

### 北京首都国际机场

北京首都国际机场位于中国北京市东北郊，西南距北京市中心 25km，南距北京大兴国际机场 67km，为 4F 级国际机场，是中国三大门户复合枢纽之一、环渤海地区国际航空货运枢纽群成员、世界超大型机场。

作为"中国第一国门"，北京首都国际机场建成于 1958 年。运营 50 多年来，伴随着历史的脚步，始终昂首向前。机场有两座塔台，T1、T2 和 T3 共三座航站楼，是中国国内唯一拥有三条跑道的国际机场，机场原有西、东两条 4E 级双向跑道，长宽分别为 3800m×60m、3200m×50m，并且装备有 Ⅱ 类仪表着陆系统。

图 4-1　北京首都国际机场施工现场

图 4-2　北京首都国际机场造型外观图

在北京首都国际机场建设过程中，测定好地面点高程后还需要确定各个点的相对位置，这就涉及角度和距离，距离测量在工程测量中占据很重要的地位。图 4-1 为北京首都国际机场施工现场，图 4-2 为北京首都国际机场造型外观图。

# 4.1　钢尺量距

## 4.1.1　钢尺量距的原理

确定地面点的位置，除了测量水平角和高程外，还要测量地面上两点间的水平距离和两点连线的方向，有了距离和方向，地面上两点间的相互关系就确定了。根据使用的工具和方法的不同，距离测量的常用方法有量尺量距、视差法测距和电磁波测距等。

用量尺直接测定两点间距离，工程上经常使用的量距工具有钢尺、皮尺和测绳，如图 4-3 所示，另外还有测钎、标杆和垂球等辅助工具。

钢尺一般用薄钢带制成，长 20m、30m 或 50m。尺的最小刻划为 1mm、1cm 或 5cm。所量距离大于尺长时，需先标定直线再分段测量。钢尺量距的精度一般高于 1/1000。按尺

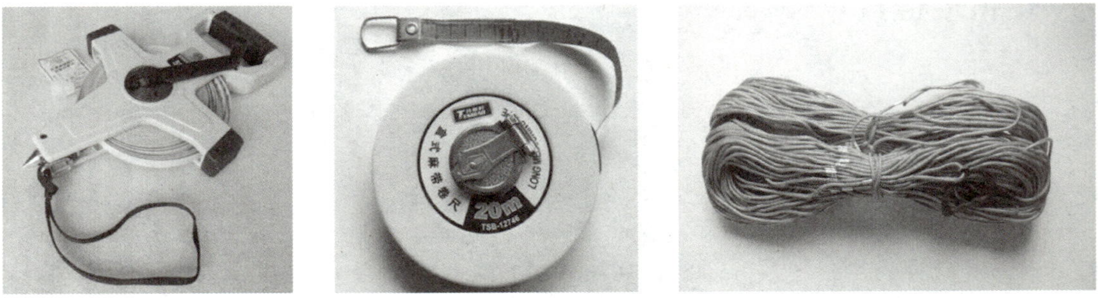

**图 4-3 钢尺、皮尺及测绳**

（a）钢尺；（b）皮尺；（c）测绳

的零点位置可分为端点尺和刻线尺两种。端点尺的零点是从尺的端点开始，如图 4-4（a）所示，适用于从建筑物墙边开始丈量的工作。刻线尺的零点是从尺上刻的一条横线作为起点，如图 4-4（b）所示。使用钢尺时必须注意钢尺的零点位置，以免发生错误。

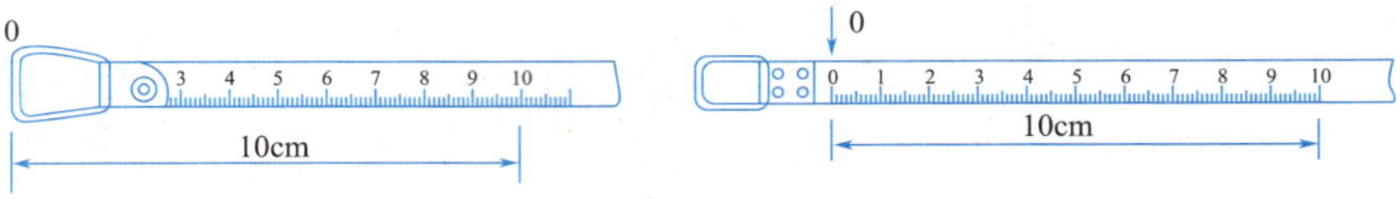

**图 4-4 端点尺和刻线尺**

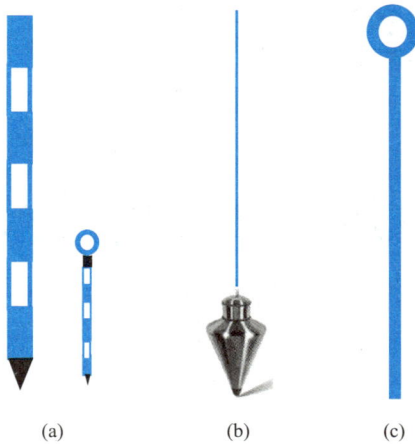

**图 4-5 标杆、垂球、测钎**

（a）标杆；（b）垂球；（c）测钎

皮尺又称布卷尺，如图 4-3（b）所示，是由麻布织入铜丝而成，呈带状，现在有用塑料制成的。长度有 20m、30m、50m 几种，一般刻划到"cm"，尺的零点在尺的最外端。皮尺的耐拉能力较差，伸缩较大，一般用于普通低精度量距。

测绳是由外皮用线或麻绳包裹，中间加有金属丝制成的，其外形如电线，并涂以蜡，每隔 1m 包一金属片，注明米数，长度一般有 50m、100m 两种。一般用于精度要求较低的测量工作。如图 4-3（c）所示。

标杆又称花杆，长为 2m 或 3m，直径为 3～4cm，用木杆或玻璃钢管或空心钢管制成，杆上按 20cm 间隔涂上红白漆，杆底为锥形铁脚，用于显示目标和直线定线。如图 4-5（a）所示。

垂球是由金属制成的，似圆锥形，上端系有细线，是对点的工具。有时为了克服地面起伏的障碍，垂球常挂在标杆架上使用。如图 4-5（b）所示。

测钎用粗铁丝制成，长为 30cm 或 40cm，上部弯一个小圈，可套入环内，在小圈上系一醒目的红布条，一般一组测钎有 6 根或 11 根。在丈量时用它来标定尺端点位置和计算所量过的整尺段数。如图 4-5（c）所示。

## 4.1.2　直线定线

直线定线就是当两点间距较大或地势起伏较大时，要分成几段进行距离丈量，为了使所量距离为直线距离，需要在两点连线方向上竖立一些标志，并把这些标志标定在已知直线上。在丈量精度不高时，可用目估法定线，如果精度要求较高时，则要用经纬仪定线。

16.
直线定线

### 1. 两点间目估法定线

如图 4-6 所示，设 $A$、$B$ 为直线的两端点，需要在 $A$、$B$ 之间标定 1、2、3 等点，使其与 $A$、$B$ 成一直线。定线方法是，先在 $A$、$B$ 点上竖立标杆，观测者站在 $A$ 点后 1～2m 处，由 $A$ 端瞄向 $B$ 点，使单眼的视线与标杆边缘相切，以手势指挥 1 点上的持标杆者左右移动，直至 $A$、1、$B$ 三点在一条直线上，然后将标杆竖直地插在 1 点上。用同样的方法可以标定 2 点和 3 点。

图 4-6　目估法定线

### 2. 经纬仪定线

精密丈量时，需要经纬仪定线。如图 4-7 所示。一名测量员在 $A$ 点安置经纬仪，经过对中、整平后，用望远镜瞄准 $B$ 点上所插的测钎。固定照准部，另一名测量员在距 $B$ 点略短于一个整尺段长度的地方，按经纬仪观测者的指挥，移动测钎使它与十字丝竖丝重合，得 $AB$ 直线上的 1 点。同理可得其他各点。

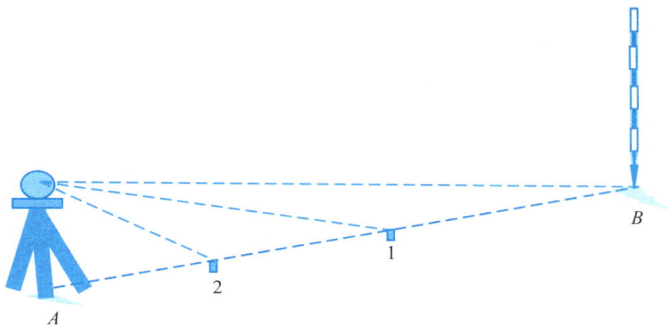

图 4-7　经纬仪定线

## 4.1.3　钢尺量距方法

### 1. 在平坦地面上丈量

要丈量平坦地面上 $A$、$B$ 两点间的距离，其做法是，先在标定好的 $A$、$B$ 两点立标杆，进行直线定线，然后进行丈量，如图 4-8 所示。丈量时后尺手拿尺的末端，前尺手拿尺的零端，两位尺手蹲下，后尺手把末端对准 $A$ 点，喊"预备"，两人同时拉紧尺子，当尺拉稳后，后尺手喊"好"，前尺手对准尺的零点刻划将一测钎插在地面上，即量完了第一尺段。

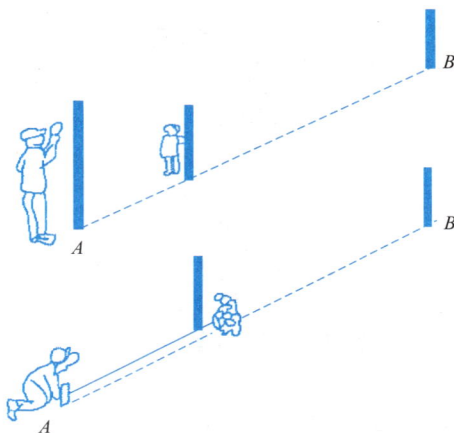

**图 4-8　平坦地面的直线丈量**

用同样的方法，继续向前量第 2、第 3……第 N 尺段。量完每一尺段时，后尺手必须将插在地面上的测钎拔出收好，用来计算量过的整尺段数。最后量不足一整尺段的距离，如图 4-9 所示。当丈量到 B 点时，由前尺手用尺的零点刻划对准终点 B，后尺手在钢尺上读取不足一整尺段值。上述过程称为往测，往测的长度计算公式为：

$$D = nl + \Delta l \qquad (4-1)$$

式中，$l$——钢尺一整尺段的长度，单位 m；

$n$——丈量的整尺段数；

$\Delta l$——零尺段长度，读数至 mm。

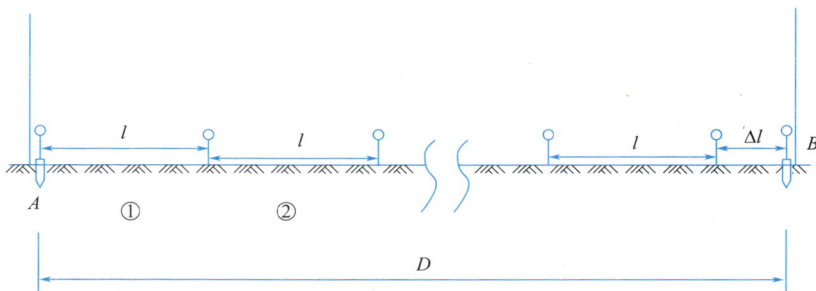

**图 4-9　距离丈量**

接着调转尺头用同样方法，从 $B$ 至 $A$ 进行返测，直至 $A$ 点为止。然后依据公式（4-1）计算出返测的长度。一般往返各丈量一次称为一测回，在符合精度要求时，取往返测距离的平均值作为丈量结果的测回值。量距记录表见表 4-1。

钢尺量距记录计算表　　　　　　　表 4-1

| 测线 | | 观测值(m) | | | 精度 | 平均值(m) | 备注 |
|---|---|---|---|---|---|---|---|
| | | 整尺段 | 零尺段 | 总长 | | | |
| $AB$ | 往 | 4×30 | 15.309 | 135.309 | 1/3500 | 135.328 | 要求：1/2000 |
| | 返 | 4×30 | 15.347 | 135.347 | | | |

### 2. 在倾斜地面上丈量

当地面稍有倾斜时，可把尺一端抬高稍许，就能按整尺段依次水平丈量，如图 4-10（a）所示，分段量取水平距离，最后计算总长。若地面倾斜较大，则使尺子一端靠高点桩顶，对准端点位置。尺子另一端用垂球线紧靠尺子的某分划，将尺拉紧且水平。放开垂球线，使它自由下坠，其垂球尖端位置，即为低点桩顶。然后量出两点的水平距离。

在倾斜地面上丈量，仍需往返进行，在符合精度要求时，取平均值作为测回丈量结果。

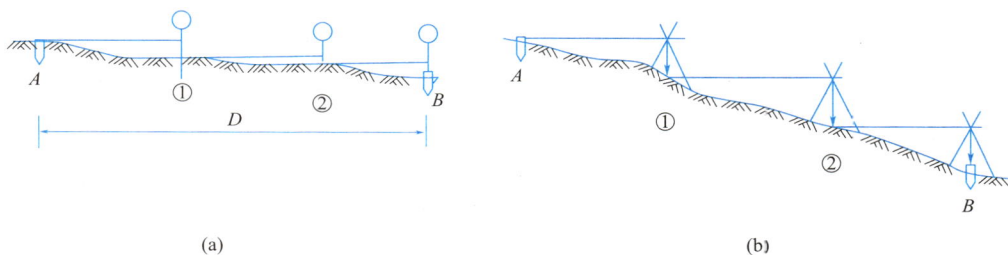

(a)　　　　　　　　　　　　　　　　　　(b)

图 4-10　倾斜地面上的距离丈量

## 4.1.4　丈量成果处理与精度评定

为了避免错误和判断丈量结果的可靠性，并提高丈量精度，距离丈量要求往返丈量。用往返丈量距离差 $\Delta D$ 与平均距离 $\overline{D}$ 之比来衡量它的精度，此比值用分子等于 1 的分数形式来表示，称为相对误差 $K$，即：

$$\Delta D = D_往 - D_返$$

$$\overline{D} = \frac{1}{2}(D_往 + D_返)$$

$$K = \frac{|\Delta D|}{\overline{D}} = \frac{1}{\overline{D}/|\Delta D|} \tag{4-2}$$

如相对误差在规定的允许限度内，即 $K \leqslant K_允$，可取往返平均值作为丈量成果。如果超限，则应重新丈量直到符合要求为止。在平坦地区 $K_允 = 1/3000$，在山区 $K_允 = 1/2000 \sim 1/1000$。

## 4.1.5　钢尺精密量距

钢尺一般量距，精度通常不超过 1/5000，而钢尺精密量距，由于其丈量方法较精确，并对某些误差影响作了适当处理，则精度可达 1/40000～1/5000，但该法丈量用的钢尺必须选用质量较好的 30m 或 50m 刻有 mm 分划的钢尺。丈量之前要进行检定，以求出钢尺在一定温度和拉力下的实际长度。

### 1. 钢尺精密量距的方法

（1）清除障碍

把所量直线方向上两侧的杂草、树根、碎石等均清除干净，保证所量直线两旁各有 1m 宽的平整的场地。

（2）经纬仪定线

如图 4-11 所示，在所量直线端点架设经纬仪进行直线定线，并沿此方向用钢尺概量，每隔一尺段打一木桩，木桩间距略短于钢尺长度。木桩要高出地面 20cm 以上，桩顶钉一块白铁皮或铅片。用经纬仪瞄准后，在铁皮上用小刀划出直线方向和垂直于直线方向的短线。

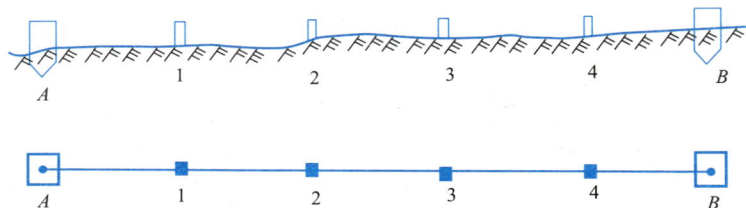

图 4-11　经纬仪定线

（3）测定各桩顶间的高差

用水准仪测定各桩顶间的高差，以便将桩间的倾斜距离转化成水平距离。

（4）尺段丈量

从直线一端开始用弹簧秤施加检定时的拉力，一般为 15kg（147N）。等尺子稳定后，钢尺首尾两端在统一号令下同时切准木桩顶上的十字线交点读数，每个尺段读三次，每次移动钢尺 1cm，三次长度相差在 3mm 以内，就取平均值作为该尺段的丈量结果。若差值超过 3mm，则须重测。每一尺段读温度一次，以便进行温度改正。丈量记录计算见表 4-2。

钢尺精密量距记录计算表　　　　　　　　　　表 4-2

| 尺段 | 丈量次数 | 前尺读数(m) | 后尺读数(m) | 尺段长度(m) | 温度(℃) | 高差(m) | 温度改正(mm) | 倾斜改正(mm) | 尺长改正(mm) | 改正后尺段长(m) |
|---|---|---|---|---|---|---|---|---|---|---|
| 1 | 2 | 3 | 4 | 5 | 6 | 7 | 8 | 9 | 10 | 11 |
| A-1 | 1 | 29.9910 | 0.0700 | 29.9210 | 25.5 | −0.152 | +2.0 | −0.4 | +1.5 | 29.9249 |
| | 2 | 29.9920 | 0.0695 | 29.9225 | | | | | | |
| | 3 | 29.9910 | 0.0690 | 29.9220 | | | | | | |
| | 平均 | | | 29.9218 | | | | | | |

续表

| 尺段 | 丈量次数 | 前尺读数(m) | 后尺读数(m) | 尺段长度(m) | 温度(℃) | 高差(m) | 温度改正(mm) | 倾斜改正(mm) | 尺长改正(mm) | 改正后尺段长(m) |
|------|---------|-----------|-----------|-----------|---------|--------|------------|------------|------------|--------------|
| 1-2 | 1 | 29.8710 | 0.0510 | 29.8200 | 25.4 | −0.071 | +1.9 | −0.08 | +1.5 | 29.8228 |
|  | 2 | 29.8705 | 0.0515 | 29.8190 |  |  |  |  |  |  |
|  | 3 | 29.8715 | 0.0520 | 29.8195 |  |  |  |  |  |  |
|  | 平均 |  |  | 29.8195 |  |  |  |  |  |  |
| 2-B | 1 | 24.1610 | 0.0515 | 24.1095 | 25.7 | −0.210 | +1.6 | −0.9 | +1.2 | 24.1121 |
|  | 2 | 24.1625 | 0.0505 | 24.1120 |  |  |  |  |  |  |
|  | 3 | 24.1615 | 0.0524 | 24.1091 |  |  |  |  |  |  |
|  | 平均 |  |  | 24.1102 |  |  |  |  |  |  |
| 总和 |  |  |  |  |  |  |  |  |  | 83.8598 |

重复以上步骤，直至丈量到直线另一端点，完成一次往测。然后进行返测，即完成一个测回。一般至少丈量 2～4 个测回。

**2. 丈量成果处理**

（1）尺长改正

钢尺的刻注长度称为名义长度。如钢尺刻注是 30m，那它的名义长度就是 30m。钢尺出厂时，本身就包含了一定的误差，在长期运输和使用后，因各种条件的影响，尺长将会出现变化，使量距的结果产生系统误差。而系统误差是累积性的，故丈量前应对所用钢尺进行检验，将钢尺与一标准尺进行比较，以求得尺长改正数，以便对丈量结果进行尺长改正。一个尺段长度的尺长改正数为：

$$\Delta l_d = l' - l_0 \tag{4-3}$$

式中，$l'$——钢尺检定长度（实际长度）；

$l_0$——钢尺名义长度。

例如某钢尺的名义长度为 30m，此钢尺与标准长度为 30m 的标准尺比较，得钢尺检定长度为 30.0025m，则此钢尺的尺长改正数为

$$\Delta l_d = l' - l_0 = 30.0025 - 30 = +2.5 \text{（mm）}$$

（2）温度改正

设钢尺在检定时的温度为 $t_0$，丈量时的温度为 $t$，钢尺的膨胀系数为 $\alpha = 0.0000125/℃$，则一个尺段长度的温度改正数 $\Delta l_t$ 为

$$\Delta l_t = \alpha(t - t_0)l' \tag{4-4}$$

（3）倾斜改正

用水准仪测量某尺段桩顶的高差为 $h$，钢尺丈量的倾斜距离为 $l'$，则一尺段长度的倾斜改正数 $\Delta l_h$ 为：

$$\Delta l_h = -\left(\frac{h^2}{2l'}\right) \tag{4-5}$$

若丈量时钢尺悬空，还应考虑到悬空丈量的垂曲改正。

（4）尺段长度计算

经过上述改正，一尺段的水平距离 $d$ 为：

$$d = l' + \Delta l_d + \Delta l_t + \Delta l_h \qquad (4\text{-}6)$$

将改正后的各个尺段总加起来，求得 $AB$ 往测或返测的水平距离，取其平均值，即得该距离的一测回值。

## 4.1.6 钢尺量距注意事项

### 1. 影响量距成果的主要因素

（1）尺身不平

钢尺量距时，尺身不水平将使丈量结果较水平距离长，是累积性误差。例如用 30m 钢尺量距，当尺身两端的高差为 0.4m 时，距离误差约为 3mm，相当于 1/10000 的精度。所以要求在钢尺量距时要特别注意把尺身放平。

（2）定线不直

定线不直使丈量沿折线进行，如图 4-12 中的虚线位置，其影响和尺身不水平的误差一样，当尺长为 30m 时，若偏离 0.4m 其误差也为 3mm。在实测中，只要认真操作，目估定线偏差也不会超过 0.1m。在起伏较大的山区，或直线较长，或精度要求较高时应用仪器定线。

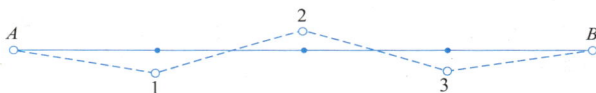

图 4-12　定线不直

（3）拉力不均

30m 钢尺的标准拉力为 98N；50m 钢尺的标准拉力为 147N，故一般丈量中只要保持拉力均匀即可。

（4）对点和投点不准

丈量时用测钎在地面上标志尺端点位置，若前、后尺手配合不好，插钎不准，很容易造成 3~5mm 误差。如在倾斜地区丈量，用垂球投点，误差可能更大。在丈量中应尽力做到对点准确，配合协调，尺要拉稳，测钎应直立，投点时要把垂球扶稳。

（5）丈量中常见的错误

主要有认错尺的零点和注字，例如 6 误认为 9；记错整尺段数；读尺时，由于精力集中于小数而对分米、米有所疏忽；把数字读错或读颠倒；记录员听错、记错等。为防止错误就要认真校核，提高操作水平，加强工作责任心。

### 2. 注意事项

（1）丈量距离会遇到地面平坦、起伏或倾斜等各种不同的地形情况，不论何种情况，丈量距离有三个基本要求是"直、平、准"。"直"，就是要量两点间的直线长度，不是折线或曲线长度，为此定线要直，尺要拉直；"平"，就是要量两点间的水平距离，要求尺身水平，如果量取斜距也要改算成水平距离；"准"，就是对点、投点、计算要准，丈量结果不能有错误，并符合精度要求。

（2）丈量时，前后尺手要配合好，尺身要置水平，用力要均匀，投点要稳，对点要准，尺稳定时再读数。

（3）钢尺在拉出和收卷时，要避免钢尺打卷。在丈量时，不要在地上拖拉钢尺，更不要扭折，防止行人踩和车压，以免折断。

（4）尺子用过后要用软布擦干净，涂以防锈油，再卷入盒中。

# 4.2　视距测量

视距测量是用望远镜内视距丝装置，根据几何光学原理同时测定两点间的水平距离和高差的一种方法。这种方法精度不高，但具有速度快、操作简便、不受地形条件限制等优点，因此被广泛用于地形图碎部测量中。

## 4.2.1　视距测量原理

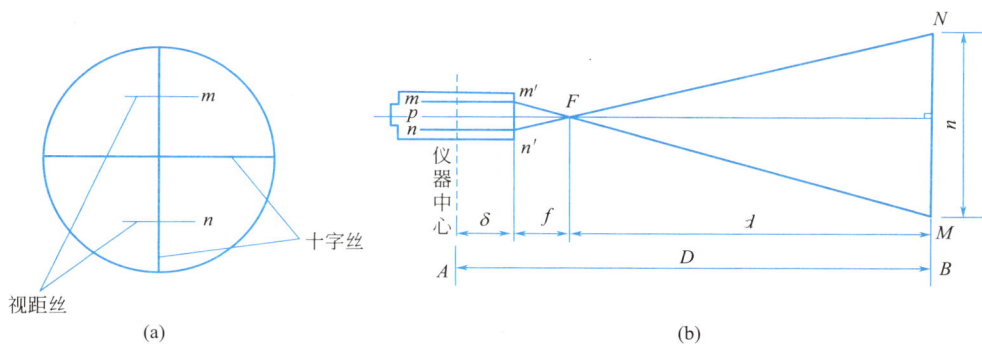

### 1. 视线水平时的距离和高差公式

经纬仪（或水准仪）望远镜筒内十字丝分划板的上、下两条短横丝，就是用来测量距离的，这两条短横丝称为视距丝，如图 4-13（a）所示。

在 $A$ 点安置经纬仪，$B$ 点立尺。当望远镜水平时，视线与尺子垂直，经对光后，尺的像落在十字丝平面上。根据光学原理，通过平行于物镜光轴的

图 4-13　视线水平时的视距测量

上、下视距丝（$m$，$n$）光线，经物镜折射后，通过物镜的前焦点 $F$ 而交于视距尺上的 $M$、$N$ 两点，如图 4-13（b）所示。设 $M$、$N$ 之间距为 $n$，称为视距间隔，视距丝间距为 $p$，物镜焦距为 $f$，物镜前焦点 $F$ 到视距尺的距离为 $d$，仪器中心至物镜的距离为 $\delta$，由于三角形 $\triangle MFN$ 和三角形 $\triangle m'$ 的 $Fn'$ 相似，即有：

$$\frac{d}{n}=\frac{f}{p}\Rightarrow d=\frac{f}{p}n \tag{4-7}$$

从图中可以看出 $A$、$B$ 两点间的水平距离 $D$ 为：

$$D = d + f + \delta$$

故：

$$D = \frac{f}{p}n + (f + \delta)$$

令 $f/p = K$ 为视距乘常数，多数仪器的 $K = 100$，$f + \delta = C$ 为视距加常数。目前大量使用的内对光望远镜，经设计上的处理，都使 $C \rightarrow 0$。则上式可写为：

$$D = Kn \tag{4-8}$$

从图 4-14 可以看出，当望远镜视线水平时，设仪器高为 $i$（即测站点中心至仪器横轴的高度），十字丝的中丝读数（即目标高）为 $\nu$，则 $A$、$B$ 两点间的高差为：

$$h_{AB} = i - \nu \tag{4-9}$$

### 2. 视线倾斜时的距离和高差公式

在地面起伏较大的地区进行视距测量时，必须使望远镜的视线倾斜才能读取尺间隔数，如图 4-15 所示，由于视线不垂直于视距尺，故不能直接应用公式（4-8）计算距离 $D$。因此必须将尺间隔 $MN$ 换算为与视线垂直的尺间隔 $M'N'$ 时，才能用公式（4-8）计算倾斜距离 $D'$，然后再根据 $D'$ 和竖直角 $\alpha$ 计算出水平距离 $D$。

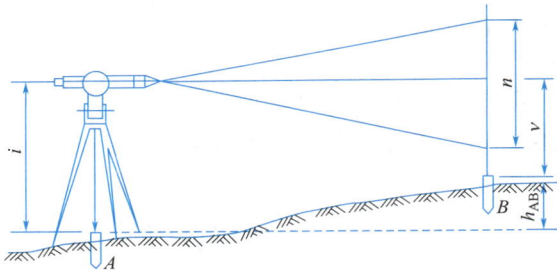

图 4-14  视线水平时高差的计算

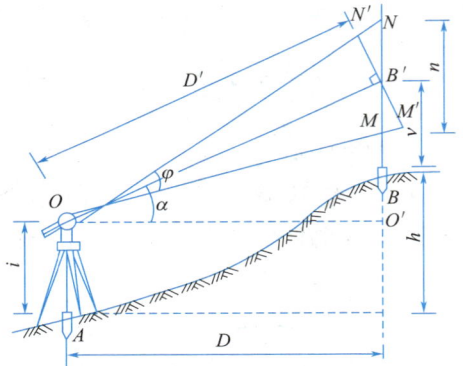

图 4-15  视线倾斜时的视距测量

由于通过视距丝的两条光线夹角很小，故 $\angle NN'B'$ 和 $\angle MM'B'$ 可近似地看作直角。又因 $\angle N'B'N = \angle M'B'M = \alpha$，由此可得：

$$M'N' = M'B' + B'N' = MB'\cos\alpha + B'N\cos\alpha = (MB' + B'N)\cos\alpha = MN\cos\alpha$$

式中的 $M'N'$ 是视距尺与视线垂直时的尺间隔，用 $n'$ 表示，$MN$ 是视距丝在视距尺上的读数间隔，用 $n$ 表示。上式可写成：

$$n' = n\cos\alpha$$

将上式代入式（4-8）得：

$$D' = Kn' = Kn\cos\alpha$$

由直角 $\angle OO'B'$ 得：

$$D = D'\cos\alpha$$

即 $A$、$B$ 两点间的水平距离为：

$$D = Kn\cos^2\alpha \tag{4-10}$$

在直角 $\triangle OO'B'$ 中，设 $O'B'=h'$，则由图 4-14 可知：

$$h'=D\tan\alpha$$

因此视线倾斜时，$A$、$B$ 由两点间的高差公式为：

$$h=h'+i-\nu \tag{4-11}$$

即

$$h=D\tan\alpha+i-\nu \tag{4-12}$$

如果令 $\triangle=i-\nu$，在实际工作中只要能使所观测的中丝在尺上读数 $\nu$ 等于仪器高 $i$，就可使 $\triangle$ 等于零，上式可简化为：

$$h=D\tan\alpha \tag{4-13}$$

为了方便起见，现将上述视距公式见表 4-3，以便在使用中查用。

视距测量公式

表 4-3

| 视线 | 水平距离 | 高差 | |
|---|---|---|---|
| | | $i=\nu$ | $i\neq\nu$ |
| 视线水平时 | $D=Kn$ | $h=0$ | $h=i-\nu$ |
| 视线倾斜时 | $D=Kn\cos2\alpha$ | $h=D\tan\alpha$ | $h=D\tan\alpha+i-\nu$ |

立尺点 B 的高程计算公式为：

$$H_B=H_A+D\tan\alpha+i-\nu$$

## 4.2.2　经纬仪视距测量

### 1. 测量方法

如图 4-14 所示，欲测定 $A$、$B$ 两点间的水平距离 $D$ 和高差 $h$，其观测方法如下。

（1）在测站 $A$ 安置经纬仪，量取仪器高 $i$，在测点 $B$ 竖立视距尺；

（2）盘左位置，照准视距尺，消除视差后使十字丝的横丝（口丝）读数等于仪器高 $i$，固定望远镜，用上、下视距丝分别在尺上读取读数，估读到 mm，算出视距间隔 $n$（$n=$ 下丝读数－上丝读数）。为了既快速又准确地读出视距间隔，可先将中丝对准仪器高读竖角，然后把上丝对准邻近整数刻划后直接读取视距间隔；

（3）转动竖盘指标水准管微动螺旋使竖盘指标水准管气泡居中，读取竖盘读数，算出竖直角 $\alpha$。对有竖盘指标自动归零装置的仪器，应打开自动归零装置后再读数。

（4）根据表 4-3 所列公式，计算水平距离和高差及立尺点的高程。

### 2. 视距测量注意事项

（1）仪器必须进行竖盘指标差的检校。

（2）视距尺应竖直。

（3）严格消除视差，上、下丝读数要快速。

（4）若为提高精度并进行校核，应在盘左、盘右位置按上述方法观测一测回，最后取上、下半测回所得尺间隔 $n$ 和竖直角 $\alpha$ 的平均值来计算水平距离 $D$ 和高差 $h$。

（5）当有障碍物或其他原因，中丝不能在尺上截取仪器高 $i$ 的读数时，应尽量截取大于仪器高的整米数，以便于测点高程的计算。

### 4.2.3　视距测量误差分析

#### 1. 视距乘常数 K 的误差

仪器出厂时视距乘常数 K＝100，但由于视距丝间隔有误差，视距尺有系统性刻划误差，以及仪器检定的各种因素影响，都会使 K 值不一定恰好等于 100。K 值的误差对视距测量的影响较大，不能用相应的观测方法予以消除，故在使用新仪器前，应检定 K 值。

#### 2. 用视距丝读取尺间隔的误差

视距丝的读数是影响视距精度的重要因素，视距丝的读数误差与尺子最小分划的宽度、距离的远近、望远镜放大倍率和成像清晰情况有关。在视距测量中，一般根据测量精度限制最大视距。

#### 3. 标尺倾斜误差

视距计算的公式是在视距尺严格垂直的条件下得到的，若视距尺发生倾斜，将给测量带来误差，因此，测量时立尺要尽量竖直。在山区作业时，由于地表面有坡度而给人以一种错觉，使视距尺不易立直。因此，应尽量采用带有水准器装置的视距尺。

#### 4. 外界条件的影响

（1）大气折光的影响

大气密度分布是不均匀的，在晴天接近地面部分密度变化更大，使视线弯曲，给视距测量带来误差。根据试验，只有在视线离地面高度超过 1m 时，折光影响才比较小。

（2）空气对流使视距尺的成像不稳定

空气对流的现象在晴天视线通过水面上空和视线离地表太近时较为突出，成像不稳定造成读数误差的增大，对视距精度影响很大。

（3）风力使尺子抖动

风力较大时尺子立不稳发生抖动，在两根视距丝上读数不可能在同一时刻进行，视距间隔将产生误差。

## 4.3　直线定向

确定直线方向与标准方向之间的关系称为直线定向。要确定直线的方向，首先要选定一个标准方向作为直线定向的依据，然后测出这条直线方向与标准方向之间的水平角。在测量工作中以北方向为标准方向。北方向分为真北、磁北和坐标北三种。

### 4.3.1　标准方向

#### 1. 真北方向

通过地面上某点指向子午线北方向，称为该点的真子午线方向，它是用天文测量的方法测定的，也可以用陀螺经纬仪来测定。

### 2. 磁北方向

磁针在某点自由静止时所指的方向，称为该点的磁子午线方向。磁子午线方向可用罗盘仪测定。由于地球的磁南、北极与地球的南、北极是不重合的，其夹角称为磁偏角，以 $\delta$ 表示。当磁子午线北端偏于真子午线以东时，称为东偏。磁子午线北端偏于真子午线以西时，称为西偏。在测量中以东偏为正，西偏为负，如图 4-16 所示。

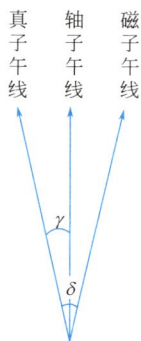

### 3. 坐标北方向

又称坐标纵轴方向，是大地坐标系中纵坐标纵轴的方向。由于地面上各点子午线都是指向地球的南北极，所以不同地点的子午线方向不是互相平行的。轴子午线与真子午线之间的夹角称为子午线收敛角，以 $\gamma$ 表示。当轴子午线北端偏于真子午线以东时，称为东偏，$\gamma$ 为正。轴子午线北端偏于真子午线以西时，称为西偏，$\gamma$ 为负。

**图 4-16　三北方向线**

## 4.3.2　方位角

直线的方向常用方位角来表示。方位角就是以标准方向为起始方向顺时针转到该直线的水平夹角，所以方位角的取值范围是 $0°\sim360°$，如图 4-17（a）所示。

19. 方位角

### 1. 真方位角

以真子午线方向为标准方向的方位角称为真方位角，用 $A$ 表示。

### 2. 磁方位角

以磁子午线方向为标准方向的方位角称为磁方位角，用 $A_m$ 表示。

### 3. 坐标方位角

以坐标纵轴方向为标准方向的方位角称为坐标方位角，用 $\alpha$ 表示。

每条直线段都有两个端点，若直线段从起点 1 到终点 2 为直线前进的方向，则坐标方位角 $\alpha_{12}$ 为正方位角，$\alpha_{21}$ 为反方位角。由图 4-17（b）可以看出，同一直线段的正、反坐标方位角相差为 $180°$，即：

$$\alpha_{12} = \alpha_{21} \pm 180° \tag{4-14}$$

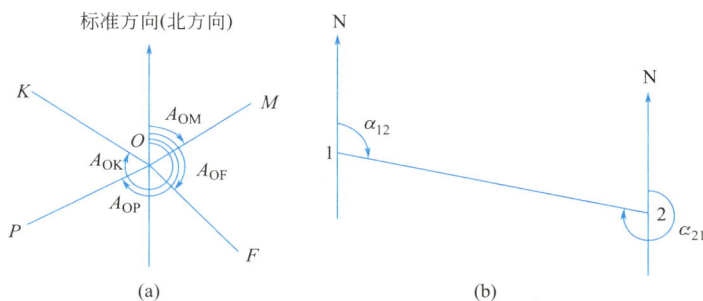

**图 4-17　方位角和正反方位角**

## 4.3.3 坐标正反算

### 1. 坐标正算

根据已知点的坐标及已知边长和坐标方位角计算未知点坐标，称为坐标的正算。

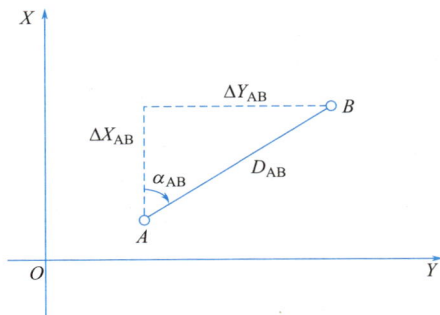

图 4-18　坐标正算

如图 4-18 所示，设 $A$ 为已知点，$B$ 为未知点，当 $A$ 点的坐标 $X_A$、$Y_A$ 和边长 $D_{AB}$、坐标方位角 $\alpha_{AB}$ 均为已知时，则可求得 $B$ 点的坐标为：

$$X_B = X_A + \Delta X_{AB}$$
$$Y_B = Y_A + \Delta Y_{AB} \quad (4\text{-}15)$$

其中，坐标增量的计算公式为：

$$\Delta X_{AB} = D_{AB} \cdot \cos\alpha_{AB}$$
$$\Delta Y_{AB} = D_{AB} \cdot \sin\alpha_{AB} \quad (4\text{-}16)$$

式中 $\Delta X_{AB}$、$\Delta Y_{AB}$ 的正负号应根据 $\cos\alpha_{AB}$、$\sin\alpha_{AB}$ 的正负号决定（即由直线所在的象限决定），所以又可写成：

$$X_B = X_A + D_{AB} \cdot \cos\alpha_{AB}$$
$$Y_B = Y_A + D_{AB} \cdot \sin\alpha_{AB} \quad (4\text{-}17)$$

### 2. 坐标反算

根据两个已知点的坐标反算其坐标方位角和边长，称为坐标的反算。若设 $A$、$B$ 为两已知点，其坐标分别为 $X_A$、$Y_A$ 和 $X_B$、$Y_B$，则有：

$$\alpha_{AB} = \tan^{-1}\frac{\Delta Y_{AB}}{\Delta X_{AB}} \quad (4\text{-}18)$$

$$D_{AB} = \Delta Y_{AB}/\sin\alpha_{AB} = \Delta X_{AB}/\cos\alpha_{AB} \quad (4\text{-}19)$$

$$或：D_{AB} = \sqrt{(\Delta X_{AB})^2 + (\Delta Y_{AB})^2} \quad (4\text{-}20)$$

上式中：$\Delta X_{AB} = X_B - X_A$，$\Delta Y_{AB} = Y_B - Y_A$。

由式（4-18）可求得 $\alpha_{AB}$。$\alpha_{AB}$ 求得后，又可由式（4-19）算出两个 $D_{AB}$，并作相互校核。如果仅尾数略有差异，就取中数作为最后的结果。

需要指出的是，按式（4-18）使用计算器计算的方位角取值范围为 $-90°\sim+90°$，因此，还应按坐标增量 $\Delta X$ 和 $\Delta Y$ 的正负号最后确定 $AB$ 边的坐标方位角。即按式（4-18）计算的坐标方位角为：

$$\alpha' = \tan^{-1}\frac{\Delta Y}{\Delta X} \quad (4\text{-}21)$$

则 $AB$ 边的坐标方位角 $\alpha_{AB}$ 应为：

在第 Ⅰ 象限，即当 $\Delta X>0$，$\Delta Y>0$ 时，$\alpha_{AB}=\alpha'$；

在第 Ⅱ 象限，即当 $\Delta X<0$，$\Delta Y>0$ 时，$\alpha_{AB}=180°-\alpha'$；

在第 Ⅲ 象限，即当 $\Delta X<0$，$\Delta Y<0$ 时，$\alpha_{AB}=180°+\alpha'$；

在第 Ⅳ 象限，即当 $\Delta X>0$，$\Delta Y<0$ 时，$\alpha_{AB}=360°-\alpha'$。

20.
方位角与
象限角的
关系

## 小结 🔍

本节介绍了距离测量工具、直线定线方法、一般量距和钢尺精密量距方法、距离测量的改正数计算、直线定向、坐标正反算等内容。本章重点是钢尺量距的实际操作和距离测量的改正数计算。学生应熟练掌握视准轴倾斜时的视距测量方法和公式；对于坐标正、反算能熟练运用和计算。

## 思考题 🔍

1. 何谓直线定线？在距离丈量之前，为什么要进行直线定线？目估定线通常是怎样进行的？

2. 距离测量有哪些常用方法？各有什么优缺点？

3. 简述在平坦地面上钢尺一般量距的步骤。评定量距精度的指标是什么？如何计算？

4. 影响量距精度的因素有哪些？如何提高量距精度？

5. 什么叫直线定向？为什么会进行直线定向？

6. 测量上作为定向依据的基本方向线有哪些？

7. 什么叫真子午线、磁子午线、坐标子午线？

8. 直线定向与直线定线有何区别？

9. 什么叫方位角？什么叫真方位角、磁方位角、坐标方位角？

10. 什么叫视距测量？测量中应注意什么事项？

11. 简述用罗盘仪测定一条直线的磁方位角的步骤。

12. 同一直线的正反方位角有什么关系？

13. 已知 $A$ 点的磁偏角为西偏 $21'$，过 $A$ 点的真子午线与中央子午线的收敛角为 $3'$，直线 $AB$ 的坐标方位角 $\alpha = 64°20'$，求 $AB$ 直线的真方位角与磁方位角。

14. 如下图中，五边形的各内角 $\beta_1 = 95°$，$\beta_2 = 130°$，$\beta_3 = 65°$，$\beta_4 = 128°$，$\beta_5 = 122°$，已知 $1\sim2$ 边的坐标方位角为 $30°$，求其他各边的坐标方位角。

## Chapter 05

# 学习情境**5**
# 全站仪的认识与使用

**知识目标**

理解全站仪的构造。

掌握全站仪的基本功能和操作方法。

**能力目标**

学会应用全站仪进行角度测量、距离测量、坐标测量等。

**思政目标**

弘扬劳动光荣、技能宝贵、创造伟大的时代风尚。

### 情境链接

#### 中国半导体产业基地——"东方芯港"

　　党的二十大提出了加快高水平科技自立自强、建设科技强国战略方针。2021 年 4 月，中国上海正式举办了"2021 上海全球投资促进大会"，引进了 200 多个集成电路相关的重大产业项目，投资金额更是高达 4898 亿元人民币。上海已经汇聚了很多顶尖的芯片公司，例如华为海思、中芯国际、上海微电子、中微半导体、闻泰科技等，上海目前也成了国内领先的芯片产业发展基地，我国半导体行业的重量级项目"东方芯港"正式启动（图 5-1、图 5-2）。

**图 5-1　"东方芯港"已在上海正式启动**

**图 5-2　投资金额高达 4898 亿元的"东方芯港"**

　　上海在芯片产业链布局上，几乎已经具备了全产业链发展优势，从芯片设计、芯片原材料、芯片制造设备、芯片制造、芯片封装等领域都具备强劲的实力。

　　"东方芯港"将围绕核心芯片、特色工艺、关键装备和基础材料等领域实现关键核心技术攻关，建设国家级集成电路综合性产业基地，项目建成后上海将会成为具有世界性质的"东方芯港"。

　　在建设过程中除了采用水准仪和经纬仪以外，还常常需要同时测定角度（水平角、垂直角）测量、距离（斜距、平距、高差）测量等基本测量工作。

## 5.1　全站仪的分类及辅助设备

### 5.1.1　全站仪的分类

　　电子全站仪是由光电测距仪、电子经纬仪和类数据处理系统组合而成的测量仪器。能够在一个测站上完成角度（水平角、垂直角）测量、距离（斜距、平距、高差）测量、高差测量基本测量工作，同时还能够进行各种程序测量以及数据处理工作。因只要一次安置仪器，便可以完成在该测站上所有的测量工作，故被称为全站型电子速测仪，简称"全站仪"。

　　全站仪采用了光电扫描测角系统，其类型主要有编码盘测角系统、光栅盘测角系统及动态（光栅盘）测角系统等三种。全站仪可以按照外观结构、测量功能、测距仪测距等分类。

**1. 全站仪按其外观结构可分为两类：**

（1）积木型

早期的全站仪，大都是积木型结构，即电子速测仪、电子经纬仪、电子记录器各是一个整体，可以分离使用，也可以通过电缆或接口把它们组合起来，形成完整的全站仪。

（2）整体型

随着电子测距仪进一步的轻巧化，现代的全站仪大都把测距、测角和记录单元在光学、机械等方面设计成一个不可分割的整体，其中测距仪的发射轴、接收轴和望远镜的视准轴为同轴结构。这对保证较大垂直角条件下的距离测量精度非常有利。

**2. 全站仪按测量功能分类，可分成四类：**

（1）经典型

经典型全站仪也称为常规全站仪，它具备全站仪电子测角、电子测距和数据自动记录等基本功能，有的还可以运行厂家或用户自主开发的机载测量程序。其经典代表为徕卡公司的 TC 系列全站仪。

（2）机动型全站仪

在经典全站仪的基础上安装轴系步进电机，可自动驱动全站仪照准部和望远镜的旋转。在计算机的在线控制下，机动型系列全站仪可按计算机给定的方向值自动照准目标，并可实现自动正、倒镜测量。徕卡 TCM 系列全站仪就是典型的机动型全站仪。

（3）无合作目标型全站仪

无合作目标型全站仪，是指在无反射棱镜的条件下，可对一般的目标直接测距的全站仪。因此，对不便安置反射棱镜的目标进行测量，无合作目标型全站仪具有明显优势。如徕卡 TCR 系列全站仪，无合作目标距离测程可达 1000m，可广泛用于地籍测量、房产测量和施工测量等。

（4）智能型全站仪

在自动化全站仪的基础上，仪器安装自动目标识别与照准的新功能，因此在自动化的进程中，全站仪进一步克服了需要人工照准目标的重大缺陷，实现了全站仪的智能化。在相关软件的控制下，智能型全站仪在无人干预的条件下可自动完成多个目标的识别、照准与测量。因此，智能型全站仪又称为"测量机器人"，典型的代表有徕卡的 TCA 型全站仪等。

**3. 全站仪按测距仪测距分类，可分为三类：**

（1）短距离测距全站仪

测程小于 3km，一般精度为±（5mm＋5ppm），主要用于普通测量和城市测量。

（2）中测程全站仪

测程为 3～15km，一般精度为±（5mm＋2ppm），±（2mm＋2ppm）通常用于一般等级的控制测量。

（3）长测程全站仪

测程大于 15km，一般精度为±（5mm＋1ppm），通常用于国家三角网及特级导线的测量。

### 5.1.2　全站仪的辅助设备

#### 1. 反射棱镜

在用全站仪进行除角度测量之外的所有测量工作时，反射棱镜是必不可少的。

构成反射棱镜的光学部件是直角玻璃锥体，无论光线从哪个方向入射透射面，棱镜必将入射光线反射回入射光的发射方向，因此测量时，只要棱镜的透射面大致垂直于测线方向，仪器便会得到回光信号。

根据测程的不同，可以选用单棱镜、三棱镜、九棱镜和反射片等。

#### 2. 温度计和气压表

由于仪器作业时的大气条件一般与标准大气条件（通常称为气象参考点）不同，光尺长度会发生变化，使测距产生误差，因此必须进行气象改正（或称大气改正）。大气条件主要是指大气的温度和气压。精密测距还应考虑大气湿度。

测定气压通常使用空盒气压表。气压表所用的单位有毫巴（mb）和毫米汞柱（mmHg）两种。两者的换算关系为：

$$1mb = 0.7500617mmHg$$
$$1mmHg = 1.333224mb$$

测定气温通常使用通风干湿温度计。在测程较短（如数百米）或测距精度要求不太高的情况下，可使用普通温度计。

测量时，只要输入当时的气温和气压，全站仪将自动对所测数据进行修正。

## 5.2　全站仪测量原理

全站仪的结构原理如图 5-3 所示。图中左部包含有测量的主要光电系统，即测距系统和测角系统。测量人员通过按键便可调用内部指令指挥仪器的测量工作过程和进行数据处理。以上各系统通过 I/O 接口接入总线与微处理机相联系。

微处理机是全站仪的核心部件，它如同计算机的中央处理器（CPU），主要由寄存器、运算器和控制器组成。微处理机的主要功能是根据键盘指令启动仪器进行测量工作，执行测量过程的数据传输、处理、显示、存储等工作，保证整个光电测量工作有条不紊地进行。输入输出单元是与外部设备连接的装置（接口）。数据存储器是测量成果的数据库。全站仪有程序存储器。

21.
全站仪坐标
测量原理

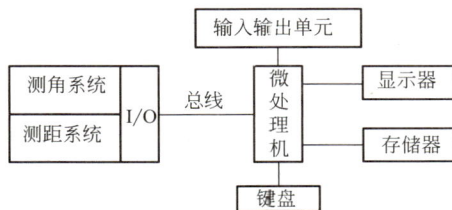

图 5-3　全站仪结构原理图

## 5.2.1　全站仪的基本功能

**1. 角度测量**

22.
全站仪测回
法角度观测

（1）功能：可进行水平角、竖直角的测量。

（2）方法：与经纬仪相同，若要测出水平角∠AOB，则：

1）当精度要求不高时：

瞄准 A 点→置零（0 SET）→瞄准 B 点，记下水平度盘 HR 的大小。

2）当精度要求高时：

可用测回法。操作步骤同用经纬仪操作一样，只是配置度盘时，按"置盘"（H SET）。

**2. 距离测量**

23.
全站仪距
离测量

PSM、PPM 的设置—测距、测坐标。

棱镜常数（PSM）的设置。

一般，PSM＝0 或－30mm（具体见说明书）

大气改正数（PPM）（可理解为 1km 的距离改正的毫米数）的设置。

输入测量时的气温（TEMP）、气压（PRESS），或经计算后，输入 PPM 的值。

（1）功能：可测量平距 HD、高差 VD 和斜距 SD（全站仪仪器中心与棱镜中心间高差及斜距）。

（2）方法：照准棱镜点，按"测量"（MEAS）。

**3. 坐标测量**

24.
全站仪坐
标测量

（1）功能：可测量目标点的三维坐标（$X$，$Y$，$H$）。

（2）测量原理（图5-4）：

若输入：方位角 $\alpha_{SB}$，测站坐标（$X_S$，$Y_S$）；测得：水平角 $\beta$ 和平距 $D_{ST}$。则有：

方位角：$\alpha_{ST} = \alpha_{SB} + \beta$。

坐标：$X_T = X_S + D_{ST} \cdot \cos\alpha_{st}$；$Y_T = Y_S + D_{ST} \cdot \sin\alpha_{st}$。

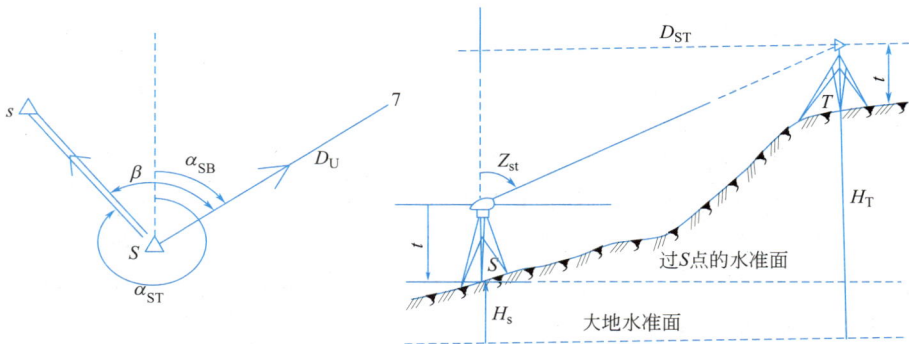

图 5-4　坐标测量原理图

若输入：测站 $S$ 高程 $H_s$，测得，仪器高 $i$，棱镜高 $\nu$，平距 $D_{ST}$，竖直角 $Z_{ST}$，则有：

高程：$H_T = H_s + i + D_{ST} \cdot \tan(90° - Z_{ST}) - \nu$

（3）方法：

输入测站 $S$（$X_s$，$Y_s$，$H_s$），仪器高 $i$，棱镜高 $\nu$，瞄准后视点 $B$，将水平度盘读数设置为 $\alpha_{ST}$，瞄准目标棱镜点 $T$，按"测量"，即可显示点 $T$ 的三维坐标。

#### 4. 点位放样

（1）功能：根据设计的待放样点 $P$ 的坐标，在实地标出 $P$ 点的平面位置及填挖高度。

（2）放样原理（图 5-5）：

利用全站仪进行放样，只需要将测站点、后视点和待放样点三点坐标输入仪器，仪器自动计算并显示后视方向与待放样点方向所加的水平角和测站点与待放样点的水平距离，然后进行具体操作，找到满足放样数据的未知点的位置。

（3）放样方法：

1）在大致位置立棱镜，测出当前位置的坐标。

2）将当前坐标与待放样点的坐标相比较，得距离差值 $dD$ 和角度差 $dHR$ 或纵向差值 $\Delta X$ 和横向差值 $\Delta Y$。

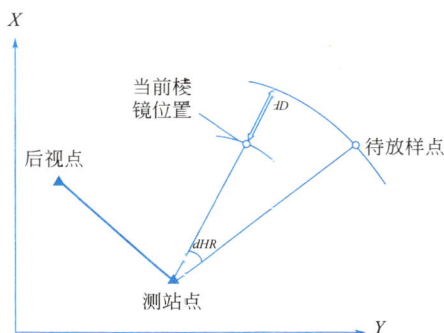

图 5-5　放样原理图

3）根据显示的 $dD$、$dHR$ 或 $\Delta X$、$\Delta Y$，逐渐找到放样点的位置。

#### 5. 程序测量

（1）数据采集（Data Collecting）。

（2）坐标放样（Layout）。

（3）对边测量（MLM）、悬高测量（REM）、面积测量（AREA）、后方交会（RESECTION）等。

（4）数据存储管理。包括数据的传输、数据文件的操作（改名、删除、查阅）。

### 5.2.2　全站仪的基本操作

下面以 TOPCON　GTS-312 全站仪为例，介绍全站仪的基本操作方法。

#### 1. 仪器面板外观和功能说明
面板上按键功能如下：

⟋—进入坐标测量模式键；

⟋—进入距离测量模式键；

ANG—进入角度测量模式键；

MENU—进入主菜单测量模式键；

ESC—用于中断正在进行的操作，退回到上一级菜单；

POWER—电源开关键；

▶◀—光标左右移动键；

▲▼—光标上下移动、翻屏键；

F1、F2、F3、F4—软功能键，其功能分别对应显示屏上相应位置显示的命令。

显示屏上显示符号的含义：

V—竖盘读数；HR—水平度盘读数（右向计数）；HL—水平度盘读数（左向计数）；

HD—水平距离；VD—仪器望远镜至棱镜间高差；SD—斜距；＊—正在测距；

N—北坐标，$x$；E—东坐标，$y$；Z—天顶距，高程 $H$。

### 2. 全站仪几种测量模式介绍

（1）角度测量模式

功能：按 ANG 进入，可进行水平角、竖直角测量，倾斜改正开关设置。

| | |
|---|---|
| 第1页 | F1　OSET：设置水平读数为：$0°00'00''$。<br>F2　HOLD：锁定水平读数。<br>F3　HSET：设置任意大小的水平读数。<br>F4　P1↓：进入第 2 页 |
| 第2页 | F1　TILT：设置倾斜改正开关。<br>F2　REP：复测法。<br>F3　V%：竖直角用百分数显示。<br>F4　P2↓：进入第 3 页 |
| 第3页 | F1　H-BZ：仪器每转动水平角 90°时，是否有蜂鸣声。<br>F2　R/L：右向水平读数 HR/左向水平读数 HL 切换，一般用 HR。<br>F3　CMPS：天顶距 V/竖直角 CMPS 的切换，一般取 V。<br>F4　P3↓：进入第 1 页 |

（2）距离测量模式

功能：按◢进入，可进行水平角、竖直角、斜距、平距、高差测量及 PSM、PPM、距离单位等设置。

| | |
|---|---|
| 第1页 | F1　MEAS：进行测量。<br>F2　MODE：设置测量模式，Fine/Coarse/Tragcking（精测/粗测/跟踪）。<br>F3　S/A：设置棱镜常数改正值（PSM）、大气改正值（PPM）。<br>F4　P1↓：进入第 2 页 |
| 第2页 | F1　OFSET：偏心测量方式。<br>F2　SO：距离放样测量方式。<br>F3　m/f/i：距离单位米/英尺/英寸的切换。<br>F4　P2↓：进入第 1 页 |

（3）坐标测量模式

功能：按⼚进入，可进行坐标（N，E，H）、水平角、竖直角、斜距测量及 PSM、PPM、距离单位等设置。

| | | |
|---|---|---|
| 第 1 页 | F1 | MEAS：进行测量。 |
| | F2 | MODE：设置测量模式，Fine/Coarse/Tracking。 |
| | F3 | S/A：设置棱镜改正值（PSM），大气改正值（PPM）常数。 |
| | F4 | P1↓：进入第 2 页 |
| 第 2 页 | F1 | R. HT：输入棱镜高。 |
| | F2 | INS. HT：输入仪器高。 |
| | F3 | OCC：输入测站坐标。 |
| | F4 | P2↓：进入第 3 页 |
| 第 3 页 | F1 | OFSET：偏心测量方式。 |
| | F2 | — |
| | F3 | m/f/i：距离单位米/英尺/英寸切换。 |
| | F4 | P3↓：进入第 1 页 |

（4）主菜单模式

功能：按 MENU 进入，可进行数据采集、坐标放样、程序执行、内存管理（数据文件编辑、传输及查询）、参数设置等。

### 3. 基本操作简介

测量前，要进行如下设置：按 ◢ 或 ⤢，进入距离测量或坐标测量模式，再按第 1 页的 S/A（F3）。

棱镜常数 PSM 的设置：进口棱镜多为 0，国产棱镜多为-30mm（具体见说明书）。

大气改正值 PPM 的设置：按"T-P"，分别在"TEMP."和"PRES."栏，输入测量时的气温、气压。（或者按照说明书中的公式计算出 PPM 值后，按"PPM"直接输入）。

说明：PSM、PPM 设置后，在没有新设置前，仪器将保存现有设置。

（1）角度测量

按 ANG 键，进入测角模式（开机后默认的模式），其水平角、竖直角的测量方法与经纬仪操作方法基本相同。照准目标后，记录下仪器显示的水平度盘读数 HR 和竖直度盘读数 V。

（2）距离测量

先按 ◢ 键，进入测距模式，瞄准棱镜后，按 F1（MEAS），记录下仪器测站点至棱镜点间的平距 HD、仪器中心与棱镜中心的斜距 SD 和仪器中心与棱镜中心的高差 VD。

（3）坐标测量

1）按 ANG 键，进入测角模式，瞄准后视点 $A$。

2）按 HSET，输入测站 O 至后视点 $A$ 的坐标方位角 $\alpha_{OA}$。

如：输入 35.3030，即输入了 $35°30'30''$。

3）按 ⤢ 键，进入坐标测量模式。按 P↓，进入第 2 页。

4）按 OCC，分别在 N、E、Z 输入测站坐标（$X_O$，$Y_O$，$H_O$）。

5）按 P↓，进入第 2 页，在 INS. HT 栏，输入仪器高。

6）按 P↓，进入第 2 页，在 R. HT 栏，输入 $B$ 点处的棱镜高。

7）瞄准待测量点 $B$，按 MEAS，得 $B$ 点的（$X_B$，$Y_B$，$H_B$）。

如图 5-6 所示。

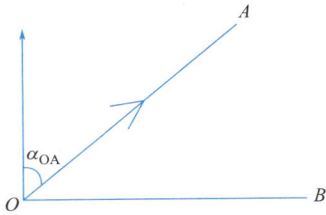

图 5-6　坐标测量示意图

（4）零星点的坐标放样（不使用文件）

1）按 MENU，进入主菜单测量模式。

2）按 LAYOUT，进入放样程序，再按 SKP，略过使用文件。

3）按 OOC. PT（F1），再按 NEZ，输入测站 $O$ 点的坐标（$X_O$，$Y_O$，$H_O$）；并在 INS. HT 一栏，输入仪器高。

4）按 BACKSIGHT（F2），再按 NE/AZ，输入后视点 $A$ 的坐标（$X_A$，$Y_A$）；若不知 $A$ 点坐标而已知坐标方位角 $\alpha_{OA}$，则可再按 AZ，在 HR 项输入 $\alpha_{OA}$ 的值。瞄准 $A$ 点，按 YES。

5）按 LAYOUT（F3），再按 NEZ，输入待放样点 $B$ 的坐标（$X_B$，$Y_B$，$H_B$）及测杆单棱镜的镜高后，按 ANGLE（F1）。使用水平制动和水平微动螺旋，使显示的 $dHR=0°00'00''$，即找到了 $OB$ 方向，指挥持测杆单棱镜者移动位置，使棱镜位于 $OB$ 方向上。

6）按 DIST，进行测量，根据显示的 $dHD$ 来指挥持棱镜者沿 $OB$ 方向移动，若 $dHD$ 为正，则向 $O$ 点方向移动；反之若 $dHD$ 为负，则向远处移动，直至 $dHD=0$ 时，立棱镜点即为 $B$ 点的平面位置。

7）其所显示的 dZ 值即为立棱镜点处的填挖高度，正为挖，负为填。

8）按 NEXT，反复 5）、6）两步，放样下一个点 $C$。

## 5.3　测量时的注意事项

（1）开工前应检查仪器箱背带及提手是否牢固。

（2）开箱后提取仪器前，要看准仪器在箱内放置的方式和位置，装卸仪器时，必须握住提手，切不可拿仪器的镜筒，否则会影响内部固定部件，降低仪器的精度。仪器用毕，先盖上物镜罩，并擦去表面的灰尘。装箱时各部位要放置妥帖。

（3）在阳光照射下观测，应给仪器打伞，并带上遮阳罩。在阴雨天气进行作业时，也应打伞遮雨，以免影响观测精度。

（4）架设仪器尽可能用木制三脚架，因金属三脚架会产生振动，影响测量精度。用连接螺旋将仪器固定在三脚架上之后才能放开仪器。在整个操作过程中，观测者决不能离开仪器，以避免发生意外事故。

（5）当测站之间距离较远，搬站时应将仪器电源关闭后卸下，再装箱背着走。当测站之间距离较近，搬站时可将仪器连同三脚架一起靠在肩上，仪器要尽量保持直立。

（6）仪器任何部分发生故障不要勉强使用，应立即检修，否则会加剧仪器的损坏程度。

（7）禁止用手抚摸仪器的光学元件表面。清洁仪器透镜表面时，请先用干净的毛刷扫去灰尘，再用干净的无线棉布沾酒精由透镜中心向外一圈圈地轻轻擦拭。

（8）仪器应保持干燥，遇雨后应将仪器擦干，放在通风处，待仪器完全晾干后才能装箱。仪器箱应保持清洁、干燥。

（9）冬天室内室外温差较大，仪器搬出室外或搬入室内，应隔一段时间后再开箱。

（10）电池充电时间不能超过规定的时间。电池长期不用，要每月充电一次。存放温度以 0～40℃为宜。

## 小结

本章介绍了电子全站仪的基本结构、电子全站仪主要系统单元结构及功能、全站仪基本元素测量技能、全站仪坐标测量、全站仪坐标放样。学生应理解全站仪测量的原理，学会全站仪的基本操作方法。

## 思考题

1. 简述全站仪的组成及结构原理。
2. 简述全站仪的基本功能与基本操作方法。
3. 试述全站仪的误差来源、分类及应采取的措施。
4. 试述全站仪使用的注意事项。

# 学习情境 6

## Chapter 06

## 控制测量

**知识目标**

理解国家平面控制网和高程控制网的布设形式及等级。

掌握闭合导线、附和导线、支导线的施测方法和内业计算。

掌握三、四等水准测量的施测方法和内业计算方法。

**能力目标**

学会闭合导线、附和导线、支导线的施测方法及其内业计算方法。

学会使用经纬仪、全站仪进行三角高程测量。

**思政目标**

弘扬精益求精的专业精神、职业精神、工匠精神和劳模精神。

### 情境链接

#### 中国国家大剧院

中国国家大剧院是新"北京十六景"之一的地标性建筑，位于北京市中心天安门广场西，人民大会堂西侧，由主体建筑及南北两侧的水下长廊、地下停车场、人工湖、绿地组成。

中国国家大剧院外观呈半椭球形，东西方向长轴长度为 212.20m，南北方向短轴长度为 143.64m，建筑物高度为 46.285m，占地 11.89 万 $m^2$，总建筑面积约 16.5 万 $m^2$，其中主体建筑 10.5 万 $m^2$，地下附属设施 6 万 $m^2$，总造价 30.67 亿元人民币。设有歌剧院、音乐厅、戏剧场以及艺术展厅、餐厅、音像商店等配套设施。

图 6-1  国家大剧院施工现场

图 6-2  国家大剧院造型外观图

中国国家大剧院于 1958 年被定为国庆十周年十大建筑之一；2008 年 12 月 19 日获"鲁班奖"；2009 年 10 月 28 日入选新中国成立 60 周年"百项经典暨精品工程"。

国家大剧院在建设过程中除了采用水准仪和经纬仪以外，还常常需要同时测定角度（水平角、垂直角）测量、距离（斜距、平距、高差）测量、高差测量基本测量工作。图 6-1 为国家大剧院施工现场，图 6-2 为国家大剧院造型外观图。

## 6.1  控制测量及其等级

控制测量，是指在测区内，按测量任务所要求的精度，测定一系列控制点的平面位置和高程，建立起测量控制网，作为各种测量的基础。

控制网具有控制全局，限制测量误差累积的作用，是各项测量工作的依据。对于地形测图，等级控制是扩展图根控制的基础，以保证所测地形图能互相拼接成为一个整体。对于工程测量，常需布设专用控制网，作为施工放样和变形观测的依据。

### 6.1.1  控制测量分类

控制测量分为平面控制测量和高程控制测量两种。

　　测定控制点平面位置（平面坐标 $x$，$y$）的工作，称为平面控制测量。按照控制点之间组成的几何图形和测量方法的不同，平面控制测量分为导线控制测量（导线测量），三角控制测量（三角测量），三角锁、网和卫星定位测量。

　　测定控制点高程的工作，称为高程控制测量。根据采用测量方法的不同，高程控制测量分为水准测量和三角高程测量。

　　在全国范围内建立的控制网，称为国家控制网，它是由国家专门的测量机构来布设，用于全国各种测绘和工程建设的基本控制，为空间科学技术和军事提供精确的点位坐标、距离和方位等资料，并为确定地球的形状和大小、地震预报等提供重要的研究资料。

　　通常认为在小于 $10km^2$ 的范围内建立的控制网，称为小区域控制网。在这个范围内，水准面可视为水平面，不需将测量成果换算到高斯坐标上，而是采用直角坐标，直接在平面上计算点的坐标。小区域控制网建网时，应尽量与国家已建立的高级控制网联测，将高级控制点的坐标和高程作为小区域控制网的起算数据。如果附近没有国家控制点，或虽有但不便联测，也可以建立独立控制网，独立控制网的起算数据可以自行假定。

## 6.1.2　控制测量等级

### 1. 平面控制测量

　　国家平面控制网的常规布设方法有两种，用于导线网和三角网。按其精度分成一、二、三、四等。其中一等网精度最高，逐级降低。控制点的密度，则是一等网最小，逐级增大。除此以外，目前控制网多采用卫星定位测量（如 GPS 测量）的形式布设。

　　一等三角网一般称为一等三角锁，它是在全国范围内，沿经纬线方向布设的，是国家平面控制网的骨干，如图 6-3 所示，它除了用作扩展低等级平面控制网的基础之外，还为测量学科研究地球的形状和大小提供精确数据；二等三角网布设于一等三角锁环内，是国家平面控制网的全面基础；三、四等网是二等网的进一步加密，以满足测图和各项工程建设的需要。在某些局部地区，如果采用三角测量困难时，也可用同等级的导线测量代替，如图 6-4 所示，其中一、二等导线测量，又称为精密导线测量。

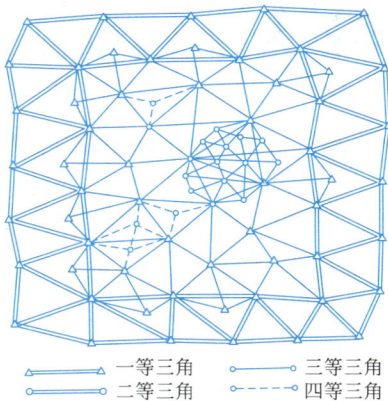

图 6-3　三角网（锁）的布设

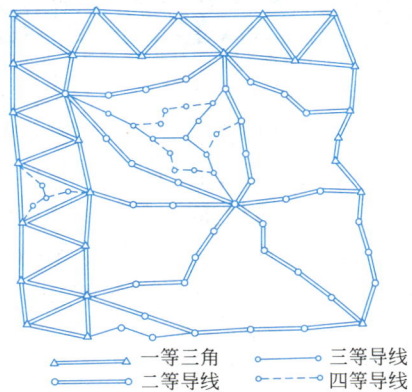

图 6-4　导线网的布设

工程上的平面控制测量一般是建立小区域平面控制网，根据工程的需要和测区面积的大小分级建立测区首级控制和图根控制。道路工程平面控制网，常规上一般采用三角测量或导线测量等方法。当采用三角测量时，依次为二、三、四等三角和一、二级小三角。当采用导线测量时，依次为三、四等和一、二、三级导线。其等级的确定见表 6-1。本章选用的规范和规定无特殊说明均应符号《公路勘测规范》JTG C10—2007 中的规定。

平面控制测量等级　　　　　　　　　　　　　　　　表 6-1

| 测量等级 | 公路路线控制测量 | 桥梁桥位控制测量 | 隧道洞外控制测量 |
|---|---|---|---|
| 二等三角 | — | ＞3000m 特大桥 | ＞6000m 特长隧道 |
| 三等三角（导线） | — | 2000～3000m 特大桥 | 3000～6000m 特长隧道 |
| 四等三角（导线） | — | 1000～2000m 特大桥 | 1000～3000m 中长隧道 |
| 一级小三角（导线） | 高速公路、一级公路 | ＜1000m 大中桥 | ＜1000m 隧道 |
| 二级小三角（导线） | 二、三、四级公路 | — | — |

随着社会的发展和科技的进步，工程上逐渐采用了卫星定位测量（如 GPS 测量）这种更加先进、方便、精度高、工作效率高的测量方法，其控制网精度等级的划分依次为二、三、四等和一、二级，主要技术指标见表 6-2。

GPS 测量精度分级　　　　　　　　　　　　　　　　表 6-2

| 等级 | 平均边长（km） | 固定误差 $a$（mm） | 比例误差系数 $b$（mm/km） | 约束点间的边长相对中误差 | 约束平差后最弱边相对中误差 |
|---|---|---|---|---|---|
| 二等 | 9 | ≤5 | ≤1 | ≤1/250000 | ≤1/120000 |
| 三等 | 4.5 | ≤5 | ≤2 | ≤1/150000 | ≤1/70000 |
| 四等 | 2 | ≤5 | ≤3 | ≤1/100000 | ≤1/40000 |
| 一级 | 1 | ≤10 | ≤3 | ≤1/40000 | ≤1/20000 |
| 二级 | 0.5 | ≤10 | ≤5 | ≤1/20000 | ≤1/10000 |

直接用于测图的控制点，称为图根控制点。测定图根控制点位置的工作，称为图根控制测量。图根控制测量可直接在三角点或高级控制点的控制下，布设图根小三角或图根导线，此为一级图根点。若测区面积较大，可利用一级图根点再发展图根点，称为二级图根点。

## 2. 高程控制测量

国家高程控制网的建立主要采用水准测量的方法，精度分为一、二、三、四等水准网。如图 6-5 所示，是国家水准网布设示意图。一等水准网是国家最高级的高程控制骨干，它除用作扩展低等级高程控制的基础以外，还为科学研究提供依据；二等水准网为一等水准网的加密，是国家高程控制的全面基础；三、四等水准网为在二等网的基础上进一步加密，直接为各种测区提供

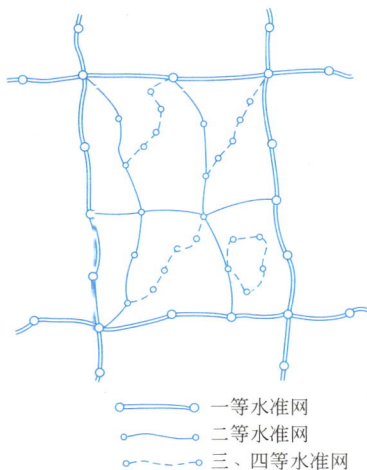

　　—○— 一等水准网
　　— — 二等水准网
　　-○- 三、四等水准网

图 6-5　国家水准网布设示意图

必要的高程控制；五等水准点又可视为图根水准点，它直接用于工程测量中，其精度要求最低。

用于工程的小区域高程控制网，亦应根据工程施工的需要和测区面积的大小，采用分级建立的方法。一般情况下，是以国家水准点为基础在整个测区建立三、四等水准路线或水准网，再以三、四等水准点为基础，测定图根水准点的高程。各等级公路及构造物的水准测量等级见表 6-3。对于山区或困难地区，还可以采用三角高程测量的方法建立高程控制。

各级公路及构造物的水准测量等级      表 6-3

| 测量项目 | 等级 | 水准路线最大长度(km) |
|---|---|---|
| 4000m 以上特长隧道、2000m 以上特大桥 | 三等 | 50 |
| 高速公路、一级公路、1000～2000m 特大桥、2000～4000m 长隧道 | 四等 | 16 |
| 二级及二级以下公路、1000m 以下桥梁、2000m 以下隧道 | 五等 | 10 |

本章主要介绍小区域控制网的建立，包括导线测量建立平面控制网，三、四等水准测量和三角高程测量建立高程控制网，以及使用交会法进行单个平面控制点加密的方法等。

### 6.1.3 控制测量的基本原则

**1. 分级布网、逐级控制**

对于工程控制网，通常先布设精度要求最高的首级控制网，随后根据测图需要、测区面积的大小再加密若干级较低精度的控制网。

**2. 要有足够的精度**

以工程控制网为例，一般要求最低一级控制网（四等网）的点位中误差能满足大比例尺 1：500 的测图要求。按图上 0.1mm 的绘制精度计算，这相当于地面上的点位精度为 0.1×500＝5（cm）。

**3. 要有足够的密度**

不论是何种工程控制网，都要求在测区内有足够多的控制点，以满足需要。

**4. 要有统一的规格**

为了使不同的工程测量部门施测的控制网能够互相利用，也应制定统一的规范，如现行的《工程测量标准》GB 50026—2020 和《公路勘测规范》JTG C10—2007 等。

## 6.2 导线测量

### 6.2.1 导线测量

将测区内相邻控制点用直线连接起来构成的连续折线，称为导线。如图 6-6 所示，A、

$B$、$C$、$D$、$E$ 这些转折点（控制点）称为导线点。相邻导线点间的距离，称为导线边长。相邻导线边之间的水平角，称为转折角。其中 $\beta_B$、$\beta_D$ 在导线前进方向的左侧称为左角，$\beta_C$ 在导线前进方向的右侧称为右角。

导线测量就是依次量测各导线边的长度和各转折角，然后根据起算边的方位角和起算点的坐标，推算各导线点的坐标。

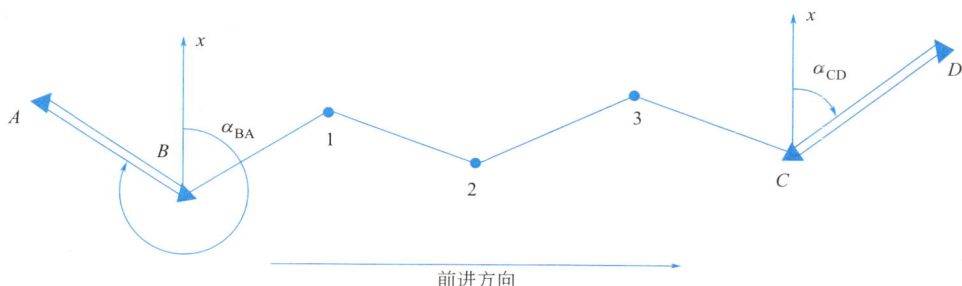

图 6-6　导线示意

若用经纬仪测量转折角，用钢尺丈量边长，这样的导线称为经纬仪导线。若用测距仪或全站仪测量边长，这样的导线称为电磁波测距导线。

导线测量是建立小区域平面控制网的一种常用方法，主要用于隐蔽地区、带状地区、道路工程、水利工程、铁路工程建设等控制点的测量。

### 1. 导线的形式

根据测区的不同情况和要求，导线的布设有三种不同的形式。

（1）闭合导线

从一个已知点出发，经过了若干导线点以后，又回到原已知点，这样的导线称为闭合导线。如图 6-7（a）所示。闭合导线本身具有严密的几何条件，因此，可以对观测成果进行一定的校核，通常在面积较宽阔的独立地区作为首级控制。

（2）支导线

从一个已知点出发，经过 1～2 个导线点，既不回到原起始点，也不附合到另一个已知点上，这样的导线称为支导线。如图 6-7（b）所示。由于支导线缺乏检核条件，无法进行校核，故支导线必须往返观测，且一条支导线上导线点不宜超过 2 个，最多不超过 4 个。支导线仅在图根控制补点时使用。

（3）附合导线

从一个已知点出发，经过了若干个导线点以后，附合到另一个已知点上，这样的导线称为附合导线，如图 6-7（c）所示。由于其本身的已知条件，该形式同样具有对观测成果的校核作用，通常在带状地区作为首级控制，广泛地应用于公路、铁路、和水利等工程的勘测与施工中。

### 2. 导线的等级

公路工程的导线按精度可划分为三等、四等、一级、二级和三级导线，其主要技术指标详见表 6-4。

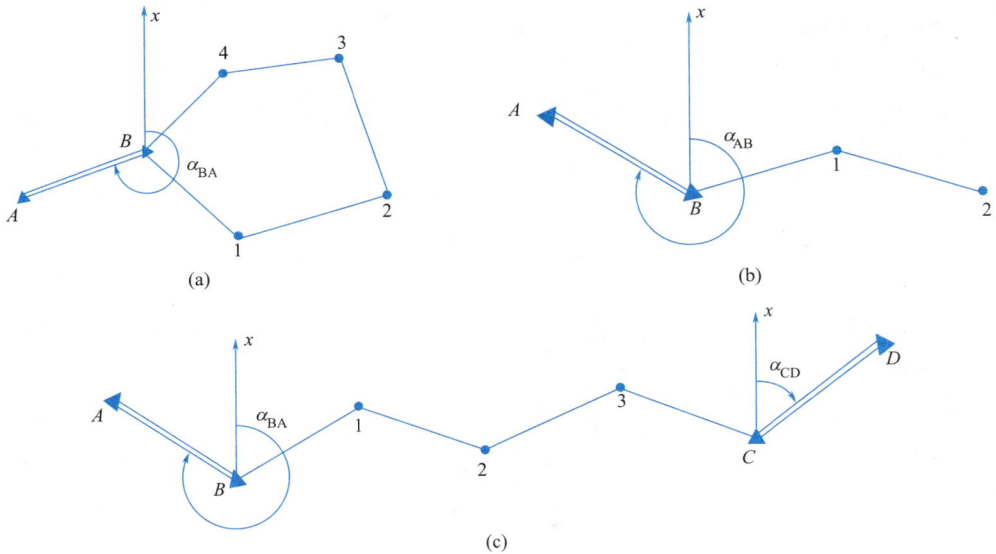

**图 6-7 导线的布置形式**

（a）闭合导线；（b）支导线；（c）附合导线

## 6.2.2 导线测量的外业工作

导线测量的外业工作主要包括踏勘选点及建立标志、测边、测角和联测。

### 1. 踏勘选点及建立标志

首先调查收集测区已有的地形图和控制点的成果资料，先在已有的地形图上拟定导线布设方案，然后到野外去踏勘、核对、修改和落实点位。如果测区没有以前的地形资料，则需详细踏勘现场，根据已知控制点的分布，地形条件以及测图和施工需要等具体情况，合理地选定导线点的位置，并建立标志。选点时应注意以下几点：

（1）相邻导线点间要通视，相邻点间地势要比较平坦，便于丈量边长。

（2）导线点应选在土质坚硬、稳定的地方，便于保存点的标志和安置仪器。

（3）导线点应选在地势较高，视野开阔的地方，以便进行碎部测量及施工放样。

（4）导线边长应按表 6-4 的规定尽量接近于平均边长。

（5）不同导线各边长不应相差过大，导线点的数量要足够，以便控制整个测区。

（6）所选的导线点，必须满足观测视线超越（或旁离）障碍物 1.3m 以上。

（7）道路路线平面控制点的位置应沿路线布设，距路中心的位置宜大于 50m 且小于 300m，同时应便于测角、测距及地形测量和定线放样。

（8）桥梁和隧道处应考虑桥隧布设控制网的要求，在大型构造物的两侧应分别布设一组平面控制点。

确定导线点后，应在地面上打下一大木桩，桩顶钉一小铁钉作为导线点的标志，如导线点需长期保存，可埋置水泥混凝土桩或石桩，桩顶刻凿十字或嵌入锯成十字的钢筋作为点的标志。为便于寻找，导线点应按顺序统一编号，并对每个导线点绘制"点之记"，即量测出导线点与附近明显构造物上点的距离，绘出草图，注明尺寸。

导线测量的技术要求　　　　　　　　　　　　　　　　表 6-4

| 等级 | 导线长度（km） | 平均边长（km） | 测角中误差（"） | 测距中误差（mm） | 测距相对中误差 | 导线全长相对闭合差 | 方位角闭合差（"） | 测回数 1"级仪器 | 测回数 2"级仪器 | 测回数 6"级仪器 |
|------|------|------|------|------|------|------|------|------|------|------|
| 三等 | 18 | 2 | 1.8 | 14 | 1/150000 | 1/52000 | $\pm 3.6\sqrt{n}$ | 6 | 10 | — |
| 四等 | 12 | 1 | 2.5 | 10 | 1/80000 | 1/35000 | $\pm 5\sqrt{n}$ | 4 | 6 | — |
| 一级 | 6 | 0.5 | 5.0 | 14 | 1/30000 | 1/17000 | $\pm 10\sqrt{n}$ | — | 2 | 4 |
| 二级 | 3.6 | 0.3 | 8.0 | 11 | 1/14000 | 1/11000 | $\pm 16\sqrt{n}$ | — | 1 | 3 |
| 三级 | 1.2 | 0.1 | 12.0 | 15 | 1/7000 | 1/5000 | $\pm 24\sqrt{n}$ | — | 1 | 2 |

注：表中 $n$ 为测站数。

### 2. 测边

导线边长一般用测距仪测定，对于一、二、三级导线边长的量测，受设备限制时，也可以用检定过的钢尺丈量。若用测距仪测定，应测定导线边的水平长度。若用钢尺丈量，对于三级以上的导线，应按钢尺量距的精密方法进行丈量，并满足表 6-4 的要求。

### 3. 测角

导线的转折角有左角和右角之分。以导线为例，按编号顺序方向前进，在前进方向左侧的角称为左角，在前进方向右侧的角称为右角。在闭合导线中，一般均测其内角，闭合导线若按顺时针方向编号，其内角均为右角，反之均为左角。在附合导线中，可测其左角或右角，在道路工程测量中一般测右角，但全线要统一。各等级导线的测角要求，均应满足表 6-4 的规定。

### 4. 联测

导线联测，是指新布设的导线与周围已有的高级控制点的联系测量，以取得新布设导线的起算数据，即起始点的坐标与起始边的方位角和闭合点与闭合边的方位角。联测的方法通常有导线法、测角交会法、距离交会法。这里仅介绍导线法。

如图 6-8 所示，$A$、$B$、$C$、$D$ 为已知的高级控制点，1、2、3、4、5 为新布设导线点，

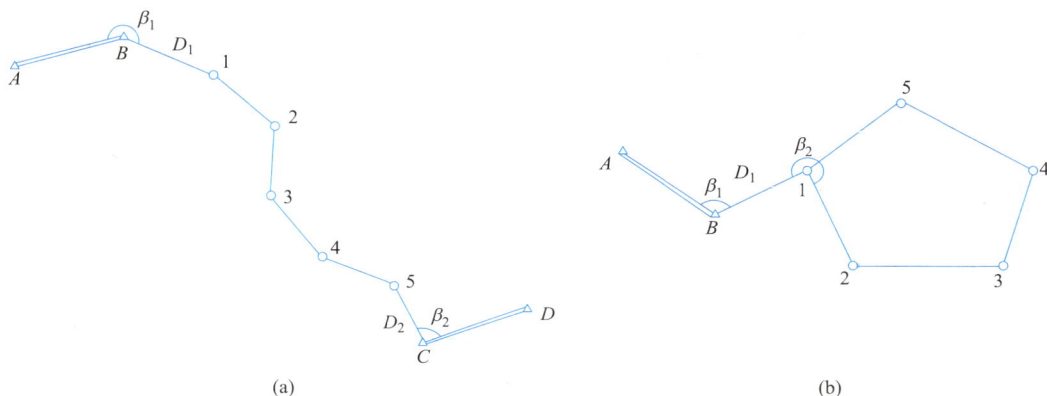

（a）　　　　　　　　　　　　　　　　　　（b）

**图 6-8　导线的联测角和联测边**

（a）附合导线；（b）闭合导线

则导线联测为测定联接角（水平角）$\beta_1$、$\beta_2$ 和联接边 $D_1$、$D_2$。方法与导线的测边、测角方法相同。如果测区周围找不到已知的高级控制点，则可用罗盘仪测定导线起始边的方位角，假设起始点的坐标作为起算数据。

## 6.2.3 导线测量的内业工作

导线测量内业工作的目的，是根据已知的起算数据和外业的观测资料，通过平差计算得到各导线点的平面坐标。

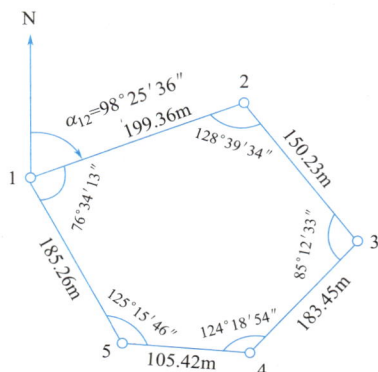

图 6-9 闭合导线略图

26.
坐标增量
闭合差

内业计算前，应仔细全面地检查导线测量的外业记录，检查数据是否齐全，有无记错、算错，是否符合精度要求，起算数据是否准确。然后绘出导线草图，并把各项数据标注在图中的相应位置，如图 6-9 所示。

### 1. 闭合导线的内业计算

以图 6-9 所示的图根导线为例，介绍闭合导线内业计算的步骤，具体运算过程及结果参见表 6-5。计算前，首先将导线草图中的点号、角度的观测值、边长的量测值以及起始边的方位角、起始点的坐标等填入"闭合导线坐标计算表"中，见表 6-5。然后按以下步骤进行计算。

（1）角度闭合差的计算与配赋

闭合导线在几何上是一个 $n$ 边形，其内角和的理论值为：

$$\Sigma\beta_{理} = (n-2) \times 180° \tag{6-1}$$

在实际观测过程中，由于不可避免地存在误差，使得实测的多边形的内角和不等于理论值，两者的差值称为闭合导线的角度闭合差，习惯以 $f_\beta$ 表示。即有：

$$f_\beta = \Sigma\beta_{测} - \Sigma\beta_{理} = \Sigma\beta - (n-2) \times 180° \tag{6-2}$$

式中，$\beta_{测}$——转折角的外业观测值。

各等级导线角度闭合差的容许值 $f_{\beta容}$ 列于表 6-4 中。若 $f_\beta > f_{\beta容}$，则说明角度闭合差超限，不满足精度要求，应返工重测，直到满足精度要求；若 $f_\beta \leqslant f_{\beta容}$，则说明所测角度满足精度要求，在此情况下，可将角度闭合差进行配赋。由于角度观测在相同的观测条件下进行，可认为各角产生的误差相等。因此，角度闭合差配赋的原则是将 $f_\beta$ 以相反的符号平均分配到各观测角中，即各角度的改正数为：

$$v_\beta = -f_\beta/n \tag{6-3}$$

则各角配赋以后的值（又称为改正值）为：

$$\beta = \beta_{测} + v_\beta \tag{6-4}$$

角度改正数若不能均分，一般情况下，将余数分配给短边相邻角。

（2）导线边坐标方位角的推算

根据起始边的已知坐标方位角（一般通过导线联测得到）及配赋后的各内角值，由简单的几何推导便可得出，前一边的坐标方位角 $\alpha_{前}$ 与后一边的坐标方位角 $\alpha_{后}$ 的关系为：

$$\alpha_{前} = \alpha_{后} \pm \beta \mp 180° \tag{6-5}$$

表 6-5

## 闭合导线坐标计算表

| 点号或点名 | 观测角 β (° ′ ″) | 改正数 $v_\beta$ (″) | 改正后角值 $\beta_左$ (° ′ ″) | 方位角 α (° ′ ″) | 边长 (m) | 纵坐标增量 Δx (m) 计算值 | 改正值 | 改正后的值 | 纵坐标 x (m) | 横坐标增量 Δy (m) 计算值 | 改正值 | 改正后的值 | 横坐标 y (m) |
|---|---|---|---|---|---|---|---|---|---|---|---|---|---|
| 1 | | | | | | | | | 500.00 | | | | 500.00 |
| | | | | 98 25 36 | 199.36 | −29.21 | +0.03 | −29.18 | | 197.21 | +0.01 | 197.22 | |
| 2 | 128 39 34 | −12 | 128 39 22 | | | | | | 470.82 | | | | 697.22 |
| | | | | 149 46 14 | 150.23 | −129.80 | +0.03 | −129.77 | | 75.64 | +0.01 | 75.65 | |
| 3 | 85 12 33 | −12 | 85 12 21 | | | | | | 341.05 | | | | 772.87 |
| | | | | 244 33 53 | 183.45 | −78.79 | +0.03 | −78.76 | | −165.67 | +0.01 | −165.66 | |
| 4 | 124 18 54 | −12 | 124 18 42 | | | | | | 262.29 | | | | 607.21 |
| | | | | 300 15 11 | 105.42 | 53.11 | +0.02 | 53.13 | | −91.06 | +0.01 | −91.05 | |
| 5 | 125 15 46 | −12 | 125 15 34 | | | | | | 315.42 | | | | 516.16 |
| | | | | 354 59 37 | 185.26 | 184.58 | +0.03 | 184.58 | | −16.17 | +0.01 | −16.16 | |
| 1 | 76 34 13 | −12 | 76 34 01 | | | | | | 500.00 | | | | 500.00 |
| | | | | 98 25 36 | | | | | | | | | |
| 2 | | | | | | | | | | | | | |
| Σ | 540 01 00 | −60 | 540 00 00 | | 823.76 | −0.14 | +0.14 | 0 | | −0.05 | +0.05 | 0 | |

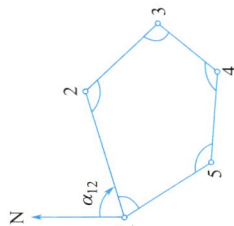

计算草图

辅助计算

角度闭合差及改正数的计算

$f_\beta = \Sigma\beta - (n-2)\times 180°$
$= 0°01'00'' = 60''$

$f_{β容} = \pm 60''\sqrt{n} = \pm 134''$

$f_\beta < f_{β容}$（合格）

$V_\beta = -\dfrac{f_\beta}{n} = -\dfrac{60''}{5} = -12''$

坐标增量闭合差及改正数的计算

$f_x = \Sigma\Delta x = -0.14$
$f_y = \Sigma\Delta y = -0.05$

导线相对闭合差的计算

$f_D = \sqrt{f_x^2 + f_y^2} = 0.1487$

$K = \dfrac{f_D}{\Sigma D} = \dfrac{0.1487}{823.76} \approx \dfrac{1}{5500}$

$K < K_容 = \dfrac{1}{2000}$

在具体推算时要注意如下几点：

1）上式中的"$\pm\beta\pm180°$"项，若 $\beta$ 角为左角，则取"$+\beta-180°$"。若 $\beta$ 角为右角，则取"$-\beta+180°$"。

2）若用公式推导出来的 $\alpha_{前}<0°$，则应对其加上 $360°$。若 $\alpha_{前}>360°$，则应对其减去 $360°$，使各导线边的坐标方位角在 $0°\sim360°$ 的取值范围内。

3）起始边的坐标方位角最后也能推算出来，其推算值应与原已知值相等，否则推算过程有误。

（3）坐标增量的计算

一导线边两端点的纵坐标（或横坐标）之差，称为该导线边的纵坐标（或横坐标）增量，习惯以 $\Delta x$（或 $\Delta y$）表示。设 $i$、$j$ 为两相邻的导线点，两点之间的边长为 $D_{ij}$，已推出的坐标方位角为 $\alpha_{ij}$，则由几何关系，可计算出 $i$、$j$ 两点之间的坐标增量 $\Delta x_{ij测}$ 和 $\Delta y_{ij测}$ 分别为

$$\left.\begin{aligned}\Delta x_{ij测}&=D_{ij}\cos\alpha_{ij}\\\Delta y_{ij测}&=D_{ij}\sin\alpha_{ij}\end{aligned}\right\} \tag{6-6}$$

（4）坐标增量闭合差的计算与配赋

因闭合导线从起始点出发经过若干个导线点以后，最后又回到了起始点。显然，其坐标增量之和的理论值为零，如图 6-10（a）所示，即

$$\left.\begin{aligned}\Sigma\Delta x_{ij理}&=0\\\Sigma\Delta y_{ij理}&=0\end{aligned}\right\} \tag{6-7}$$

但是实际上从式（6-6）可以看出，坐标增量由边长 $D_{ij}$ 和坐标方位角 $\alpha_{ij}$ 计算而得，尽管坐标方位角经过角度闭合差的配赋以后已能闭合，但各边方位角仍不能达到真值，且边长测量也存在误差，从而导致坐标增量仍有误差，即坐标增量的实测值之和 $\Sigma\Delta x_{ij测}$ 和 $\Sigma\Delta y_{ij测}$ 一般情况下不等于零，这就是坐标增量闭合差，通常以 $f_x$ 和 $f_y$ 表示，如图 6-8（b）所示，即：

$$\left.\begin{aligned}f_x&=\sum\Delta x_{ij测}\\f_y&=\sum\Delta x_{ij测}\end{aligned}\right\} \tag{6-8}$$

由于坐标增量闭合差的存在，根据计算结果绘制出来的闭合导线图形不能闭合，如图 6-10（b）所示。此不闭合的缺口距离，称为导线全长闭合差，通常以 $f_D$ 表示。按几何关系，用坐标增量闭合差可求得导线全长闭合差 $f_D$ 为

$$f_D=\sqrt{f_x^2+f_y^2} \tag{6-9}$$

导线全长闭合差 $f_D$ 是一个绝对闭合差，它随着导线的长度增大而增大。所以，导线测量的精度必须用导线全长相对闭合差 $K$（即导线全长闭合差 $f_D$ 与导线全长 $\Sigma D$ 之比值）来衡量，即：

$$K=\frac{f_D}{\Sigma D}=\frac{1}{\Sigma D/f_D} \tag{6-10}$$

导线全长相对闭合差 $K$ 通常用分子是 1 的分数形式表示，不同等级的导线全长相对闭合差的容许值 $K_容$ 列于表 6-4 中，用时可查阅。

若 $K\leqslant K_容$，表明测量结果满足精度要求，则可将坐标增量闭合差反符号后，按与边

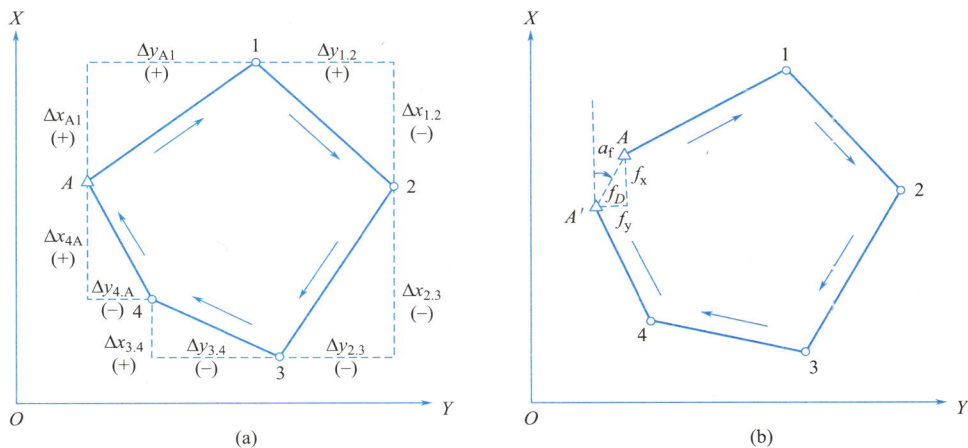

图 6-10　闭合导线增量及闭合差

长成正比的方式分配到各坐标增量上去，得到各纵、横坐标增量的改正值，以 $\Delta x_{ij}$ 和 $\Delta y_{ij}$ 表示。

$$\left.\begin{array}{l} \Delta x_{ij} = \Delta x_{ij测} + v_{\Delta x_{ij}} \\ \Delta y_{ij} = \Delta y_{ij测} + v_{\Delta y_{ij}} \end{array}\right\} \tag{6-11}$$

式中，$v_{\Delta x_{ij}}$、$v_{\Delta y_{ij}}$ 分别称为纵、横坐标增量的改正数，且有：

$$\left.\begin{array}{l} v_{\Delta x_{ij}} = -\dfrac{f_x}{\sum D} D_{ij} \\[3mm] v_{\Delta y_{ij}} = -\dfrac{f_y}{\sum D} D_{ij} \end{array}\right\} \tag{6-12}$$

（5）导线点坐标计算

根据起始点的已知坐标（一般通过导线联测得到）和改正后的坐标增量 $\Delta x_{ij}$ 和 $\Delta y_{ij}$，即可按下列公式依次计算各导线点的坐标：

$$\left.\begin{array}{l} x_j = x_i + \Delta x_{ij} \\ y_j = y_i + \Delta y_{ij} \end{array}\right\} \tag{6-13}$$

同样用上式最后可以推导出起始点的坐标，推算值应与已知值相等，以此可校核整个计算过程是否有误。

**2. 附合导线的内业计算**

附合导线的内业计算步骤和前述的闭合导线的计算步骤基本相同，所不同的是两者的角度闭合差及坐标增量闭合差的计算方法不一样。下面主要介绍这两点不同。

（1）角度闭合差的计算

附合导线首尾各有一条已知坐标方位角的边，如图 6-11 中的 $AB$ 边和 $CD$ 边，称之为始边和终边。由于外业工作已测得导线各个转折角的大小，所以，可以根据起始边的坐标方位角及测得的导线各转折角，由公式（6-14）推算出终边的坐标方位角。这样导线终边的坐标方位角除有一个原已知值 $\alpha_终$ 外，还有一个由始边坐标方位角和测得的各转折角推算出的值 $\alpha'_终$。由于测角存在误差，导致两值不相等，两值之差即为附合导线的角度闭合

差 $f_\beta$：

$$f_\beta = \alpha'_终 - \alpha_终 = (\alpha_始 \pm \Sigma\beta \mp n \times 180°) - \alpha_终 \quad (6\text{-}14)$$

此外，附合导线观测角为左角时，左角的改正数应与角度闭合差异号。观测角为右角时，右角的改正数应与角度闭合差同号。$n$ 为导线转折角个数。

（2）坐标增量闭合差的计算

附合导线的首尾各有一个已知坐标值的点，如图 6-11 中的 $B$ 点和 $C$ 点，这里称之为始点和终点。附合导线的纵、横坐标增量之代数和，在理论上应等于终点与始点的纵、横坐标差值，即：

$$\left.\begin{array}{l} \Sigma\Delta x_{ij理} = x_终 - x_始 \\ \Sigma\Delta y_{ij理} = y_终 - y_始 \end{array}\right\} \quad (6\text{-}15)$$

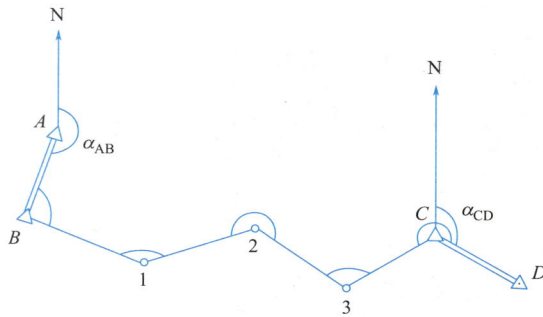

图 6-11　附合导线略图

但是由于量边和测角有误差，因此根据观测值推算出来的纵、横坐标增量之代数和 $\Sigma\Delta x_{ij测}$ 和 $\Sigma\Delta y_{ij测}$ 与上述的理论值通常是不相等的，两者之差即为纵、横坐标增量闭合差：

$$\left.\begin{array}{l} f_x = \Sigma\Delta x_{ij测} - (x_终 - x_始) \\ f_x = \Sigma\Delta y_{ij测} - (y_终 - y_始) \end{array}\right\} \quad (6\text{-}16)$$

表 6-6 为附合导线坐标计算全过程的一个算例。

## 6.2.4　全站仪导线测量

目前，全站仪已在道路工程测量中得到了广泛的应用。由于全站仪具有坐标测量功能，因此在外业观测时，将全站仪安置于起始点 $A$（高级控制点），按距离及三维坐标的测量方法测定控制点 1 和 $A$ 的距离及 1 点的坐标 $(x'_1, y'_1)$。再将仪器安置在已测坐标的 1 点上，用同样的方法测得 1、2 点的距离和 2 点的坐标 $(x'_2, y'_2)$。依此方法进行观测，最后测得终点 $C$（高级控制点）的坐标观测值 $(x'_c, y'_c)$。在成果处理时，可将坐标作为观测值。

全站仪导线测量的外业工作除踏勘选点及建立标志外，主要应测得导线点的坐标和相邻点间的边长，并以此作为观测值。

下面简要介绍以坐标为观测值的导线近似平差计算过程。

表 6-6

## 附合导线计算表

| 点号或点名 | 观测角β (° ′ ″) | 改正数 $v_\beta$ (″) | 改正后角值 $\beta_改$ (° ′ ″) | 方位角α (° ′ ″) | 边长 (m) | 纵坐标增量 Δx (m) 计算值 | 改正值 | 改正后的值 | 纵坐标 x (m) | 横坐标增量 Δy (m) 计算值 | 改正值 | 改正后的值 | 横坐标 y (m) |
|---|---|---|---|---|---|---|---|---|---|---|---|---|---|
| A | | | | 218 36 24 | | | | | | | | | |
| B | 63 47 26 | +15 | 63 47 41 | | | | | | 875.44 | | | | 946.07 |
| | | | | 102 24 05 | 267.22 | -57.39 | +0.03 | -57.36 | | 260.98 | -0.06 | 260.92 | |
| 1 | 140 36 06 | +15 | 140 36 21 | | | | | | 818.08 | | | | 1206.99 |
| | | | | 63 00 26 | 103.76 | 47.09 | +0.01 | 47.10 | | 92.46 | -0.02 | 92.44 | |
| 2 | 235 25 24 | +15 | 235 25 39 | | | | | | 865.18 | | | | 1299.43 |
| | | | | 118 26 05 | 154.65 | -73.64 | +0.02 | -73.62 | | 135.99 | -0.03 | 135.96 | |
| 3 | 100 17 57 | +15 | 100 18 12 | | | | | | 791.56 | | | | 1435.39 |
| | | | | 38 44 17 | 178.43 | 139.18 | +0.02 | 139.20 | | 111.65 | -0.04 | 111.61 | |
| C | 267 33 17 | +15 | 267 33 32 | | | | | | 930.76 | | | | 1547.00 |
| | | | | 126 17 49 | | | | | | | | | |
| D | | | | | | | | | | | | | |
| Σ | 807 40 10 | +75 | | | 704.06 | 55.24 | +0.08 | 55.32 | | 601.08 | -0.15 | 600.93 | |

辅助计算：

角度闭合差及改正数的计算：

$\alpha'_{CD} = \alpha_{AB} - 5 \times 180° + \Sigma\beta$
$= 126°16'31"$

$f_\beta = \alpha'_{CD} - \alpha_{CD} = -75"$

$f_{\beta容} = \pm 60"\sqrt{5} = \pm 134"$

$f_\beta < f_{\beta容}$（合格）

$V_\beta = -\dfrac{f_\beta}{n} = +15"$

坐标增量闭合差及改正数的计算：

$f_x = \Sigma\Delta x - (x_C - x_B)$
$= 55.24 - 55.32 = -0.08$

$f_y = \Sigma\Delta y - (y_C - y_B)$
$= 601.08 - 600.93 = +0.15$

导线相对闭合差的计算：

$f_D = \sqrt{f_x^2 + f_y^2} = 0.17$

$K = \dfrac{f_D}{\Sigma D} = \dfrac{0.17}{704.06} \approx \dfrac{1}{4100}$

$< K_容 = \dfrac{1}{2000}$（合格）

计算图：

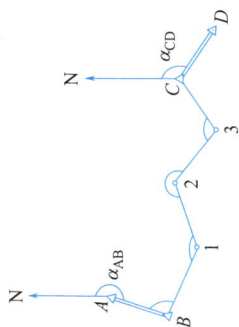

在图 6-11 中，设 $C$ 点坐标的已知值为（$x_C$、$y_C$），由于其坐标的观测值为（$x'_C$、$y'_C$），则纵、横坐标闭合差为：

$$\left.\begin{array}{l} f_x = x'_C - x_C \\ f_y = y'_C - y_C \end{array}\right\} \tag{6-17}$$

由此可计算出导线全长闭合差为：

$$f_D = \sqrt{f_x^2 + f_y^2} \tag{6-18}$$

导线测量的精度同样用导线全长相对闭合差 $K$（即导线全长闭合差 $f_D$ 与导线全长 $\Sigma D$ 之比值）来衡量，即：

$$K = \frac{f_D}{\Sigma D} = \frac{1}{\Sigma D / f_D} \tag{6-19}$$

式中，$D$——导线边长，在外业观测时已测得。

导线全长相对闭合差 $K$ 通常用分子是 1 的分数形式表示，不同等级的导线全长相对闭合差的容许值列于表 6-4 中，用时可查阅。若 $K \leqslant K_容$，表明测量结果满足精度要求，则可按下式计算各点坐标的改正数：

$$\left.\begin{array}{l} v_{xi} = -\dfrac{f_x}{\sum D} \sum D_i \\ v_{yi} = -\dfrac{f_y}{\sum D} \sum D_i \end{array}\right\} \tag{6-20}$$

式中，$\Sigma D$——导线的全长；

$\Sigma D_i$——第 $i$ 点之前导线边长之和。

根据起始点的已知坐标和各点坐标的改正数，可按下列公式依次计算各导线点的坐标为：

$$\left.\begin{array}{l} x_i = x'_i + v_{xi} \\ y_i = y'_i + v_{yi} \end{array}\right\} \tag{6-21}$$

式中，$x'_i$、$y'_i$——第 $i$ 点的坐标观测值。

另外，由于全站仪测量可以同时测得导线点的坐标和高程，因此，高程的计算可与坐标计算一并进行，高程闭合差为：

$$f_H = H'_C - H_C \tag{6-22}$$

式中，$H'_C$——$C$ 点的高程观测值；

$H_C$——$C$ 点的已知高程。

各导线点的高程改正数为：

$$v_{H_I} = -\frac{f_H}{\Sigma D} \Sigma D_i \tag{6-23}$$

式中的符号意义同前。

改正后各导线点的高程为：

$$H_i = H'_i + v_{H_i} \tag{6-24}$$

式中，$H'_i$——第 $i$ 点的高程观测值。

表 6-7 为以坐标为观测量的近似平差计算全过程的一个算例。

表 6-7

## 全站仪附合导线三维坐标计算表

| 点号 | 坐标观测值(m) | | | 边长(m) | 坐标改正值(mm) | | | 坐标平差值(m) | | | 点号 |
|---|---|---|---|---|---|---|---|---|---|---|---|
| | $x'$ | $y'$ | $H'$ | | $v_x$ | $v_y$ | $v_H$ | $x$ | $y$ | $H$ | |
| A | | | | | | | | 31242.685 | 19631.274 | | A |
| B | | | | 1573.261 | | | | 27654.173 | 16814.216 | 462.874 | B |
| 1 | 26961.436 | 18173.156 | 467.102 | 865.360 | −5 | +4 | +6 | 26861.431 | 18173.160 | 467.108 | 1 |
| 2 | 27150.098 | 18988.951 | 460.912 | 1238.023 | −8 | +6 | +9 | 27150.090 | 18988.957 | 460.921 | 2 |
| 3 | 27286.434 | 20219.444 | 451.446 | 1821.746 | −12 | +9 | +13 | 27286.422 | 20219.453 | 451.459 | 3 |
| 4 | 29104.742 | 20331.319 | 462.178 | 507.681 | −18 | +14 | +20 | 29104.724 | 20331.333 | 462.198 | 4 |
| C | 29564.269 | 20547.130 | 468.518 | | −19 | +16 | +22 | 29564.250 | 20547.146 | 468.540 | C |
| D | | | | | | | | 30666.511 | 21880.362 | | D |

辅助计算:

$f_x = x'_C - x_C = 29564.269 - 29564.250 = +0.019(\text{m}) = +19(\text{mm})$

$f'_y = y'_C - y_C = 20547.130 - 20547.146 = -0.016(\text{m}) = -16(\text{mm})$

$f = \sqrt{f_x^2 + f_y^2} = 24(\text{mm})$

$K = \dfrac{f}{\Sigma D} = \dfrac{0.024}{6006.071} \approx \dfrac{1}{250000}$

$f_H = H'_C - H_C = 468.518 - 468.540 = -0.022(\text{m}) = -22(\text{mm})$

计算草图

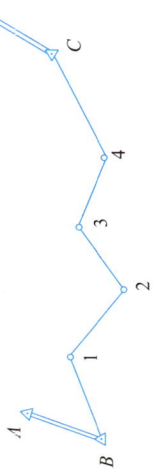

## 6.3 交会测量

进行平面控制测量时，如果导线点的密度不能满足测图和工程需要，就需要进行控制点加密。加密控制点除采用导线测量方法外，还可以采用交会测量的方法。

交会测量是根据两个或多个已知点的平面坐标，通过测定已知点到某待定点的方向距离，以推求此待定点平面坐标的测量技术和方法。根据测量元素的不同，交会定点可分为测角前方交会、测角侧方交会、测角后方交会、测边交会等几种方法。交会测量一般每次只测定一个待定点。为了保证交会测量的精度和可靠性，一方面对交会角度有一定的要求和限制，一般要求交会角（在测角交会图形中，由待定点至相邻两起始点间方向的夹角）不应小于 30°或大于 150°，另一方面还要求检核观测。

交会测量包括外业和内业两部分工作。交会测量的外业工作与导线测量外业工作类同，下面重点介绍交会测量的内业计算。

### 6.3.1 前方交会

27.
前方交会

如图 6-12（a）所示为前方交会基本图形。已知 $A$ 点坐标为 $x_A$、$y_A$，$B$ 点坐标为 $x_B$、$y_B$，在 $A$、$B$ 两点上设站，观测出 $\alpha$、$\beta$，通过三角形的余切公式求出加密点 $P$ 的坐标，这种方法称为测角前方交会法，简称前方交会。按导线计算公式，由图 6-12（a）可知

因：

$$x_P = x_A + \Delta x_{AP} = x_A + D_{AP}\cos\alpha_{AP}$$

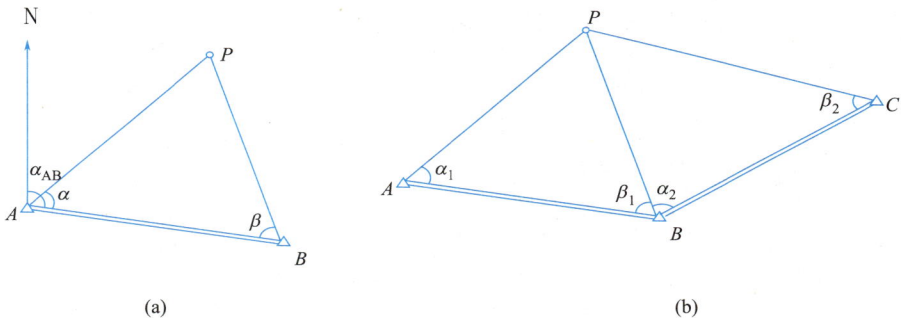

(a)　　　　　　　　　　　　　　(b)

图 6-12　前方交会

而：

$$\alpha_{AP} = \alpha_{AB} - \alpha, \quad D_{AP} = D_{AB}\sin\beta / \sin(\alpha + \beta)$$

整理后得：

$$x_A = \frac{x_A\cot\beta + x_B\cot\alpha + (y_B - y_A)}{\cot\alpha + \cot\beta}$$

同理得：

$$y_A = \frac{y_A \cot\beta + y_B \cot\alpha + (x_A - x_B)}{\cot\alpha + \cot\beta} \tag{6-25}$$

在实践中，为了校核和提高 $P$ 点坐标的精度，通常采用三个已知点的前方交会图形。如图 6-12（b）所示，在三个已知点 $A$、$B$、$C$ 上设站，测定 $\alpha_1$、$\beta_1$ 和 $\alpha_2$、$\beta_2$，构成两组前方交会，然后按公式（6-25）分别解算两组 $P$ 点坐标。若两组坐标差不大于两倍比例尺精度时，见公式（6-26），取两组坐标的平均值作为 $P$ 点最后的坐标。

$$f_D = \sqrt{\delta_x^2 + \delta_y^2} \leqslant f_{容} = 2 \times 0.1M(\text{mm}) \tag{6-26}$$

式中，$\delta_x$，$\delta_y$——两组坐标值之差；

　　　$M$——测图比例尺分母。

## 6.3.2　侧方交会

如图 6-13 所示为侧方交会图形。$A$、$B$ 为已知点，$P$ 为待定点，$B$ 点不能安置仪器，所以在已知点 $A$ 及待定点 $P$ 上安置仪器，观测水平角 $\alpha$ 和 $\gamma$，然后根据已知点的坐标计算出 $P$ 点的坐标，这种方法称为测角侧方交会法，简称侧方交会。

将侧方交会转化为前方交会，$\beta = 180° - \alpha - \gamma$，按照前方交会的计算公式计算 $P$ 点坐标。

在待定点观测另一个已知点 $C$ 的检查角 $\varepsilon$，计算出 $P$ 点的坐标后，反算 $\alpha_{PC}$、$\alpha_{PB}$，其差值为 $\varepsilon_{计}$，两者的差异 $\Delta\varepsilon$ 应满足下列规定：

$$\Delta\varepsilon < \Delta\varepsilon_{允} = \frac{0.2M}{S_{PC}}\rho$$

$S_{PC}$ 不能太短，否则 $\Delta\varepsilon_{允}$ 太大，图形要求同前方交会。

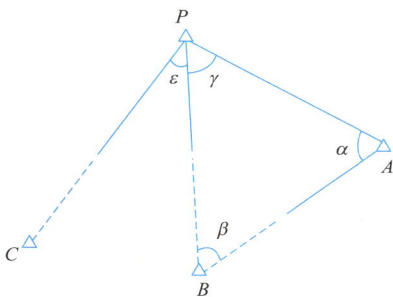

图 6-13　侧方交会

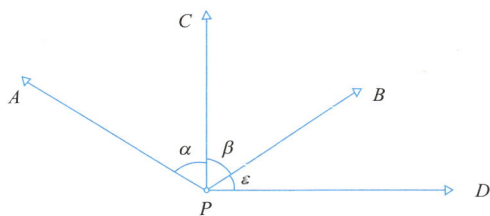

图 6-14　后方交会

## 6.3.3　后方交会

如图 6-14 所示为后方交会基本图形。$A$、$B$、$C$、$D$ 为已知点，在待定点 $P$ 上设站，分别观测已知点 $A$、$B$、$C$，观测出 $\alpha$、$\beta$，然后根据已知点的坐标计算出 $P$ 点的坐标，这种方法称为测角后方交会，简称后方交会。

后方交会的计算方法有多种，现只介绍一种，即 $P$ 点位于 $A$、$B$、$C$ 三

点组成的三角形之外时的简便计算方法，可用下列公式求得。

$$\left.\begin{aligned} a &= (x_A - x_B) + (y_A - y_B)\cot\alpha \\ b &= (y_A - y_B) + (x_A - x_B)\cot\alpha \\ c &= (x_C - x_B) + (y_C - y_B)\cot\beta \\ d &= (y_C - y_B) + (x_C - x_B)\cot\beta \end{aligned}\right\} \tag{6-27}$$

$$k = \tan\alpha_{BP} = \frac{c-a}{b-d} \tag{6-28}$$

$$\left.\begin{aligned} \Delta x_{BP} &= \frac{a+bk}{1+k^2} \\ \Delta y_{BP} &= k\Delta x_{BP} \end{aligned}\right\} \tag{6-29}$$

$$\left.\begin{aligned} x_P &= x_B + \Delta x_{BP} \\ y_P &= y_B + \Delta y_{BP} \end{aligned}\right\} \tag{6-30}$$

为了保证 $P$ 点的坐标精度，后方交会还应该用第四个已知点进行检核。如图 6-13 所示，在 $P$ 点观测 $A$、$B$、$C$ 点的同时，还应观测 $D$ 点，测定检核角 $\varepsilon_{测}$，在算得 $P$ 点坐标后，可求出 $\alpha_{PB}$ 与 $\alpha_{PD}$，由此得 $\varepsilon_{计} = \alpha_{PD} - \alpha_{PB}$，即得检核角较差 $\Delta\varepsilon = \varepsilon_{测} - \varepsilon_{计}$，其检核公式为：

$$\Delta\varepsilon \leqslant \Delta\varepsilon_{容} = \pm\frac{M}{10^4 \times S_{PD}}\rho \tag{6-31}$$

式中，$M$ ——测图比例尺分母。

如果选定的交会点 $P$ 与 $A$、$B$、$C$ 三点恰好在同一圆周上时，则 $P$ 点无定解，此圆称为危险圆。在后方交会中，要避免 $P$ 点处在危险圆上或危险圆附近，一般要求 $P$ 点至危险圆距离应大于该圆半径的 1/5。

## 6.3.4 前方交会

如图 6-15 所示，在求算加密控制点 $P$ 的坐标时，也可以采用测量出图示边长 $a$ 和 $b$，然后利用几何关系，求出 $P$ 点的平面坐标的方法，称为边长交会。与测角交会一样，边长交会也能获得较高的精度。由于全站仪和光电测距仪在公路工程中的普遍采用，这种方法在测图或工程中已被广泛应用。

如图 6-15 中 $A$、$B$ 为已知点，测得两条边长分别为 $a$、$b$，则 $P$ 点的坐标可按下述方法计算。

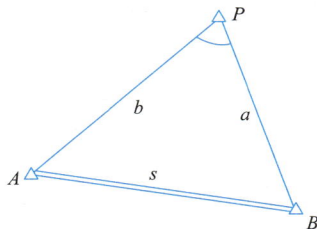

首先利用坐标反算公式计算 $AB$ 边的坐标方位角 $\alpha_{AB}$ 和边长 $S$：

$$\alpha_{AB} = \arctan\frac{y_B - y_A}{x_B - x_A}$$

$$S = \sqrt{(x_B - x_A)^2 + (y_B - y_A)^2}$$

根据余弦定理可求出 $\angle A$：

$$\angle A = \arccos(\frac{s^2 + b^2 - a^2}{2bs})$$

图 6-15 前方交会

而：$\alpha_{AP} = \alpha_{AB} - \angle A$

于是有：

$$x_P = x_A + b \times \cos\alpha_{AP}$$

$$y_P = y_A + b \times \sin\alpha_{AP}$$

以上是两边交会法，工程中为了检核和提高 $P$ 点的坐标精度，通常采用三边交会法，如图 6-16 所示。三边交会观测三条边，分两组计算 $P$ 点坐标进行核对，若两组坐标差不大于两倍比例尺精度时，即：

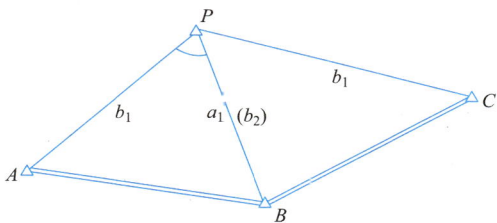

图 6-16　三边交会

$$f_D = \sqrt{\delta_x^2 + \delta_y^2} \leqslant f_{容} = 2 \times 0.1M$$

最后取两组坐标的平均值作为 $P$ 点最后的坐标。式中，$\delta_x$、$\delta_y$ 分别为两组坐标值之差，$M$ 为测图比例尺分母。

# 6.4　三、四等水准测量

高程控制测量包括三、四等水准测量、图根水准测量和三角高程测量。小区域地形图测绘与施工测量中，常采用三、四等水准测量作为高程控制测量的首级控制，精度较高。

## 6.4.1　三、四等水准测量技术要求

三、四等水准点的标志要用永久性标志，并绘制点位草图。水准点应选在地基稳固、能长久保存、便于观测的地方。水准点间距一般为 $1\sim1.5km$，山岭重丘区可根据需要适当加密。水准网布设时，如果是作为测区的首级控制，一般布设为闭合环线。如果是进行加密，则多采用附合水准路线或支水准路线。

### 1. 三、四等水准测量的技术要求

三、四等水准测量的主要技术要求见表 6-8。

三、四等水准测量的主要技术要求　　　　表 6-8

| 等级 | 每千米高差中数误差（mm） | | 路线长度（km） | 水准仪型号 | 水准尺 | 观测次数 | | 往返较差、附合或环线闭合差 | |
|---|---|---|---|---|---|---|---|---|---|
| | 偶然中误差 $M_\triangle$ | 全中误差 $M_w$ | | | | 与已知点联测 | 附合或环线 | 平地（mm） | 山地（mm） |
| 三等 | ±3 | ±6 | ≤60 | DS1 | 因瓦 | 往返各一次 | 往一次 | $12\sqrt{L}$ | $4\sqrt{n}$ |
| | | | | DS3 | 双面 | | 往返各一次 | | |
| 四等 | ±5 | ±10 | ≤25 | DS3 | 双面 | 往返各一次 | 往一次 | $20\sqrt{L}$ | $6\sqrt{n}$ |

注：1. 结点之间或结点与高级点之间，其路线的长度，不应大于表中规定的 0.7 倍。
　　2. $L$ 为往返测段、附合或环线的水准路线长度（km）；$n$ 为测站数。
　　3. 数字水准仪测量的技术要求和同等级的光学水准仪相同。

## 2. 三、四等水准观测的技术要求

三、四等水准观测的主要技术要求见表6-9。

三、四等水准观测的主要技术要求

表 6-9

| 等级 | 水准仪型号 | 视线长度（m） | 前后视的距离较差（m） | 前后视的距离较差累积(m) | 视线离地面最低高度(m) | 基、辅分划或黑、红面读数较差(mm) | 基、辅分划或黑、红面所测高差之差(mm) |
|---|---|---|---|---|---|---|---|
| 三等 | DS1 | 100 | 3 | 6 | 0.3 | 1.0 | 1.5 |
| 三等 | DS3 | 75 | 3 | 6 | 0.3 | 2.0 | 3.0 |
| 四等 | DS3 | 100 | 5 | 10 | 0.2 | 3.0 | 5.0 |

注：1. 三、四等水准采用变动仪器高度观测单面水准尺时，所测两次高差较差，应与黑面、红面所测高差之差的要求相同。

　　2. 数字水准仪观测，不受基、辅分划或黑、红面读数较差指标的限制，但测站两次观测的高差较差，应满足表中相应等级基、辅分划或黑、红面所测高差较差的限值。

## 6.4.2　三、四等水准测量的观测、记录和计算方法

### 1. 三、四等水准测量的观测程序和记录方法

30.
四等水准一
测站的观测
程序

（1）三等水准测量每测站照准标尺分划顺序

1）后视标尺黑面，精平，读取上、下、中丝读数，记为（1）、（2）、（3）；

2）前视标尺黑面，精平，读取上、下、中丝读数，记为（4）、（5）、（6）；

3）前视标尺红面，精平，读取中丝读数，记为（7）；

4）后视标尺红面，精平，读取中丝读数，记为（8）。

三等水准测量测站观测顺序简称为"后—前—前—后"或"黑—黑—红—红"，其优点是可消除或减弱仪器和尺垫下沉误差的影响。

（2）四等水准测量每测站照准标尺分划顺序

1）后视标尺黑面，精平，读取上、下、中丝读数，记为（1）、（2）、（3）；

2）后视标尺红面，精平，读取中丝读数，记为（8）；

3）前视标尺黑面，精平，读取上、下、中丝读数，记为（4）、（5）、（6）；

4）前视标尺红面，精平，读取中丝读数，记为（7）.

四等水准测量测站观测顺序简称为"后—后—前—前"或"黑—红—黑—红"。

下面以三等水准测量一个测段为例，介绍双面尺法观测的程序（四等水准测量也可以采用），其记录与计算见表6-10。

### 2. 测站计算与校核

（1）视距计算

后视距离：（9）=［（1）−（2）］×100；

前视距离：（10）=［（4）−（5）］×100；

前、后视距差(11)=（9）−（10）；

前、后视距累积差：本站（12）=本站(11)+上站(12)。

（2）同一水准尺黑、红面中丝读数校核

前尺：（13）=（6）+$K_1$−（7）；

后尺：$(14)=(3)+K_2-(8)$。

（3）高差计算及校核

黑面高差：$(15)=(3)-(6)$；

红面高差：$(16)=(8)-(7)$。

校核计算：红、黑面高差之差 $(17)=(15)-[(16)\pm0.100]$ 或 $(17)=(14)-(13)$；

高差中数：$(18)=[(15)+(16)\pm0.100]/2$。

在测站上，当后尺红面起点为 $4.687\mathrm{m}$，前尺红面起点为 $4.787\mathrm{m}$ 时，取 $+0.100$；反之，取 $-0.100$。

### 三、四等水准测量观测手簿

表 6-10

| 测站编号 | 后尺 下丝 | | 前尺 下丝 | | 方向及尺号 | 标尺读数 | | $K+$黑$-$红 | 高差中数 | 备注 |
|---|---|---|---|---|---|---|---|---|---|---|
| | 上丝 | | 上丝 | | | | | | | |
| | 后距 | | 前距 | | | 黑面 | 红面 | | | |
| | 视距差 $d$(m) | | $\sum d$(m) | | | | | | | |
| 一 | (1) | | (4) | | 后 | (3) | (8) | (14) | | |
| | (2) | | (5) | | 前 | (6) | (7) | (13) | | |
| | (9) | | (10) | | 后－前 | (15) | (16) | (17) | | |
| | (11) | | (12) | | | | | | (18) | |
| 1 | 1.571 | | 0.739 | | 后01 | 1.384 | 6.171 | 0 | | |
| | 1.197 | | 0.363 | | 前02 | 0.551 | 5.239 | －1 | | |
| | 37.4 | | 37.6 | | 后－前 | +0.833 | +0.932 | +1 | | |
| | －0.2 | | －0.2 | | | | | | +0.8325 | |
| 2 | 2.121 | | 2.196 | | 后02 | 1.934 | 6.621 | 0 | | $K$ 为水准尺常数， |
| | 1.747 | | 1.821 | | 前01 | 2.008 | 6.796 | －1 | | $K_{01}=4.787$ |
| | 37.4 | | 37.5 | | 后－前 | －0.074 | －0.175 | +1 | | $K_{02}=4.687$ |
| | －0.1 | | －0.3 | | | | | | －0.0745 | |
| 3 | 1.914 | | 2.055 | | 后01 | 1.726 | 6.513 | 0 | | |
| | 1.539 | | 1.678 | | 前02 | 1.866 | 6.554 | －1 | | |
| | 37.5 | | 37.7 | | 后－前 | －0.140 | －0.041 | +1 | | |
| | －0.2 | | －0.5 | | | | | | －0.1405 | |
| 4 | 1.965 | | 2.141 | | 后02 | 1.832 | 6.519 | 0 | | |
| | 1.700 | | 1.874 | | 前01 | 2.007 | 6.793 | +1 | | |
| | 26.5 | | 26.7 | | 后－前 | －0.175 | －0.274 | －1 | | |
| | －0.2 | | －0.7 | | | | | | －0.1745 | |
| 每页校核 | $\sum(9)=138.8$ $-\sum(10)=139.5$ $=-0.7$ 总视距$=\sum(9)+\sum(10)=278.3$(m) | | $\sum[(3)+(8)]=32.700$ $-\sum[(6)+(7)]=31.814$ $=+0.886$ | | | $\sum[(15)+(16)]=+0.886$ $\sum(18)=+0.443$ $2\sum(18)=+0.886$ | | | | |

（4）每页计算校核

1）高差部分

每页上，后视红、黑面读数总和与前视红、黑面读数的总和之差，应等于红、黑面高差之和，还应等于该页平均高差总和的两倍。

对于测站数为偶数的页：

$$\sum[(3)+(8)]-\sum[(6)+(7)]=\sum[(15)+(16)]=2\sum(18);$$

对于测站数为奇数的页：

$$\sum[(3)+(8)]-\sum[(6)+(7)]=\sum[(15)+(16)]=2\sum(18)\pm0.100;$$

2）视距部分

末站视距累积差值：末站 $(12)=\sum(9)-\sum(10)$；

$$总视距=\sum(9)+\sum(10)。$$

### 3. 成果计算与校核

（1）内业成果计算与校核

三、四等水准测量的成果整理和普通水准测量成果整理一样对高差闭合差进行调整，然后计算水准点的高程。三、四等水准测量高差闭合差应符合表 6-8 的要求。

（2）观测结果的重测

1）观测结果超限必须进行重测。

2）测站观测超限必须立即重测，否则从水准点或间歇点开始重测。

3）测段往返测高差较差超限必须重测，重测后应选用往返测合格的结果。如重测结果与原测结果分别比较，较差均不超过限差时，取 3 次结果的平均值。

4）每条水准路线按测段往返测高差较差、附合路线的环线闭合差计算的高差偶然中误差 $M_{\triangle}$ 或高差全中误差 $M_w$ 超限时，应先对路线上闭合差较大的测段进行重测。

$$M_{\triangle}=\pm\sqrt{\left[\frac{\Delta\Delta}{L}\right]\frac{1}{4n}} \tag{6-32}$$

式中，$M_{\triangle}$——高差偶然中误差（mm）。

$\Delta$——测段往返高差不符值（mm）。

$L$——测段长度（km）。

$n$——测段数。

$$M_w=\pm\sqrt{\frac{1}{N}\left[\frac{WW}{L}\right]} \tag{6-33}$$

式中，$M_w$——高差全中误差（mm）。

$W$——附合或环线闭合差（mm）。

$L$——计算各 $W$ 值时，相应的路线长度。

$N$——附合路线或闭合环的总个数。

（3）精度评定

水准测量的数据处理应符合下列规定：

当每条水准路线分测段施测时，应按公式（6-32）计算每千米水准测量的高差偶然中误差，其绝对值不应超过表 6-8 中相应等级的规定。

水准测量结束后，应按公式（6-33）计算每千米水准测量高差全中误差，其绝对值不应超过表 6-8 中相应等级的规定。

　　每个测站计算无误且各项数值都在相应的限差范围之内时，就可以根据每个测站的平均高差，利用已知点的高程，推算各水准点的高程。高程计算和高差闭合差的配赋方法，参见学习情境 2。上述工作全部结束后，即完成了一次完整的三、四等水准测量。

## 6.5　三角高程测量

　　在山区或高层建筑物上，用水准测量作高程控制困难大且速度慢，这时可考虑采用三角高程测量的方法进行高程控制测量。根据测量距离方法的不同，三角高程测量分为光电测距三角高程测量和经纬仪三角高程测量两种，前者可以代替四等水准测量，后者主要用于山区或丘陵地区的图根控制测量。目前大多采用光电测距三角高程测量。

### 6.5.1　三角高程测量原理

　　三角高程测量是应用三角学的原理，根据两点间的水平距离和竖直角，计算出两点间的高差，再求出所求点的高程的方法。

　　如图 6-17 所示，欲测定 $A$、$B$ 两点的高差，可在 $A$ 点安置经纬仪，用望远镜中丝瞄准觇标顶端，测出竖直角 $\alpha_{AB}$，量取桩顶至仪器横轴的高度 $i_A$（仪器高）和觇标高 $v_B$，若 $A$、$B$ 两点间的水平距离 $S_{AB}$（可以通过光电测距仪测得）为已知，则根据三角学原理，$A$、$B$ 两点间的高差为：

$$h_{AB} = S_{AB}\tan\alpha_{AB} + i_A - v_B \tag{6-34}$$

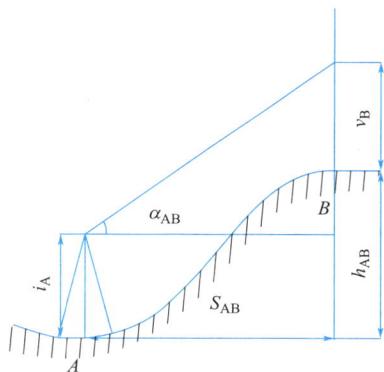

图 6-17　三角高程测量原理

若已知 $A$ 点高程，则 $B$ 点高程为：

$$H_B = H_A + S_{AB}\tan\alpha_{AB} + i_A - v_B \tag{6-35}$$

　　公式（6-35）适用于 $A$、$B$ 两点间距离较近（小于 300m）的三角高程测量。此时水准面可近似看成平面，视线视为直线。当距离超过 300m 时，就要考虑地球曲率及大气折光的影响了。

## 6.5.2 三角高程测量等级和技术要求

三角高程测量的主要技术要求，是针对竖直角测量的技术要求，一般分为两个等级，即四、五等水准测量，其可作为测区的首级控制。光电测距三角高程测量的技术要求见表 6-11，光电测距三角高程观测的主要技术要求列于表 6-12。

光电测距三角高程测量的主要技术要求　　　　　　　表 6-11

| 等级 | 每千米高差全中误差(mm) | 边长(km) | 观测方式 | 对向观测高差较差(mm) | 附合或环形闭合差(mm) |
|------|------|------|------|------|------|
| 四等 | 10 | ≤1 | 对向观测 | $40\sqrt{D}$ | $20\sqrt{\sum D}$ |
| 五等 | 15 | ≤1 | 对向观测 | $60\sqrt{D}$ | $30\sqrt{\sum D}$ |

注：1. $D$ 为测距边的长度（km）。
　　2. 起讫点的精度等级，四等应起讫于不低于三等水准的高程点上，五等应起讫于不低于四等的高程点上。
　　3. 路线长度不应超过相应等级水准路线的长度限值。

光电测距三角高程观测的主要技术要求　　　　　　　表 6-12

| 等级 | 垂直角观测 | | | | 边长测量 | |
|------|------|------|------|------|------|------|
| | 仪器精度等级 | 测回数 | 指标差较差(″) | 测回较差(″) | 仪器精度等级 | 观测次数 |
| 四等 | 2″级仪器 | 4 | ≤5 | ≤5 | 10mm 级仪器 | 往返均大于两次 |
| 五等 | 2″级仪器 | 2 | ≤10 | ≤10 | 10mm 级仪器 | 往返两次 |

注：当采用 2″级光学经纬仪进行垂直角观测时，应根据仪器的垂直角检测精度，适当增加测回数。

## 6.5.3 三角高程测量的实施与计算

### 1. 三角高程测量观测与计算步骤

（1）安置仪器于测站上，量出仪器高 $i$，觇标立于测点上，量出觇标高 $v$。

（2）用经纬仪采用测回法观测竖直角 $\alpha$，取其平均值为最后观测成果。

（3）采用对向观测，其方法同前两步。

（4）用公式（6-34）和公式（6-35）计算高差。

（5）三角高程路线，应组成闭合测量路线或附合测量路线，并尽可能起闭于高一等级的水准点上。若闭合差 $f_h$ 在表 6-11 所规定的容许范围内，则将 $f_h$ 反符号按照与各边边长成正比例的关系分配到各段高差中，最后根据起始点的高程和改正后的高差，计算出各待求点的高程。

实例见表 6-13。

三角高程测量计算 表 6-13

| 起算点:$A$,高程:104.98m;所求点:$B$ | | | 计算结果 |
|---|---|---|---|
| 觇法 | 直觇 | 反觇 | |
| 水平距离 $S$(m) | 238.25 | 238.22 | |
| 竖直角 $\alpha$ | $+10°33'54''$ | $-10°46'42''$ | |
| $S\tan\alpha$(m) | $+44.44$ | $-45.36$ | 平均高差:$+44.83$m |
| 仪器高 $i$(m) | 1.50 | 1.57 | 所求点高程:149.81m |
| 觇标高 $v$(m) | $-1.14$ | $-1.07$ | |
| 两高差改正数(m) | — | — | |
| 高差 $h$(m) | $+44.80$ | $-44.86$ | |

### 2. 《公路勘测规范》相关规定

交通部行业标准《公路勘测规范》JTG C10—2007 中规定，光电测距三角高程测量可代替四等水准测量。

（1）边长观测应采用不低于 Ⅱ 级精度的电磁波测距仪往返各测一测回，在测距的同时，还要测定气温和气压值，并对所测距离进行气象改正。

（2）竖直角观测应采用觇牌为照准目标，用 2″级仪器按中丝法观测三测回，竖直角测回差和指标差均≤7″。对向观测高差较差≤±40 $\sqrt{D}$ （mm）（$D$ 为以 km 为单位的水平距离），附合路线或环线闭合差同四等水准测量的要求。

（3）仪器高和觇牌高应在观测前后用经过检验的量杆各量测一次，精确读数至 1mm，当较差不大于 2mm 时，取中数作为最后的结果。

## 6.5.4  地球曲率和大气折光的影响

当 $A$、$B$ 点之间的距离大于 300m 时，进行三角高程测量必须顾及地球曲率和大气折光的影响。如图 6-18 所示，地球曲率对于高差的影响（简称球差），以 $f_1$ 表示。

$$f_1 = \frac{S_{AB}^2}{2R} \qquad (6-36)$$

式中，$R$——地球的平均曲率半径，$R=6371$km；

$S_{AB}$——$A$、$B$ 两点间的水平距离。

当光线通过不同密度的大气层时，将产生折射，大气折光对于高差的影响（简称气差），以 $f_1$ 表示。大气折光系数的大小与测点的地理位置、视线高度、地面植被情况、季节、大气温度和湿度等有关，很难精确确定，通常是根据所在地区的观测条件取一平均折光系数值。一般把折光曲线近似看成半径为 $R'$（$R'=7R$）的圆弧，则：

$$f_2 = \frac{S_{AB}^2}{2R'} = \frac{S_{AB}^2}{14R} = 0.07\frac{S_{AB}^2}{R} \qquad (6-37)$$

由图 6-18 可见，在考虑地球曲率和大气折光的影响后，$A$、$B$ 两点的高差为：

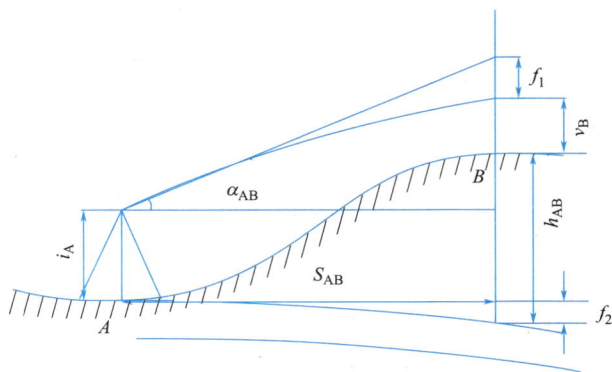

**图 6-18　地球曲率和大气折光对三角高程的影响**

$$h_{AB} = S_{AB}\tan\alpha_{AB} + f_2 + i_A - v_B - f_1 \tag{6-38}$$

令 $f = f_2 - f_1$，$f$ 为球气差改正，则有：

$$f = 0.43\frac{S_{AB}^2}{R} \tag{6-39}$$

将公式（6-37）代入公式（6-36）得：

$$h_{AB} = s_{AB}\tan\alpha_{AB} + 0.43\frac{s_{AB}^2}{R} + i_A - v_B \tag{6-40}$$

公式（6-40）即为考虑球气差影响的三角高程计算基本公式。

如果在 $A$、$B$ 两点间进行对向观测，当 $A$ 为已知高程点，$B$ 为未知高程点时，由测站 $A$ 观测 $B$ 点为直觇，其高差计算使用公式（6-38）。由测站 $B$ 观测 $A$ 点则为反觇，其高差计算公式为：

$$h_{BA} = s_{AB}\tan\alpha_{BA} + 0.43\frac{s_{BA}^2}{R} + i_B - v_A \tag{6-41}$$

式中，$s_{BA}$——$A$、$B$ 两点间的平距，$s_{BA} = s_{AB}$；

　　　$\alpha_{BA}$——$B$ 点向 $A$ 点测得的竖直角；

　　　$R$——地球平均曲率半径；

　　　$i_B$——$B$ 点的仪器高；

　　　$v_A$——$A$ 点处觇标高。

根据公式（6-38）和公式（6-39），取直、反觇高差的平均值，可得对向观测计算高差的基本公式为：

$$h_{中} = \frac{1}{2}(h_{AB} - h_{BA}) = \frac{1}{2}s(\tan\alpha_{AB} - \tan\alpha_{BA}) + \frac{1}{2}(i_A - v_B) - \frac{1}{2}(i_B - v_A) \tag{6-42}$$

由公式（6-42）可知，三角高程测量采用对向观测可以抵消球气差的影响。

## 小结 🔍

本节介绍了控制测量分类及其等级，导线测量的布设形式、外业施测和内业计算，三、四等水准测量，三角高程测量等。学生应重点掌握导线测量外业主要工作中踏勘设计、选点埋标、角度测量、边长测量，内业计算中角度闭合差的计算与配赋、坐标方位角的计算、坐标增量的计算及其闭合差的计算与配赋、导线点坐标的计算，四等水准测量的外业观测和内业计算。理解三角高程测量的原理，学会运用三角高程测量。

## 思考题

1. 国家平面控制网是采用什么方法建立的？分为几个等级？

2. 导线布设通常有哪几种形式？其外业工作有哪些？

3. 在什么情况需建立测区独立控制网？

4. 简述闭合导线内业计算的步骤。

5. 闭合导线与附合导线有哪些异同点？

6. 交会定点有哪几种形式？

7. 用单三角形求未知点的坐标需要哪些观测数据？它与前方交会方法有何异同点？

8. 用戎格（余切）公式进行前方交会计算时，图形编号有何规定？并说明计算步骤。

9. 求侧方交会点的坐标需要观测哪些数据？它与前方交会有何不同？

10. 距离交会的观测值是什么？

11. 后方交会计算时应注意哪些问题？

12. 已知 $\alpha_{AB}=89°12'01''$，$x_B=3065.347$m，$y_B=2135.265$m，坐标推算路线为 $B\rightarrow 1\rightarrow 2$，测得坐标推算路线的右角分别为 $\beta_B=32°30'12''$，$\beta_1=261°06'16''$，水平距离分别为 $D_{B1}=123.704$m，$D_{12}=98.506$m，试计算 1，2 点的平面坐标。

13. 根据下表所列数据，试计算闭合导线各点的坐标。

| 点号 | 观测角（右）<br>（° ′ ″） | 坐标方位角<br>（° ′ ″） | 边长<br>（m） | 坐标值（m） | | 备注 |
|---|---|---|---|---|---|---|
| | | | | $x$ | $y$ | |
| 1 | | | | 1000.00 | 10C0.00 | |
| | | 100 12 01 | 129.34 | | | |
| 2 | 73 00 12 | | | | | |
| | | | 80.18 | | | 1~4点位<br>顺时针排列 |
| 3 | 107 48 30 | | | | | |
| | | | 105.22 | | | |
| 4 | 89 36 30 | | | | | |
| | | | 78.16 | | | |
| 1 | 89 33 48 | | | | | |

14. 完成下表四等水准测量的测站计算。

| 测站编号 | 点号 | 后尺 | 上丝 | 前尺 | 上丝 | 方向及尺号 | 水准尺读数 | | $K+黑$ $-红$ (mm) | 平均高差 (m) | 备注 |
|---|---|---|---|---|---|---|---|---|---|---|---|
| | | | 下丝 | | 下丝 | | 黑面 | 红面 | | | |
| | | 后视距 | | 前视距 | | | | | | | |
| | | 视距差 | | 累积差 $\Sigma d$ | | | | | | | |
| 1 | BM2~ZD1 | 1571 | | 0793 | | 后 01 | 1384 | 6171 | | | |
| | | 1197 | | 0417 | | 前 02 | 0551 | 5239 | | | $K01=4787$ |
| | | | | | | 后-前 | | | | | |
| | | | | | | | | | | | |
| 2 | ZD1~ZD2 | 2121 | | 2196 | | 后 02 | 1934 | 6621 | | | |
| | | 1747 | | 1821 | | 前 01 | 2008 | 6796 | | | |
| | | | | | | 后-前 | | | | | |
| | | | | | | | | | | | |

## Chapter 07

# 学习情境 7
# 测量误差的基本知识

**知识目标**

理解测量误差的概念及其产生原因。

掌握测量误差的分类及减小误差的方法。

**能力目标**

学会分析误差产生的原因并学会运用相应方法减小误差。

熟知误差指标衡量观测值精度。

**思政目标**

培养认真细致的工作精神,弘扬精益求精的专业精神、职业精神、工匠精神和劳模精神。

## 情境链接

### 东方明珠广播电视塔

东方明珠广播电视塔，简称"东方明珠"，位于上海市浦东新区陆家嘴世纪大道1号，地处黄浦江畔，背拥陆家嘴地区现代化建筑楼群，与隔江的外滩万国建筑博览群交相辉映，始建于1994年10月1日，是集都市观光、时尚餐饮、购物娱乐、历史陈列、浦江游览、会展演出、广播电视发射等多功能于一体的上海市标志性建筑之一。截至2019年，为亚洲第六高塔、世界第九高塔（图7-1）。

图7-1 东方明珠广播电视塔

东方明珠广播电视塔主体为多筒结构，由3根斜撑、3根立柱及广场、塔座、下球体、5个小球体、上球体、太空舱、发射天线桅杆等构成，总高468m，总建筑面积达10万 $m^2$。

1995年，东方明珠广播电视塔被评为上海十大新景观之一。1999年，东方明珠广播电视塔获上海市优秀勘察设计一等奖、中国土木工程詹天佑奖。2007年5月8日，东方明珠广播电视塔被中华人民共和国国家旅游局批准为国家AAAAA级旅游景区。

东方明珠广播电视塔在建造过程中难免会出现两次观察值不一样的情况，这就是误差。

# 7.1 测量误差概念

**1. 测量误差及产生的原因**

每一个物理量都是客观存在，在一定的条件下具有不以人的意志为转移的客观大小，人们将它称为该物理量的真值。进行测量是想要获得待测量的真值。然而测量要依据一定的理论或方法，使用一定的仪器，在一定的环境中，由具体的人进行。由于实验理论上存在着近似性，方法上难以很完善，实验仪器灵敏度和分辨能力有局限性，周围环境不稳定等因素的影响，待测量的真值是不可能测得的，测量结果和被测量真值之间总会存在或多或少的偏差，这种偏差就叫做测量值的误差。

测量误差的产生来源于多方面，概括起来有以下三个方面。

（1）仪器设备误差

测量工作是利用测量仪器进行的，而每一种测量仪器都具有一定的精确度，因此会使测量结果受到一定的影响。例如，钢尺的实际长度和名义长度总存在差异，由此所测的长度总存在尺长误差。再如水准仪的视准轴不平行于水准管轴，会产生 $i$ 角误差。

（2）观测者误差

由于观测者感觉器官的鉴别能力存在一定的局限性，所以，对仪器的对中、整平、瞄准、读数等操作都会产生误差。例如，在厘米分划的水准尺上，由观测者估读毫米数，则1mm 以下的估读误差是完全有可能产生的。另外，观测者技术熟练程度、工作态度也会给观测成果带来不同程度的影响。

（3）环境影响误差

由于观测时所处的外界环境中的温度、湿度、风力、气压、大气折光等客观条件时刻在变化，也会使测量结果产生误差。例如，温度变化使钢尺产生伸缩，大气折光使望远镜的瞄准产生偏差，阳光暴晒使水准气泡偏移等。

人、仪器和外界条件是测量工作进行的必要条件，因此，测量成果中的误差是不可避免的。

上述三方面，都称为观测条件。在观测条件相同时进行的观测称为等精度观测。观测条件相同，是指观测仪器精度等级相同，观测者技术水平鉴别能力相似，外界条件基本相同、没有大的变化等。否则称为不等精度观测。

**2. 测量误差的分类**

测量工作中产生的各种误差，按照对观测成果的影响性质，测量误差主要分为三大类：系统误差、随机误差、粗大误差。

（1）系统误差

在相同的观测条件下，对观测量进行一系列的观测，若误差的大小及符号相同，或按一定的规律变化，那么这类误差称为系统误差。例如用一把名义为 30m 长，而实际长度为 30.008m 的钢尺丈量距离，每量一尺段就要少量 8mm，该 8mm 的误差在数值和符号上都是固定的，且随着尺段数的增加呈积累性。系统误差对测量成果影响较大，且具有积累性，应尽可能消除或减小到最低程度，常用的处理方法有：

1）校验仪器，把系统误差降低到最低程度，如降低指标差等。

2）加改正数，在观测结果中加入系统误差改正数，如尺长改正等。

3）采用适当的观测方法，使系统误差相互抵消或减弱。如测水平角时采用盘左、盘右观测消除视准误差，测竖直角时采用盘左、盘右观测消除指标差，采用前后视距相等来消除水准仪 $i$ 角误差等。

（2）偶然误差

在相同的观测条件下，对观测量进行一系列的观测，若误差的大小及符号从表面看没有规律，表现出偶然性，这类误差称为偶然误差。偶然误差是诸多人力所不能控制的因素（例如人眼的分辨能力、气象因素等）所引起的测量误差，是不可避免的。

偶然误差是不可避免的。为了提高观测成果的质量，常用的方法是采用多余观测结果的算术平均值作为最后观测结果。例如一段距离用往返丈量，如将往测作为必要观测，则返测就属于多余观测。

在观测中，系统误差和偶然误差通常总是同时产生的，当系统误差设法消除和减弱后，决定观测精度的关键就是偶然误差。因此，在测量误差理论中主要是讨论偶然误差。

除上述两类误差外，还可能发生错误，也称粗差，如记错、读错等。这主要由于观测者本身疏忽造成。粗差不属于误差范畴，但它会影响测量成果的可靠性，测量时必须遵守测量规范，要认真操作，随时检查，并进行结果校核，杜绝错误发生。

（3）粗大误差

超出在规定条件下预期的误差叫粗大误差。也就是说，在一定的测量条件下，测量结果明显地偏离了真值。读数错误、测量方法错误、测量仪器有严重缺陷等原因，都会导致产生粗大误差。粗大误差明显地歪曲了测量结果，应予剔除，所以，对应于粗大误差的测量结果称异常数据或坏值。所以，在进行误差分析时，要估计的误差通常只有系统误差和随机误差两类。

## 7.2 偶然误差的特性

就单个偶然误差而言，其大小和符号都没有规律性，但就其总体而言却呈现出一定的统计规律，是服从正态分布的随机变量。即在相同观测条件下，大量偶然误差分布表现出一定的统计规律性。

在相同的观测条件下，对一个三角形进行 162 次观测，由于观测值带有偶然误差，故三角形内角观测值之和不等于真值 180°。设三角形内角观测值之和为 $l_i$，三角形内角和的真值为 180°，则三角形内角和的真误差 $\Delta_i$ 由下式算出。

$$\Delta_i = 180° - l_i (i = 1, 2, \cdots, n)$$

若取误差区间间隔 $d\Delta = 3''$，将上述 162 个真误差按其正负号与数值大小排列，统计误差出现在各个区间的个数 $k$，计算其相对个数 $k/n$（此处 $n = 162$），$k/n$ 称为误差出现的频率。其偶然误差的统计见表 7-1。

真误差绝对值大小统计表　　　　　　　　　　　　　　　表 7-1

| 误差区间 ($''$) | 正误差 | | 负误差 | | 合计 | |
|---|---|---|---|---|---|---|
| | 个数 $k$ | 频率 $k/n$ | 个数 $k$ | 频率 $k/n$ | 个数 $k$ | 频率 $k/n$ |
| 0~3 | 21 | 0.130 | 21 | 0.130 | 42 | 0.260 |
| 3~6 | 19 | 0.117 | 19 | 0.117 | 38 | 0.234 |
| 6~9 | 12 | 0.074 | 15 | 0.093 | 27 | 0.167 |
| 9~12 | 11 | 0.068 | 9 | 0.056 | 20 | 0.124 |

续表

| 误差区间 (") | 正误差 | | 负误差 | | 合计 | |
|---|---|---|---|---|---|---|
| | 个数 $k$ | 频率 $k/n$ | 个数 $k$ | 频率 $k/n$ | 个数 $k$ | 频率 $k/n$ |
| 12～15 | 8 | 0.049 | 9 | 0.056 | 17 | 0.105 |
| 15～18 | 6 | 0.037 | 5 | 0.030 | 11 | 0.067 |
| 18～21 | 3 | 0.019 | 1 | 0.006 | 4 | 0.025 |
| 21～24 | 2 | 0.012 | 1 | 0.006 | 3 | 0.018 |
| 24 以上 | 0 | 0 | 0 | 0 | 0 | 0 |
| Σ | 82 | 0.506 | 80 | 0.494 | 162 | 1.000 |

从表 7-1 可以看出，偶然误差表现出某种共同的规律性，这一规律性不是表现在每一单个误差上，而是表现在一组观测误差列上，在误差理论中称这种规律性为统计规律性。通过对大量观测数据的误差分析，可以总结出偶然误差具有以下四个特性：

1. 有限性：在一定的观测条件下，偶然误差的绝对值不超过一定的限值；

2. 聚中性：绝对值较小的误差比绝对值较大的误差出现的机会多；

3. 对称性：绝对值相等的正、负误差出现的机会大致相等；

4. 抵消性：随着观测次数的无限增加，偶然误差的算术平均值趋近于零。即：

$$\lim_{n\to\infty} \frac{[\Delta]}{n} = 0 \tag{7-1}$$

误差的分布情况，除了采用表 7-1 的形式表达外，还可用图形来表达。以横坐标表示误差的正负和大小，以纵坐标表示各区间内误差出现的频率 $k/n$ 除以区间的间隔值 $d\Delta$，即 $k/nd\Delta$。根据表 7-1 的数据绘制出图 7-2。每一个误差区间上长方条面积就代表误差出现在该区间内的频率，这种图称为直方图，它形象地表示误差分布情况。

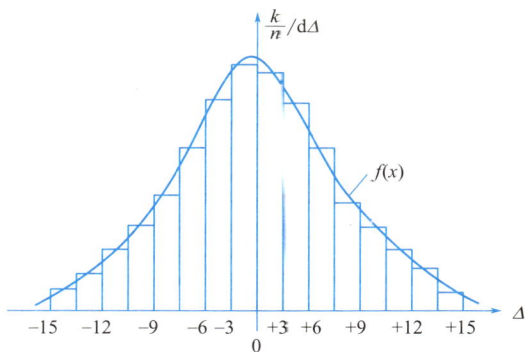

图 7-2　正态分布曲线

当在相同观测条件下，随着观测个数的无限增多，$n\to\infty$，同时又无限缩小误差的区间值 $d\Delta$，误差出现在各区间的频率也就趋于一个确定的数值，这就是误差出现在各区间的频率。也就是说在一定的观测条件下，对应着一种确定的误差分布，若 $n\to\infty$，$d\Delta\to0$，图 7-2 中各长方条顶边的折线将逐渐变成一条光滑的曲线，该曲线在概率学中称为正态分布曲线，又称为误差分布曲线，它完整地表示了偶然误差出现的概率。

由此可见，偶然误差的频率分布随着 $n$ 的逐渐增大，都是以正态分布为其极限的，正态分布曲线的数学方程式为：

$$f(\Delta) = \frac{1}{\sqrt{2\pi}\sigma} e^{-\frac{\Delta^2}{2\sigma^2}} \tag{7-2}$$

式中，$\pi=3.1416$，$e=2.7183$，$\sigma$ 为标准差。

标准差的平方 $\sigma^2$ 为方差。方差为偶然误差平方的理论平均值。

$$\sigma^2=\lim_{n\to\infty}\frac{\Delta_1^2+\Delta_2^2+\cdots+\Delta_n^2}{n}=\lim_{n\to\infty}\frac{[\Delta\Delta]}{n} \tag{7-3}$$

则标准差为：

$$\sigma=\pm\lim_{n\to\infty}\sqrt{\frac{[\Delta\Delta]}{n}} \tag{7-4}$$

标准差的大小决定于在一定条件下偶然误差出现的绝对值的大小，当出现有较大绝对值的偶然误差时，在标准差 $\sigma$ 中会得到明显的反应。

# 7.3 衡量精度的标准

所谓精度，就是指误差分布的离散程度。精度的高低，是对不同的观测组而言的，对于同一组的若干个观测值，每个观测值的精度都相同。在相同观测条件下进行的一组观测，它对应着一种确定的误差分布。如果误差在零附近分布较为密集，则表示该组观测质量较好，也可以说该组观测精度较高。反之，误差分布较为离散，该组观测质量较差，也就是该组观测精度较低。在评定观测值精度的方法中，我国采用中误差作为评定观测精度的标准，另外还有极限误差和相对误差等。

### 1. 中误差

为了统一衡量在一定观测条件下观测结果的精度，取标准差 $\sigma$ 作为依据是比较理想的。不同的 $\sigma$ 对应着不同形状的分布曲线，$\sigma$ 越小，曲线越陡；$\sigma$ 越大，曲线越缓，$\sigma$ 的大小能反映精度的高低，故多用标准差来衡量精度的高低。但是，在实际测量工作中，不可能对某一量做无限多次的观测，因此，定义按有限次数观测值的真误差求得标准差 $\sigma$ 的估值称为"中误差"，通常以 $m$ 表示。

在相同的观测条件下，对同一未知量进行 $n$ 次观测，观测值分别为 $l_1$、$l_2\cdots l_n$，其观测值的真误差分别为 $\Delta_1$、$\Delta_2\cdots\Delta_n$。取各真误差平方平均值的平方根，即为中误差 $m$。

$$m=\pm\sqrt{\frac{\Delta_1^2+\Delta_2^2+\cdots+\Delta_n^2}{n}}=\pm\sqrt{\frac{[\Delta\Delta]}{n}} \tag{7-5}$$

表 7-2 是对 10 个三角形的三个内角进行了两组观测，根据观测值的真误差（三角形的角度闭合差），求得中误差。由计算得出，第二组观测值的中误差 $m_2$ 大于第一组观测值的中误差 $m_1$，说明第二组观测值相对来说精度较低。

### 2. 极限误差

由偶然误差的第一特性得到，在等精度观测条件下，偶然误差的绝对值不会超过一定的限值。根据误差理论和实践证明，在大量等精度观测的一组误差中，误差落在 $(-m,+m)$、$(-2m,+2m)$、$(-3m,+3m)$ 的概率分别为：

$$P(|\Delta|<m)\approx68.3\%;$$
$$P(|\Delta|<2m)\approx95.4\%;$$
$$P(|\Delta|<3m)\approx99.7\%;$$

可见绝对值大于三倍中误差的偶然误差出现的概率仅有 0.3%，绝对值大于两倍中误差的偶然误差出现的概率约占 5%，因此通常以两倍中误差作为偶然误差的极限值，并称为极限误差或容许误差：

$$\Delta_{容}=2m$$

在测量工作中，如某观测量的误差超过了容许误差，就可以认为是错误的，其观测值应舍去重测。

按观测值的真误差计算中误差 表 7-2

| 次序 | 第一组观测 | | | 第二组观测 | | |
|---|---|---|---|---|---|---|
| | 观测值 $l_i$ (° ′ ″) | 真误差 $\Delta_i$ (″) | $\Delta\Delta$ | 观测值 $l_i$ (° ′ ″) | 真误差 $\Delta_i$ (″) | $\Delta\Delta$ |
| 1 | 180 00 03 | −3 | 9 | 180 00 00 | 0 | 0 |
| 2 | 180 00 02 | −2 | 4 | 179 59 59 | +1 | 1 |
| 3 | 179 59 58 | +2 | 4 | 180 00 07 | −7 | 49 |
| 4 | 179 59 56 | +4 | 16 | 180 00 02 | −2 | 4 |
| 5 | 180 00 01 | −1 | 1 | 180 00 01 | −1 | 1 |
| 6 | 180 00 00 | 0 | 0 | 179 59 59 | +1 | 1 |
| 7 | 180 00 04 | −4 | 16 | 179 59 52 | +8 | 64 |
| 8 | 179 59 57 | +3 | 9 | 180 00 00 | 0 | 0 |
| 9 | 179 59 58 | +2 | 4 | 179 59 57 | +3 | 9 |
| 10 | 180 00 03 | −3 | 9 | 180 00 01 | −1 | 1 |
| Σ | | 24 | 72 | | 24 | 130 |
| 中误差 | $m_1=\pm\sqrt{\frac{[\Delta\Delta]}{n}}=\pm\sqrt{\frac{72}{10}}=\pm2.7''$ | | | $m_2=\pm\sqrt{\frac{[\Delta\Delta]}{n}}=\pm\sqrt{\frac{130}{10}}=\pm3.6''$ | | |

### 3. 相对误差

衡量测量成果的精度高低，有时单靠中误差还不能完全表达测量结果的质量。例如，用钢尺丈量 100m 和 200m 的两段距离，中误差均为 ±2cm。虽然它们的中误差相同，但不能认为两者的精度一样。因为量距误差与丈量的长度有关，因此，当观测量的精度与观测量本身大小相关时，我们应用精度指标——相对误差来衡量。

相对误差是用误差的绝对值与观测值之比来衡量精度高低的，相对误差是一个无名数。在测量中一般将分子化为 1，即用 $1/N$ 来表示。相对误差的分母 $N$ 越大，精度越高。上述两段距离，其相对中误差分别为：

$$K_1=\frac{0.02}{100}=\frac{1}{5000}$$

$$K_2=\frac{0.02}{200}=\frac{1}{10000}$$

显然后者测量的精度高。

## 7.4 算术平均值的计算及精度评定

### 1. 算术平均值

在等精度的观测条件下，对某未知量进行 $n$ 次观测，其观测值分别为 $l_1$、$l_2 \cdots l_n$，将这些观测值取算术平均值，作为该量的最优估值，称为"最或是值"，即：

$$\overline{x} = \frac{l_1 + l_2 + \cdots + l_n}{n} = \frac{[l]}{n} \tag{7-6}$$

下面以偶然误差的特性来探讨算术平均值 $x$ 作为某量的最或是值的合理性和可靠性。设某一量的真值为 $X$，其观测值为 $l_1$、$l_2 \cdots l_n$，则相应的真误差为 $\Delta_1$、$\Delta_2 \cdots \Delta_n$，则有：

$$\begin{cases} \Delta_1 = X - l_1 \\ \Delta_2 = X - l_2 \\ \vdots \\ \Delta_n = X - l_n \end{cases} \tag{7-7}$$

将上列等式相加，并除以 $n$ 得到：

$$\frac{[\Delta]}{n} = X - \frac{[l]}{n} \tag{7-8}$$

根据偶然误差的第四个特性，当观测次数 $n \to \infty$ 时，$\frac{[\Delta]}{n} \to 0$，即：

$$\lim_{n \to \infty} \frac{[\Delta]}{n} = 0$$

也就是说，当观测次数无限增大时，观测值的算术平均值 $\overline{x}$ 趋近于该量的真值 $X$。但在实际工作中，不可能对某一量进行无限次的观测，因此，就把有限个观测值的算术平均值作为该量的最或是值。

### 2. 观测值的改正数

设对某量进行等精度观测，观测值分别为 $l_1$、$l_2 \cdots l_n$。观测值的算术平均值为 $\overline{x}$，$v$ 表示改正数，则有：

$$\begin{cases} v_1 = \overline{x} - l_1 \\ v_2 = \overline{x} - l_2 \\ \vdots \\ v_n = \overline{x} - l_n \end{cases} \tag{7-9}$$

将上列等式相加，得：

$$[v] = n\overline{x} - [l] \tag{7-10}$$

把公式（7-6）代入上式得：

$$[v] = n\frac{[l]}{n} - [l] = 0 \tag{7-11}$$

因此，在相同观测条件下，一组观测值的改正数之和恒等于零。这个结论常用于检核计算。

### 3. 用改正数计算中误差估值

在前面讲到中误差 $m$ 的定义时，需要用到已知观测值的真误差 $\Delta$，但在实际工作中，由于未知量的真值往往是未知的，所以真误差也就无法求得，因此不能直接利用公式（7-5）求得中误差。但未知量的算术平均值是可以求得的，可用算术平均值代替真值，用改正数代替真误差，由误差理论可得中误差估值计算公式为：

$$m = \pm \sqrt{\frac{[vv]}{n-1}} \tag{7-12}$$

表 7-3 为对某一水平角，在等精度的条件下进行了 5 次观测，求得算术平均值及观测值的中误差。

按观测值改正数计算中误差　　　　　　　　　　　　　　　表 7-3

| 次数 | 观测值 $l_i$<br>（°　′　″） | 改正数 $v_i$<br>（″） | $vv$ | 计算算术平均值 |
|---|---|---|---|---|
| 1 | 35　42　49 | −4 | 16 | |
| 2 | 35　42　40 | +5 | 25 | 算术平均值 |
| 3 | 35　42　42 | +3 | 9 | $\bar{x} = \dfrac{[l]}{n} = 35°42'45''$ |
| 4 | 35　42　46 | −1 | 1 | 观测值中误差 |
| 5 | 35　42　48 | −3 | 9 | $m = \pm\sqrt{\dfrac{[vv]}{n-1}} = \pm\sqrt{\dfrac{60}{4}} = \pm 3.87''$ |
| $\sum$ | | 0 | 60 | |

## 7.5　误差传播定律

前面介绍了对某量（例如一个角度、一段距离）直接进行多次观测，通过求得最或是值，计算观测值的中误差，作为衡量精度的标准。但是在测量工作中，某些未知量不可能或不便于直接进行观测，而需要由另一些直接观测量根据一定的数学公式（函数关系）计算而得，因此，称这些量为观测值的函数。由于观测值中含有误差，使函数受其影响也含有误差，阐述独立观测值中误差与函数值中误差之间关系的定律，称之为误差传播定律。

### 1. 线性函数的中误差

设有线性函数

$$Z = k_1 x_1 \pm k_2 x_2 \pm \cdots \pm k_n x_n \tag{7-13}$$

式中，$k_1$、$k_2 \cdots k_n$——任意常数；

$x_1$、$x_2 \cdots x_n$——独立观测值。

设备独立观测值 $x_1$、$x_2 \cdots x_n$ 的中误差为 $m_1$、$m_2 \cdots m_n$，则函数 $Z$ 的中误差 $m_z$ 为：

$$m_z^2 = (k_1 m_1)^2 + (k_2 m_2)^2 + \cdots + (k_n m_n)^2 \tag{7-14}$$

即观测值函数中误差的平方，等于常数与相应观测值中误差乘积的平方和。

也可以写成：

$$m_Z = \pm\sqrt{(k_1 m_1)^2 + (k_2 m_2)^2 + \cdots + (k_n m_n)^2} \tag{7-15}$$

例：分段丈量一直线上两段距离 $AB$、$BC$，丈量结果及其中误差为 $AB = 180.15\text{m} \pm 0.10\text{m}$，$BC = 200.18\text{m} \pm 0.13\text{m}$，试求直线全长 $AC$ 及其中误差。

解：$AC = AB + BC = 180.15\text{m} + 200.18\text{m} = 380.33\text{m}$

$$m_{AC} = \pm\sqrt{m_{AB}^2 + m_{BC}^2} = \pm\sqrt{0.10^2 + 0.13^2} = \pm 0.17(\text{m})$$

例：对某一量 $X$ 进行了 $n$ 次等精度观测，各次观测中误差为 $m$，求其算术平均值的中误差 $M$。

解：算术平均值可以写成：

$$\bar{x} = \frac{l_1 + l_2 + \cdots + l_n}{n} = \frac{1}{n}l_1 + \frac{1}{n}l_2 + \cdots + \frac{1}{n}l_n$$

根据公式（7-15）得到算术平均值中误差 $M$ 为：

$$M = \pm\sqrt{\left(\frac{1}{n}m_1\right)^2 + \left(\frac{1}{n}m_2\right)^2 + \cdots + \left(\frac{1}{n}m_n\right)^2}$$

由于进行的是等精度观测，各次观测中误差均为 $m$。由此得到算术平均值中误差为：

$$M = \pm\frac{m}{\sqrt{n}} = \pm\frac{1}{\sqrt{n}}m \tag{7-16}$$

由此可见，算术平均值的中误差是观测值中误差的 $\frac{1}{\sqrt{n}}$。

### 2. 一般函数的中误差

设有一般函数：

$$Z = f(x_1, x_2 \cdots x_n)$$

式中，$x_1$、$x_2 \cdots x_n$——独立观测值。

设各独立观测值 $x_1$、$x_2 \cdots x_n$ 的中误差为 $m_1$、$m_2 \cdots m_n$，则函数 $Z$ 的中误差 $m_z$ 为

$$m_z = \pm\sqrt{\left(\frac{\partial_f}{\partial x_1}\right)^2 m_{x_1}^2 + \left(\frac{\partial_f}{\partial x_2}\right)^2 m_{x_2}^2 + \cdots + \left(\frac{\partial_f}{\partial x_n}\right)^2 m_{x_n}^2} \tag{7-17}$$

即一般函数中误差的平方等于该函数对每个观测值取偏导数后与相应观测值中误差乘积的平方之和。

例：已知某导线一条边 $D = 150.11m \pm 0.05m$，该边的方位角 $\alpha = 119°50'00'' \pm 20.6''$，试求其横坐标增量 $\Delta y$ 的中误差。

解：列出函数关系式：

$$\Delta y = D\sin\alpha$$

对各观测值取偏导数：

$$\frac{\partial_f}{\partial_D} = \sin\alpha, \frac{\partial_f}{\partial\alpha} = D\cos\alpha$$

由公式（7-17）得：

$$m_{\Delta y} = \pm \sqrt{\left(\frac{\partial_f}{\partial_D}\right)^2 m_D^2 + \left(\frac{\partial_f}{\partial_\alpha}\right)^2 m_\alpha^2}$$

$$= \pm \sqrt{(\sin\alpha)^2 m_D^2 + (D\cos\alpha)^2 m_\alpha^2}$$

$$= \pm \sqrt{(0.8675)^2 \times 5^2 + (150.11 \times 0.4975)^2 \times \left(\frac{20.6''}{206265''}\right)^2}$$

$$= \pm 4.4 (\text{cm})$$

## 小结

本节介绍了误差的概念、产生原因、类型及特性；介绍了中误差、极限误差和相对误差等衡量精度的指标；推导和阐述了几种常用函数的误差传播规律；是测量平差的基础知识。

根据误差性质，观测误差分为系统误差和偶然误差两种。应深刻理解偶然误差的四个特性。中误差是测量学中很重要的一个概念，它可以真实地反映观测值的精度，它是各观测值真误差 $\Delta_i$ 平方和的平均值的平方根。误差传播定律揭示了观测值中误差与观测值函数中误差间的内在规律，它对于解决测量具体问题有着一定的现实意义。为此应掌握并熟练地运用误差传播定律，学会分析和解决实际工作中，观测值误差与函数误差之间传播规律的方法。

## 思考题

1. 观测值中为什么存在误差？如何发现？

2. 偶然误差与系统误差有何区别？偶然误差具有哪些特性？

3. 什么是中误差、容许误差和相对误差？

4. 为什么说等精度观测时，算术平均值是最或然值？

5. 在一组等精度观测中，观测值中误差与算术平均值中误差有什么区别？

6. 说明在什么情况下采用中误差衡量测量的精度？在什么情况下则用相对误差？

7. 等精度观测了某角 4 个测回，各测回观测值分别为 $123°17'24''$、$128°17'48''$、$128°17'54''$ $128°17'30''$ $128°17'36''$、$128°17'42''$ $128°17'30''$ $128°17'36''$ $123°17'30''$ $128°17'42''$。试求该角度的算术平均值 $\overline{x}$，一测回观测值的中误差 $m$ 和算术平均值的中误差 $M$。

8. 等精度丈量了某段距离 6 次，各次长度列于表 7-4。试求该段距离的算术平均值 $\overline{x}$、观测值的中误差 $m$、算术平均值的中误差 $M$ 及其相对中误差 $K$。

距离丈量记录计算表　　　　　　　　　　　　　　　　表 7-4

| 次序 | 观测值 $l$（m） | 改正数 $v$（cm） | $vv$ | 计算 $\overline{x}$、$m$、$M$、$K$ |
|---|---|---|---|---|
| 1 | 246.52 | | | |
| 2 | 246.48 | | | |
| 3 | 246.56 | | | |

| 次序 | 观测值 $l$(m) | 改正数 $v$(cm) | $vv$ | 计算 $\bar{x}$、$m$、$M$、$K$ |
|------|---------------|----------------|------|---------------------------------|
| 4 | 246.46 | | | |
| 5 | 246.40 | | | |
| 6 | 246.58 | | | |

9. 对于某一矩形场地，量得其长度 $a=15m\pm0.003m$，宽度 $b=20m\pm0.004m$，试求该矩形场地的周长 $S$ 及其中误差 $m_S$，面积 $P$ 及其中误差 $m_P$。

10. 为求得一正方形建筑物的周长，可采用以下两种方法：

（1）丈量其中一条边长，然后乘以 4；

（2）丈量所有 4 条边长，然后相加。

设丈量各边长的中误差均为 $\pm4cm$，试求两种方法所得周长的中误差。

# 学习情境 8

Chapter **08**

## 地形图测绘

**知识目标**

理解比例尺的概念。

掌握典型地貌等高线的特征。

掌握地形图、平面图和地图的概念。

**能力目标**

熟知大比例尺地形图测绘方法和地形图数字测绘方法。

学会地形图的基本应用。

**思政目标**

培养学生树立正确的价值取向，爱护仪器，弘扬爱国主义精神。

### 世界等级最高的高铁——京沪高铁

京沪高速铁路，简称京沪高铁，又名京沪客运专线，是一条连接北京市与上海市的高速铁路，是2016年修订的《中长期铁路网规划》中"八纵八横"高速铁路主通道之一。

京沪高速铁路将是世界上一次建成线路最长、标准最高的高速铁路，也是中华人民共和国成立以来投资规模最大的建设项目。

京沪高速铁路由北京南站至上海虹桥站，全长1318km，设计的最高速度为380km/h。全线共设24个车站，五大始发站分别为北京南站、天津西站、济南西站、南京南站、上海虹桥站。这些站点的设计就用到了地形图测绘的知识。

## 8.1 地形图基本知识

在工程建设的各个阶段，一般都要使用地形图。在某些情况下，当现有地形图的内容、比例尺或现实性等不能满足工程应用的需要时，则需要进行专门的地形测绘，包括水下地形测绘。地形图测绘工作遵循"从整体到局部，先控制后碎部"的原则，根据测图的目的和要求并结合测区具体情况，首先逐级建立平面和高程控制，然后利用控制测量的成果来详细测绘地形图。

### 8.1.1 地形、地形图、平面图

地球表面有高低起伏变化的各种地貌，还有自然形成和人工构造的各种地物。地形就是地物和地貌的总称。在测区建立控制网后，根据控制点的位置，通过实地观测，按照一定的比例尺和规定的图式符号，将测区内地形以正射投影的方法缩绘在图纸上，这种表示地物和地貌的图称为地形图。只测地物不测地貌的图称为平面图。

### 8.1.2 比例尺、比例尺精度

在测绘地形图之前，先要明确测图比例尺的概念。比例尺就是图上某一线段的长度 $d$ 与地面上相应线段的水平距离 $D$ 之比，常以分子等于1的分数形式表示，即：

$$d/D = 1/M \tag{8-1}$$

式中，$M$——比例尺分母。

地形图比例尺可分为大、中、小三种。通常把1：500、1：1000、1：2000、1：5000的地形图称为大比例尺地形图，目前多采用全站仪或GPS RTK测量。主要用于道路工程建设的详细规划和设计。1：1万、1：2.5万、1：5万、1：10万的地形图称为中比例尺

地形图，采用航空摄影或航天遥感数字摄影测量，是国家基本地形图。1∶20 万、1∶50 万、1∶100 万比例尺的地形图称为小比例尺地形图，是根据较大比例尺地形图及各种资料编绘而成的。

根据比例尺的定义，在测图时可将实地的水平距离 $D$ 换算为图上长度 $d$，在用图时也可将图上长度 $d$ 换算为实地相应的水平距离 $D$，其公式为：

$$d=D/M \quad 或 \quad D=dM \tag{8-2}$$

正常情况，人眼在图纸上能分辨出的最小距离为 0.1mm，因此，在地形图上 0.1mm 所代表的实地水平距离称为地形图的比例尺精度。即：

$$比例尺精度=0.1M（mm） \tag{8-3}$$

比例尺精度对测图与用图都具有十分重要的意义。首先，根据测图比例尺，可以知道在地面上量距应精确到什么程度。如测绘 1∶2000 比例尺地形图时，其比例尺的精度为 0.1×2000（mm）＝0.2（m），因此测量地面上距离的绝对精度只需 0.2m。其次，也可按照地面距离的规定精度来确定采用多大比例尺的地形图。如果要求在图上能表示出地面上 0.5m 的细节，则由比例尺精度可知所用的测图比例尺应不小于 0.1/（0.5×1000）＝1/5000，也就是用 1∶5000 比例尺来测绘地形图就能满足要求。因此可知比例尺越大，表示地形变化的状况越详细，精度越高。所以测图比例尺应根据需要来确定。

## 8.1.3　地物地貌在图上的表示方法

### 1. 地物的表示方法

地面上的地物在地形图上都是用简明、准确、易于判断实物的符号表示的，这些符号称为地形图图式，由国家测绘主管部门统一编制、印刷发行。地形图图式的符号有比例符号、半比例符号和非比例符号。

（1）比例符号，是指将地物按照地形图比例尺缩绘到图上的地物符号。如房屋、农田、湖泊等。比例符号能表示地物的位置、形状和大小。

（2）半比例符号，是指将地物按照地形图比例尺缩小后，其长度能按照比例尺而宽度不能按照比例尺表示的地物符号。如公路、铁路、管道、电力或电信线路等呈延伸的带状地物的符号。

（3）非比例符号，是指将地物按照地形图比例尺缩小后，其长度和宽度都不能依比例尺表示出来的地物符号。如电杆、独立树、测量控制点等地物，按测图比例尺缩小后在图上无法表示出来，必须采用一种特定的符号来表示。

### 2. 地貌的表示方法

地貌，是指地球表面的各种起伏形态，它包括山地、丘陵、高原、平原、盆地等。一般可归纳为五种基本形状，包括山、山脊、山谷、鞍部、盆地如图 8-1（a）所示。

（1）山，较四周显著凸起的高地称为山。大的叫山峰。山的侧面叫山坡（斜坡）。山坡的倾斜度在 20°～45°的叫陡坡，几乎成竖直形态的叫峭壁。下部凹入的峭壁叫悬崖。山峰与平地相交处叫山脚。

（2）山脊，山的凸棱，由山顶伸延到山脚者叫山脊，山脊最高的棱线称山脊线（又称分水线）。

（3）山谷，两山脊之间的凹部称为山谷。两侧称谷坡，两谷坡相交部分叫谷底。谷底最低点连线称为山谷线（又称集水线）。谷地与平地相交处称谷口。

（4）鞍部，两个山顶之间的低洼处，形状像马鞍，称为鞍部或垭口。

（5）盆地（洼地），四周高中间低的地形叫盆地。最低处称盆底，盆地没有泄水道，水都停滞在盆地中最低处，湖泊实际上是汇集有水的盆地。

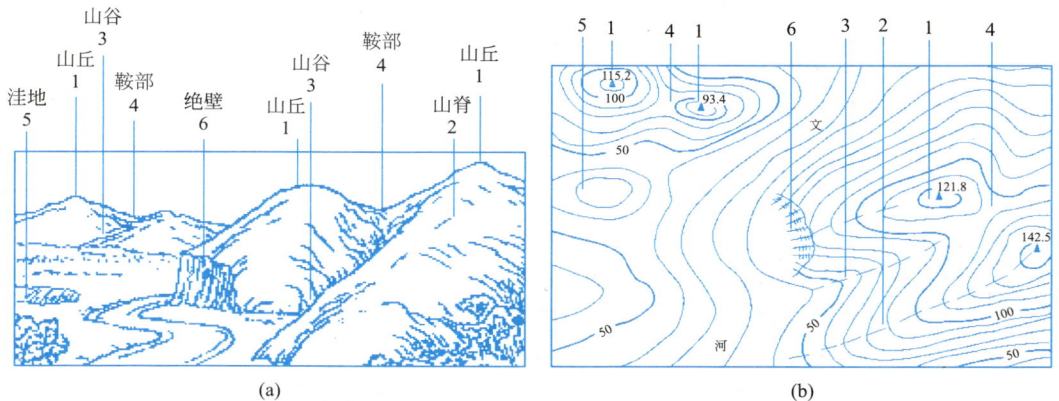

图 8-1　典型地貌图

地貌的形状，虽然千差万别，但实际都可以看作是一个不规则的曲面。这些曲面是由不同方向和不同倾斜度的平面所组成。两相邻倾斜面相交处即为棱线，这些棱线就是地貌的特征线或地性线，如山脊线、山谷线、山脚线、变坡线等。如果将这些棱线端点的高程和平面位置测出，则棱线的方向和坡度也就确定了。在地面坡度变化处的点，如山顶点、盆地中心点、鞍部最低点、谷口点、山脚点、坡度变换点等，都称为地貌特征点。

这些特征点和特征线就构成地貌的轮廓特征。在地貌测绘中，立尺点就应选择在这些特征点上，将这些特征点的平面位置测绘在图上，并注记它们的高程，这样地貌特征线的平面位置和坡度也就随之确定下来。

### 3. 等高线、等高距和等高线平距

测量工作中常用等高线来表示地貌。等高线就是地面上高程相同的相邻各点连接而成的闭合曲线。如图 8-1（b）所示。

相邻等高线之间的高差称为等高距，常以 $h$ 表示。在同一幅地形图上，等高距 $h$ 是相同的。

相邻等高线之间的水平距离称为等高线平距，常以 $d$ 表示。

$h$ 与 $d$ 的比值就是地面坡度。即：

$$i = \frac{h}{d \cdot M} \times 100\%$$

式中，$M$——比例尺分母。

坡度 $i$ 一般以百分数表示，向上为正、向下为负。因为同一张地形图的基本等高距 $h$ 是相同的，所以地面坡度 $i$ 与等高线平距 $d$ 的大小有关。等高线平距越小，地面坡度就越大。平距越大，则坡度越小。平距相等，则坡度相同。因此，可以根据地形图上等高线的疏、密来判定地面坡度的缓、陡。此外，采用不同比例尺在不同地貌区绘图，其基本等高

距选取也有所不同，见表 8-1。

测图基本等高距表　　　　　　　　　　　　　　　表 8-1

| 地形类别 | 不同比例尺的基本等高距(m) | | | |
|---|---|---|---|---|
| | 1：500 | 1：1000 | 1：2000 | 1：5000 |
| 平原区 | 0.5 | 0.5 | 1.0 | 2.0 |
| 微丘区 | 0.5 | 1.0 | 2.0 | 5.0 |
| 重丘区 | 1.0 | 1.0 | 2.0 | 5.0 |
| 山岭区 | 1.0 | 2.0 | 2.0 | 5.0 |

### 4. 等高线的分类

等高线根据绘图需要可分为以下几种，如图 8-2 所示。

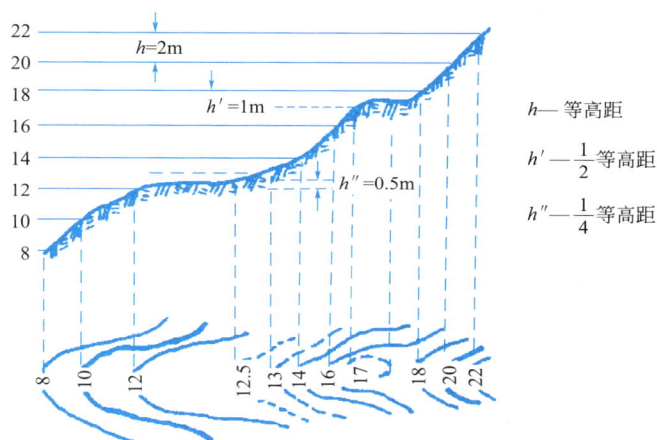

图 8-2　等高线分类示意

首曲线：在同一幅图上，按规定的基本等高距描绘的等高线称为首曲线，用细实线表示。

计曲线：凡是高程能被 5 倍基本等高距整除的等高线，称为计曲线。为了读图方便，计曲线要加粗描绘。

间曲线和助曲线，当首曲线不能很好地显示地貌的特征时，按二分之一基本等高距描绘的等高线称为间曲线，在图上用长虚线表示。有时为显示局部地貌的需要，按四分之一基本等高距描绘的等高线，称为助曲线，一般用短虚线表示。间曲线和助曲线可不闭合。

### 5. 等高线的特性

（1）等高性，同一条等高线上各点的高程相等。

（2）闭合性，等高线均为闭合曲线，如不在本幅图内闭合，也在相邻图幅内闭合。

（3）非交性，不同高程的等高线一般不相交。当等高线重迭时，表示陡坎或绝壁。

（4）正交性，山脊线（分水线）、山谷线（集水线）均与等高线垂直相交。

（5）密陡疏缓性，坡度陡的地方等高线密，坡度缓的地方等高线稀。

## 8.1.4 大比例尺地形图分幅和编号

**1. 大比例尺地形图分幅和编号**

大比例尺地形图一般采用正方形分幅和矩形分幅，它们是按统一的直角坐标格网划分的。其分幅的规格见表8-2。

大比例尺地形图分幅的规格　　　　　　　　　表8-2

| 比例尺 | 矩形分幅 | | 正方形分幅 | | |
|---|---|---|---|---|---|
| | 图幅大小(cm) | 实地面积(km²) | 图幅大小(cm) | 实地面积(km²) | 分幅数 |
| 1:5000 | 50×40 | 5 | 40×40 | 4 | 1 |
| 1:2000 | 50×40 | 0.8 | 50×50 | 1 | 4 |
| 1:1000 | 50×40 | 0.2 | 50×50 | 0.25 | 16 |
| 1:500 | 50×40 | 0.05 | 50×50 | 0.0625 | 64 |

正方形或矩形分幅的地形图的图幅编号，一般采用图廓西南角坐标公里数编号法。编号时，$x$坐标公里数在前，$y$坐标公里数在后。对于1:5000的地形图，西南角坐标值取至整公里，对于1:2000和1:1000的地形图，坐标值取至0.1km。对于1:500的地形图，坐标值取至0.01km。例如，某1:2000的地形图，西南角坐标值为$x=10000$m，$y=19000$m，其图号为10.0~19.0。

测区不大、图幅不多时，可在整个测区内按从上到下、从左到右采用流水数字顺序编号。也可采用行列编号，即将测区所有的图幅，以字母为行号，以数字为列号进行编号。

**2. 测图前的准备工作**

（1）准备图纸

现在施工单位已经用聚酯薄膜替代了传统的纸质图纸。薄膜图纸伸缩性小、无色透明、结实耐用、不怕潮湿、便于携带和保存。测图时，先在图板上垫一硬胶板和浅色薄纸，再将聚酯薄膜蒙在上面，用胶带纸固定在图板上。

（2）绘制坐标方格网

绘制坐标方格网的目的是将已知控制点精确地展绘在图纸上，以此为基础进行地形图测绘。坐标方格网常用对角线法和坐标格网尺来绘制。下面介绍坐标格网尺绘制坐标方格网的方法。

1）坐标格网尺

如图8-3所示，坐标格网尺是一种带有方孔的金属直尺，上有间隔为10cm的六个小孔，起始孔斜面边缘为一直线，并刻有一细线表示该尺的起点（或零点）。其余各孔斜面的边缘是以零点为圆心，以10cm、20cm、30cm、40cm和50cm为半径的弧线，尺子另一端距零点70.711cm，是边长为50cm的正方形对角线的长度。

2）用坐标格网尺绘制坐标方格网的方法

以绘制50cm×50cm方格网为例。如图8-4所示，先在图下方的合适位置绘一直线（见图8-4a），左端取一点$A$，使格网尺零点与之重合，并使格网尺各孔斜面中心均通过该直线，然后沿各孔斜边画弧线与直线相交，定出间距为10cm的1、2、3、4、$B$五个点。

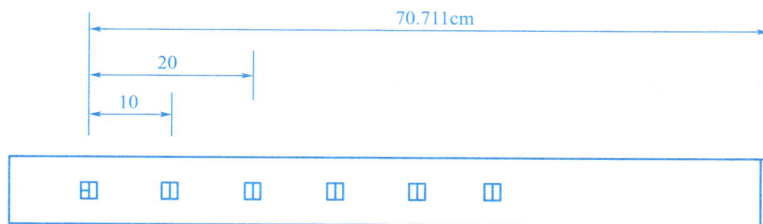

图 8-3　坐标格网尺示意

然后，将尺子的零点对准 $B$ 点，并使尺子大致与 $AB$ 直线垂直，再依次沿各孔斜边画弧线（见图 8-4b）。第三步，将尺子零点对准 $A$ 点，使尺子末端（70.711cm 处）斜边与右边最上短弧线相交，定出 $C$ 点，此时，连接 $BC$，该直线与各短弧线的交点即为右边各点（图 8-4c）。第四步，同样的方法，定出左边各点，并检查 $C$、$D$ 之间的距离是否为 50cm（图 8-4d、e）。最后，将上下、左右对应各点相互连接，绘制出 10cm×10cm 的坐标格网。

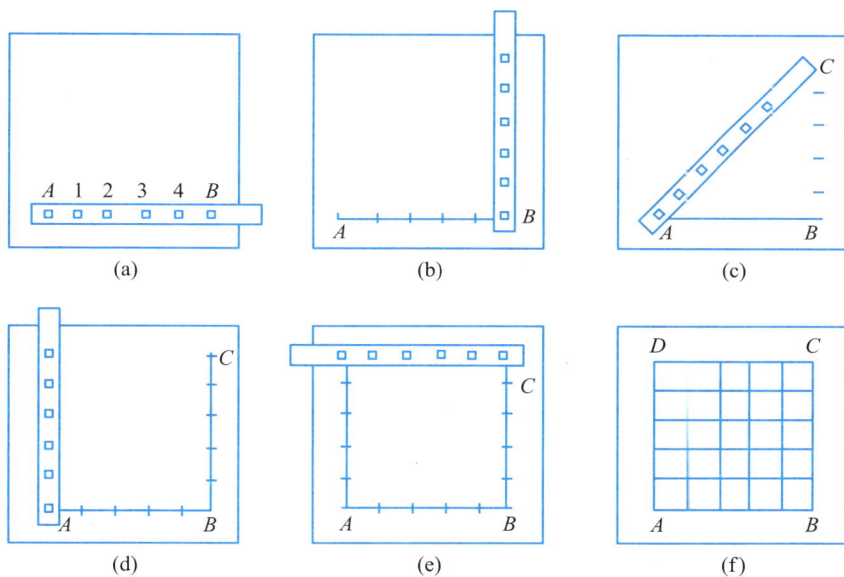

图 8-4　坐标格网绘制示意

　　坐标格网绘好以后，应立即进行检查。各方格的角点应在一条直线上，偏离不应大于0.2mm。各方格的对角线长度应为 141.4mm，容许误差为 ±0.3mm，图廓对角线长度与理论长度之差的容许误差为 ±0.3mm 。若误差超过容许值则应将方格网进行修改或重绘。

　　3）展绘图廓点和图根点

　　按照比例将图廓点和控制点的位置展绘在图纸上。展绘时一定要仔细、认真，保证控制点展绘的质量。

　　在展点时，先确定图根点所在的方格，如图 8-5 所示。若图根点 1 的坐标为 $x_1 =$ 5674.10m，$y_1 = 8662.72$m，根据点 1 的坐标，确定它是在由 $kjnm$ 点组或的方格内，从

$m$、$n$ 点分别按比例尺沿 $mk$、$nj$ 方向量取 74.10m 得到 $a$、$b$ 两点。从 $k$、$m$ 点分别按比例尺沿 $kj$、$mn$ 方向量取 62.72m 得到 $c$、$d$ 两点。$ab$ 和 $cd$ 的交点即为图根点 1 的位置。同样的办法，可以将其他控制点一一展绘出来。各控制点展绘后，应作必要的检查，一般是量取相邻两图根点的距离，与已知边长对比，其最大误差不超过图纸上 0.3mm，否则应重新展绘。图根点的平面位置确定后，还应当标注相应的点号和高程（标注方式见地形图图式）。

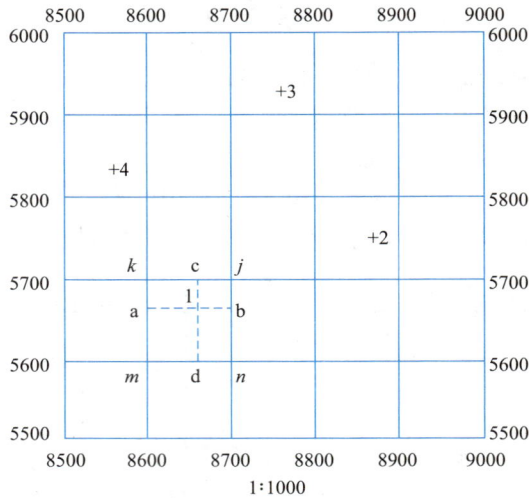

图 8-5　图根点展绘示意

# 8.2　大比例尺地形图测绘

地形图测绘的方法有多种，根据使用仪器及方法不同可分为大平板仪测图、小平板配合经纬仪测图、经纬仪视距法测图、全站仪数字化测图等。经纬仪视距法测图既简便又快捷，是白纸测图的常用方法。

## 8.2.1　大比例尺地形图测绘基本原理

地形测图是以图根点为基础，按一定的要求和规则，完成测区内各种地物和地貌的测绘。无论是纸质测图还是数字测图，地物和地貌的绘制是在其相应特征点基础上完成的，这些特征点又称为碎部点，因此，地形碎部的测绘就是地形测图的主要工作，而确定碎部点的原理与方法就是地形图测绘的基本原理和方法。

目前，测定碎部点平面位置的方法主要有经纬仪极坐标法、全站仪平面直角坐标法等。碎部点的高程一般采用三角高程测量的方法测定。全站仪坐标测量和三角高程测量详见第 5 章和第 6 章。本节仅介绍经纬仪极坐标法测图。

极坐标法是以测站点为极点，以测站点与相邻图根点为极轴，测定测站点与碎部点之间的距离、测站点与碎部点连线方向与极轴间的水平夹角来确定碎部点平面位置的方法。

## 8.2.2　经纬仪地形图测绘的现场作业

安置仪器，将经纬仪安置于测站点（已展绘到图纸上的图根点）$A$ 上，如图 8-6 所示，量取仪器高 $i$，并测定竖直度盘的指标差 $x$，然后照准另一图根点 $B$ 作为起始方向，并在该方向上使水平度盘读数配置成 $0°00'00''$。

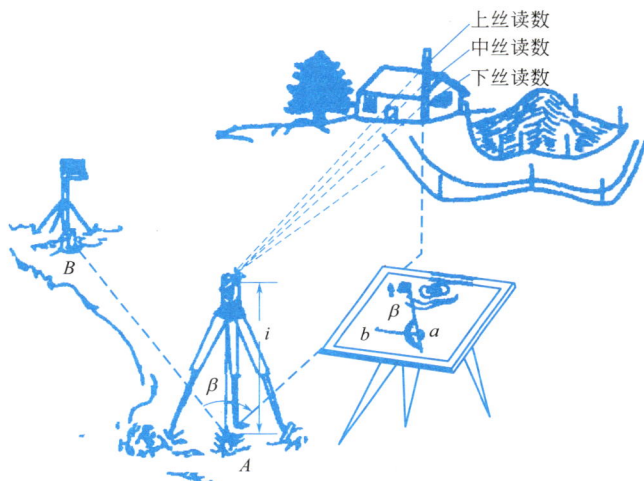

**图 8-6　经纬仪测绘法示意**

观测：照准立在碎部点 1 上的视距尺，读取水平度盘读数、中丝读数（一般使中丝对准尺上仪器高 $i$ 处）、视距间隔和竖盘读数，分别记入地形碎部点测量记录表中，见表 8-3。观测 20 个左右的碎部点后，应检查起始方向，归零差不得大于 $\pm 1.5'$。

计算：按表 8-3 所列公式计算测站点到碎部点的水平角、水平距离和碎部点的高程（本例中，测站 $A$ 点高程 245.00m，仪器高 1.51m，指标差 24''）。

**地形碎部点测量记录表**　　　　　　　　　　　　　　　　　　表 8-3

| 点号 | 视距 (m) | 竖直角 (° ′ ″) | 水平距离 (m) | $D \cdot \tan\alpha$ (m) | $\Delta = i - \upsilon$ (m) | 水平角 (° ′ ″) | 高程(m) | 备注 |
|---|---|---|---|---|---|---|---|---|
| 1 | 64.9 | 0　34　0 | 64.9 | 0.64 | | 26　28　00 | 245.64 | 房角 |
| 2 | 58.0 | 0　33　0 | 58.0 | 0.56 | | 27　35　00 | 245.56 | 房角 |
| 3 | 71.2 | 1　21　0 | 71.2 | 1.68 | −1 | 32　43　00 | 245.68 | 房角 |
| 4 | 62.5 | 0　31　0 | 62.5 | 0.56 | | 344　56　00 | 245.56 | 路边 |

展绘碎部点，绘图员将裱有图纸的绘图板安置在测站边，根据计算出的测站点到碎部点的水平角、水平距离，按照极坐标法：以图上的 $ab$ 方向为零方向，用透明半圆仪量测水平角，得到自测站点到碎部点 1 的方向线，沿此方向线从 $A$ 点截取水平距离在图上的长

度，即得碎部点 1 的点位，展绘碎部点 1。碎部点的高程标注在该点位的右侧，同时还要避免与地物符号重叠，也不要标注在图廓外。用同样方法可测绘其他碎部点。

绘图员应边展绘边对照实物检查核对，按照规定的地物、地貌图式绘图，这种方法叫做经纬仪测绘法。也可以先在野外用经纬仪观测碎部点的数据，做好记录并画出草图，然后在室内根据记录数据和草图来绘制地形图，这种方法叫做经纬仪测记法。

经纬仪测绘（记）法测图，操作简单、方便，工作效率高，任务紧迫时可分组进行，因此得到了广泛的应用。注意最后成图后要进行现场核对，以保证成图质量。

## 8.2.3 地形图的绘制、拼接和整饰

### 1. 地形图的绘制

（1）描绘地物

在施测过程中，将地物点连成各种地物，并与实际情况核对，最后将各图幅中漏描的部分补描，按《国家基本比例尺地图图式》符号绘制完成。

（2）勾绘等高线

由于山脊线和山谷线，对描绘出的山地地貌是否真实，影响较大，故勾绘等高线时，先将这一类地性线先行描出，然后再绘制其等高线。

勾绘等高线常用的方法有图解法、目估法及解析法三种。

1）图解法

用透明纸一张，画等距离的平行线十根，依次注明 0、1、2…9，如图 8-7 所示。如欲在两点间插绘等高距为 2m 的等高线，设已测得点 $a$ 高程为 221.60m，点 $b$ 高程为 228.30m。将透明纸覆在底图上移动，使底图上 $a$ 点位于 1.60 处，同时 $b$ 点位于 8.30 处，则 $ab$ 连线与平行线 2、4、6、8 各线交点，即应为等高线 222.0、224.0、226.0、228.0 必经过之点。用针尖刺出各点，移去透明纸，底图上留下的针孔即为上述各高程点，与相邻同高程的点相连即可描绘出需要的各等高线。

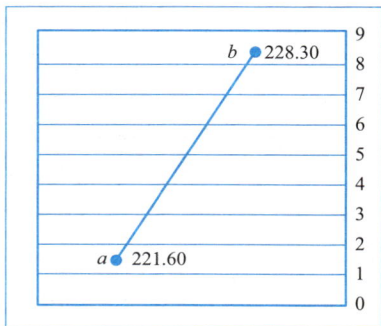

图 8-7 图解法

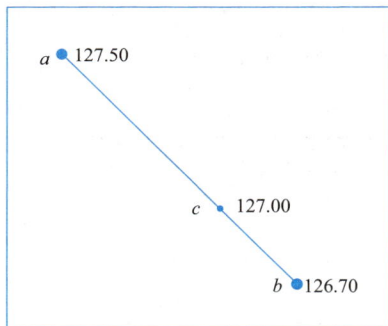

图 8-8 目估法

2）目估法

根据测点位置及高程，目估插绘等高线。图 8-8 所示，$a$ 点高程为 127.50m、$b$ 点高程为 126.70m，欲在其间插绘高程为 127m 的等高线。因两点高程差为 0.8m，可将连线

目估分为八等分。又 127.0m 高程与 $b$ 点高程之差为 0.3m，故 127.0m 等高线必经过图中距 $b$ 点为三等分的 $c$ 点。目估法较便捷，但精度不如图解法。实际工作中只要细致一些，用目估法勾绘的等高线仍能满足要求。

3）解析法

等高线的勾绘是根据两个碎部点的高程，在两个碎部点间找出等高线通过的地方，如图 8-9（a）中 $A$ 点高程为 130.2m，$B$ 点高程为 138.4m，若测图的基本等高距为 2m，则 $A$、$B$ 两点间有 132m，134m，136m，138m 四条等高线通过。由于两点间的地面坡度均匀，因此这些点在图上的位置可以用比例计算法求得。可绘如图 8-9（b）的图形，图中 $A$、$B$ 两点高差为 138.4−130.2＝8.2m，由图上量得两点的平距为 33mm，132m 的点与 $A$ 点的高差为 132-130.2＝1.8m，则点 $A$ 到132m 等高线通过的点的平距 $d_1$ 为：

$$d_1 = \frac{33}{8.2} \times 1.8 = 7.2\text{mm}$$

同理 $B$ 点与 138m 点的高差为 138.4−138＝0.4m，则其平距 $d_2$ 为：

$$d_2 = \frac{33}{8.2} \times 0.4 = 1.6\text{mm}$$

从 $A$、$B$ 两点分别量取 7.2mm 和 1.6mm，便得出 132m 与 138m 两等高线所通过的位置，这个方法叫做取头定尾。然后将 132m 和 138m 两点间的平距分为三等分，即得出 134m 和 136m 二条等高线通过的位置，这叫中间等分。其他各点均用此法，即可把各点勾绘出来，如图 8-9（a）所示。

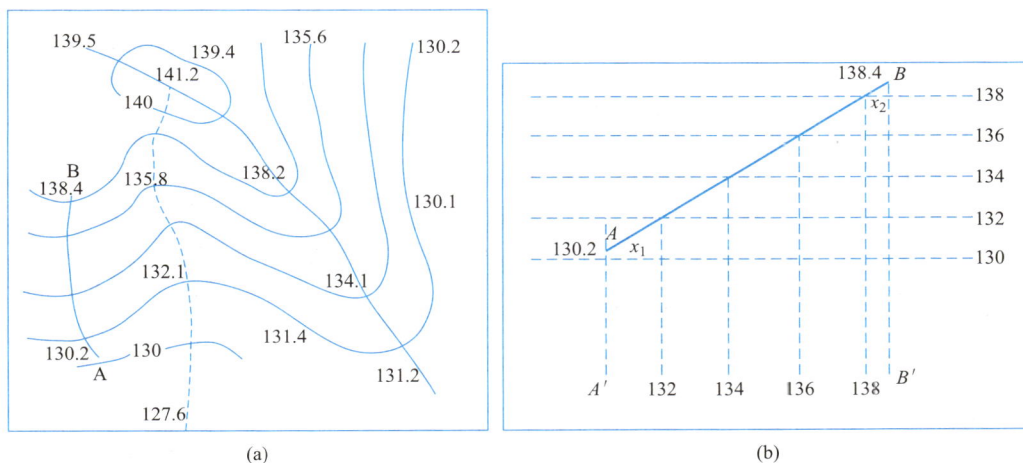

图 8-9　等高线绘制示意图

## 2. 地形图的拼接和整饰

为了保证地形测图的质量，在地形图测绘完成后，必须对地形图进行全面的检查，然后进行拼接和整饰。

（1）地形图的检查

地形图检查的方式有图面检查、野外巡查和设站检查。

1）图面检查，主要检查控制点的分布、展绘是否符合规范，地物、地貌的位置和形状绘制是否正确，图式符号使用的是否符合规定，等高线的高程和地形点的高程是否存在矛盾，名称注记是否有遗漏或错误。一旦发现问题，先检查记录、计算和展绘有无错误，如果不是由于记录、计算和展绘所造成的错误，不得随意修改，待野外检查后再确定。

2）野外巡查，在野外将地形图与实际地形对照，核对地物和地貌的表示是否清晰合理，检查是否存在遗漏、错误等。对图面检查发现的疑问必须重点检查。如果等高线表示的与实际地貌略有差异，可立即修改，重大错误必须用仪器检查后再修改。

3）设站检查，检查在图面检查和野外检查时发现的重大疑问，找出问题后再进行修改。对漏测、漏绘的，补测后填入图中。另外为评判测图的质量，还应重新设站，挑选一定数量的点进行观测，其精度应符合表 8-4 的规定，仪器抽查量不应少于测图总量的 10%。

地形图的精度                                                   表 8-4

| 图上地物点位置中误差（mm） | | 等高线的高程中误差（mm） | | | |
|---|---|---|---|---|---|
| 主要地物 | 一般地物 | 平原区 | 微丘区 | 重丘区 | 山岭区 |
| ±0.8 | ±0.8 | $\frac{1}{3}H_d$ | $\frac{1}{2}H_d$ | $\frac{2}{3}H_d$ | $1H_d$ |

注：表中 $H_d$ 为等高距。

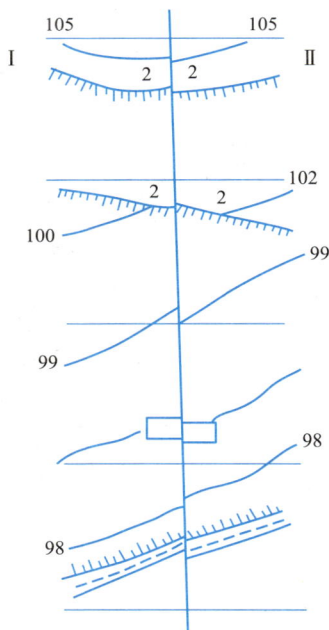

图 8-10　地形图的拼接

（2）地形图的拼接

经质量检查后的原图要进行拼接。由于测量误差的影响，相邻图幅拼接时，接图边上的地物和等高线一般会出现接边差，如图 8-10 所示。若接边差小于表 8-4 规定值的 $2\sqrt{2}$ 倍时，两幅图才可以拼接。若超过此限值，必须用仪器检查、纠正图上的错误后再拼接。拼接时，先用宽 5cm 的透明纸作为接边纸，蒙在相邻的某幅图上，将要拼接图边的坐标格网线、图边的地物轮廓线、表示地貌的等高线等用铅笔透绘在透明纸上。再将透明纸蒙在要拼的另幅图边上，使透明纸与底图的坐标格网线对齐，透绘地物轮廓、地貌的等高线。若接边差不超限，则在透明纸上用彩色笔平均分配，纠正接边差，并将接图边上纠正后的地物、地貌位置，用针刺于相邻的接边图上以此修正图内的地物和地貌。若超限，则应持图到现场检查核对。

（3）地形图的整饰

拼接后的原图需要进行清绘和整饰，使图面清晰、整洁、美观，以便验收和保存原图。整饰的顺序是："先图内后图外，先地物后地貌，先注记后符号"。

具体做法是擦去多余的线条，如坐标格网线，只保留交点处纵横 1.0cm 的"+"字；靠近内图廓保留 0.5cm 的短线，擦去用实线和虚线表示的地性线，擦去多余的碎部点，只保留制高点、河岸重要的转折点、道路交叉点等重要的碎部点。加深地物轮廓线和等高线，加粗计曲线并在计曲线上注记高程，注记高程的数字应成列，字头朝向高处。按照图式规范要求填注符号和注记，各种文字注记标在适当位置，一般要求字头朝北，字体端正。在等高线通过注记和符号时等高线必须断开。最后应按照图式要求，绘制图廓，填写图名、图号、比例尺、等高距、坐标及高程系统、图例、施测单位、测量者、测量日期等。

# 8.3　地形图数字测绘

数字化测图是以电子计算机、测绘仪器和打印机等输入、输出设备为硬件，在测绘软件的支持下，对地形空间数据进行采集、传输、编辑、入库管理和成图输出的一整套过程。它是近十几年发展起来的一种全新的测绘地形图的方法。

## 8.3.1　数字化测图基本原理

数字化测图的基本思想是将地面上的地形和地理要素（或称模拟量）转换为数字量，然后由电子计算机对其进行处理，得到内容丰富的电子地图，需要时由图形输出设备（如显示器、绘图仪）输出地形图或各种专题图。

## 8.3.2　野外数字化测图作业

数据采集的作业模式即地面数字化测图，按工作过程可分为数字测记法模式和数字测绘法模式。

32.
测记模式
数据采集

### 1. 数字测记法模式

数字测记法模式是将野外采集的地形数据传输给电子手簿或存储在全站仪中，利用电子手簿的数据和野外详细绘制的草图，在室内计算机屏幕上进行人机交互编辑、修改，生成图形文件或数字地图。该模式在测绘复杂的地形图、地籍图时，需要现场绘制包括每一碎部点的草图。该模式具有测量灵活，对地形、天气等条件的依赖性较小，可由多台全站仪配合一台计算机、一套软件生产，易形成规模化生产等优点。

### 2. 数字测绘法模式

数字测绘法模式是利用全站仪在野外测量，将采集到的地形数据传输给便携式计算机。测量工作者在野外实时地在屏幕上进行人机对话，对数据、图形进行处理、编辑，最后生成图形文件或数字地图，所显即所测，实时成图，内外业一体化。但便携机在野外作业时，对阴雨天、暴晒或灰尘等条件较难适应，另外把室内编辑图的工作放在外业完成会增加外业测图成本。目前，具有图数采集、处理等功能的掌上电脑取代便携机的袖珍电子平板测图系统，解决了系统硬件对外业环境要求较高的问题。

### 8.3.3 应用 CASS 软件进行数字成图

目前，国内常用的数字测图软件有十余种，下面仅对南方测绘仪器公司最新推出的综合数字化测图软件作一简单介绍。关于软件的具体应用，读者可参阅其相应的说明书。

#### 1. CASS 的技术特点

CASS 软件是广东南方数码科技股份有限公司基于 CAD 平台开发的一套集地形、地籍、空间数据建库、工程应用、土石方算量等功能为一体的软件系统。自 CASS 软件推出以来，软件销量超过 18000 套，市场占有率遥遥领先，已经成为业内应用最广、使用最方便快捷的软件品牌。也是用户量最大、升级最快、服务最好的主流成图和土石方计算软件系统。CASS 软件经过十几年的稳定发展，市场和技术十分成熟，用户遍及全国各地，涵盖了测绘、国土、规划、房产、市政、环保、地质、交通、水利、电力、矿山及相关行业，得到了用户的一致好评。

CASS 借助 AutoCAD 平台，跟随和应用 AutoCAD 的最新技术成果并积累了丰富的开发经验，满足不同客户的需求。CASS 打破以制图为核心的传统模式，结合在成图和入库数据整理领域的丰富经验，真正实现了数据成图建库一体化，同时满足地形地籍专业制图和 GIS 建库的需要，减少重复劳动。数据生产、图形处理、数据建库一步到位。

#### 2. CASS 软件的数字测记法模式

外业全站仪采集碎部点三维坐标，测图人员绘制碎部点构成的地物形状和类型的草图，同时记录下碎部点点号（必须与全站仪自动记录的点号一致）。内业将全站仪或电子手簿记录的碎部点三维坐标，通过 CASS 软件传输到计算机，转换成 CASS 坐标格式文件并展现在计算机屏幕上，根据野外绘制的草图在 CASS 中绘制地物地貌。测记法数字测图是一种实用、快速的测图方法，不需要记忆过多的地形符号属性编码。但其不足之处是绘图不直观，容易出错。

（1）数据采集设备

目前，大多数全站仪带有内存装置，可记录数千碎部点坐标数据。

（2）传输野外采集数据

使用专用通讯电缆连接全站仪和计算机，设置好全站仪的通讯参数后，执行下拉菜单"数据/读取全站仪数据"命令，在"全站仪内存数据转换"对话框操作如下：

1）在"仪器"下拉列表中选择对应的全站仪型号。

2）设置全站仪的通信参数（通信口、波特率、数据位、停止位、校验位等）；选择"联机"复选框；单击"选择文件"按钮，在弹出的标准文件选择对话框中选择路径和文件名。

3）单击"转换"按钮，操作全站仪发送数据，单击"确定"按钮，即可将发送数据保存到指定文件中。将保存的数据文件转换为 CASS 格式文件。

4）将数据文件转换为 CASS 格式的坐标文件格式，执行"数据/读取全站仪数据"命令，在"全站仪内存数据转换"对话框中，不勾选"联机"复选框。在"全站仪内存文件"文本框中输入需要转换的数据文件名和路径，在"CASS 坐标文件"文本框中输入转换后保存的数据文件名和路径（CASS 自动为其加上扩展名 .dat）。上述两个数据文件名和路径都可以单击"选择文件"按钮，在弹出的标准文件选择对话框中选择。单击"转换"按钮完成数据文件格式的转换。

（3）展碎部点

1）定显示区

为保证所有点在显示屏幕上都可见，根据要输入的 CASS 坐标数据文件中的坐标值定义绘图区的大小。例如，执行下拉菜单"绘图处理\定显示区"命令，在弹出的标准文件选择对话框中，选择 CASS 坐标数据文件，单击"打开"按钮完成定显示区操作。

2）展野外测点点号

该方法是将 CASS 坐标数据文件中点的三维坐标展绘在绘图区，并注记点号，以方便用户结合野外绘制的草图绘制地物。其创建的点位和点号对象位于"ZDH"（意为展点号）图层，其中点位对象是 AutoCAD 的"Point"对象，用户可以执行 AutoCAD 的"Ddptype"命令修改点样式。操作步骤是，执行下拉菜单"绘图处理\展野外测点点号"命令，在弹出的选择对话框中，仍然可以选择 CASS 文件，单击"打开"按钮完成展点操作。此时可在绘图区看见展绘好的碎部点位和点号。需要说明的是，虽然没有注记点的高程数值，但点位本身是包含高程坐标的三维空间点。用户可以使用 AutoCAD 的 Id 命令，打开"节点"捕捉拾取任一碎部点来查看。

3）展高程点

将 CASS 坐标数据文件中点的三维坐标展绘在绘图区，并根据用户选定的间距注记点位的高程值。其创建的点位对象位于"GCD"（意思为高程点）图层。操作步骤是，执行下拉菜单"绘图处理\展高程点"命令，命令行提示如下：

绘图比例尺 1：&lt;500&gt;

输入绘图比例尺的分母值后，按回车键确定，在弹出的对话框中，仍选择前面选定的文件，单击"打开"按钮，命令行提示如下：

注记高程点的距离（m）：

输入注记高程点的距离，按回车键完成操作。此时点位和高程注记对象与前面绘制的点位和点号对象重叠。为了绘制地物方便，用户可先关闭暂时不用的"GCD"图层。需要绘等高线时，再打开相应的图层。

（4）结合草图绘制地物的操作步骤

单击屏幕菜单的"坐标定位"按钮，用户可以根据草图和准备绘制的地物在该菜单中选择相应的操作。如绘制一个矩形房屋和小路的操作步骤为：

1）绘制简单房屋的操作步骤：单击屏幕菜单中的"居民地"按钮，弹出"居民地和垣栅"对话框，选中"四点简单房屋"，单击"确定"按钮，关闭对话框，命令行提示：

1 已知三点/2 已知两点及宽度/3 已知四点&lt;1&gt;：1

输入点：（第 1 个捕捉点）

输入点：（第 2 个捕捉点）

输入点：（第 3 个捕捉点）

2）绘制一条小路的操作步骤：单击屏幕菜单中的"交通设施"按钮，在弹出的"交通及附属设施类"对话框中选择"小路"，单击"确定"按钮，关闭对话框，根据命令行的提示分别捕捉五个点位后按回车键结束指定点位操作，命令行最后提示如下：

拟合线＜N＞？ Y

一般选择拟合，键入 Y 按回车键完成小路的绘制。

软件中所有图示符号都与现行图示规范相一致，使用起来十分方便。

## 8.4 地形图的基本应用

### 8.4.1 地形图的基本应用

由于地形图全面、客观地反映了地面的地形情况，因此，被广泛应用于道路工程等各种工程建设中。利用地形图可以获取很多工程建设中所需的信息。

#### 1. 求点的坐标

如图 8-11 所示，欲求图上 $A$ 点的坐标，可利用图廓坐标格网的坐标值来求出。首先找出 $A$ 点所在方格的西南角坐标（$x_0$，$y_0$)，然后通过 $A$ 点作出坐标格网的平行线 $ab$、$cd$，再按测图比例尺（1：2000）量取 $aA$ 和 $dA$ 的实地长度，则：

$$x = x_0 + dA$$
$$y = y_0 + aA$$

$$(8\text{-}4)$$

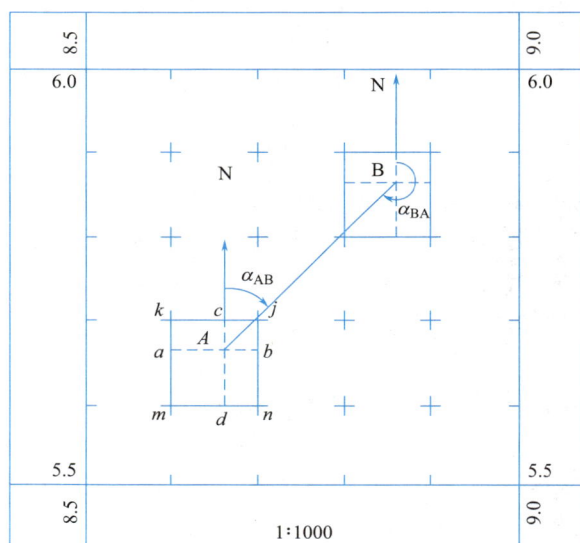

图 8-11　确定点的坐标

考虑到图纸伸缩的影响及检核量测的误差，还应量取 $ab$、$cd$ 的长度。从理论上讲，$ab = cd = l$，$l$ 为坐标格网边长（一般为 10cm）。由于图纸伸缩，以及量测长度有一定误差，上式一般不成立，则 $A$ 的坐标为：

$$x_A = x_0 + \frac{l}{cd} \times cA$$
$$y_A = y_0 + \frac{l}{ab} \times aA$$

(8-5)

#### 2. 求两点间的水平距离

（1）解析法

在图 8-11 中，求 $AB$ 的水平距离，先按公式（8-5）分别求出 $A$、$B$ 两点的坐标值 $x_A$、$y_A$ 和 $x_B$、$y_B$。然后用下式计算 $AB$ 的水平距离，且水平距离不受图纸伸缩的影响。

$$D_{AB} = \sqrt{(x_B - x_A)^2 + (y_B - y_A)^2}$$

(8-6)

（2）图解法

图解法即在图上直接量取 $AB$ 两点的长度，或用卡规卡出 $AB$ 线段的长度，再与图示比例尺比量即可得出 $A$、$B$ 间的水平距离。

#### 3. 确定直线的方位

（1）解析法

如图 8-11 所示，欲求直线 $AB$ 的坐标方位角，可按公式（8-5）分别求出 $A$、$B$ 两点的坐标，再按 4.4.3 所述方法计算。

$$\alpha_{AB} = \tan^{-1} \frac{y_B - y_A}{x_B - x_A}$$

(8-7)

（2）图解法

当精度要求不高时，可用图解法在图上直接量取角度。分别过 $A$、$B$ 两点作坐标纵轴的平行线，然后用量角器分别量取 $AB$、$BA$ 的坐标方位角 $\alpha_{AB}$ 和 $\alpha_{BA}$，此时，若两角相差 $180°$，可取此结果为最终结果，否则取两者平均值作为最终结果。

#### 4. 求点的高程

在地形图上求点的高程，可根据等高线和高程注记来完成。如果所求点恰好在某一条等高线上，则该点的高程就等于该等高线的高程。在图 8-12 中，$A$ 点的高程为 51m。如果所求点位于两条等高线之间时，则可以按比例关系求得其高程。图中的 $B$ 点位于 54m 和 55m 两根等高线之间，可通过 $B$ 点作一大致与两根等高线相垂直的直线，交两条等高线于 $m$、$n$ 两点，从图上量得 $mn = d$，$mB = l$，设等高线的等高距为 $h$（该图 $h = 1\text{m}$），则 $B$ 点的高程为：

$$H_B = H_m + h \times \frac{l}{d}$$ (8-8)

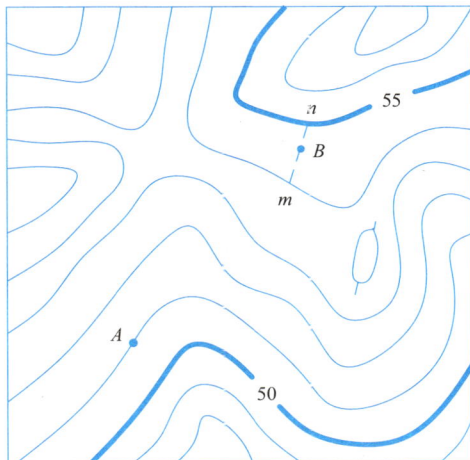

**图 8-12　确定点的高程**

式中，$H_m$——$m$ 点的高程（在图中为 54m）。

#### 5. 求直线的坡度

地面上两点的高差与其水平距离的比值称为坡度，用 $i$ 表示。欲求图上直线的坡度，可按前述的方法求出直线段的水平距离 $D$ 与高差 $h$，则其坡度为：

$$i = \frac{h}{d \cdot M} \times 100\% = \frac{h}{D} \times 100\% \qquad (8-9)$$

式中，$d$——图上两点间的长度；

   $M$——比例尺分母。

坡度常用百分率（%）或千分率（‰）表示。通常直线段所通过的地形有高低起伏，是不规则的，因而，若直线两端点位于相邻等高线上，则求得的坡度可认为符合实际坡度。若直线较长中间通过许多条等高线，且等高线平距不等，则所求的直线坡度是两端点间的平均坡度。

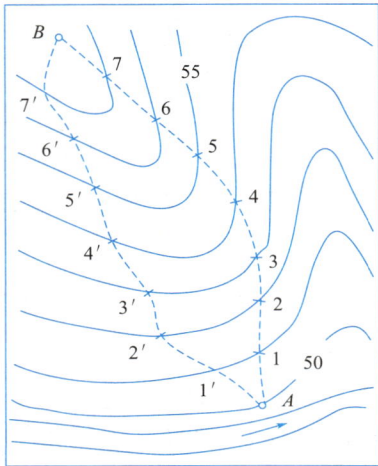

图 8-13　选定等坡度路线

### 6. 按坡度限值选定最短路线

在山地或丘陵地区进行道路、管线等工程设计时，常遇到坡度限值的问题。为了减小工程量，降低施工费用，要求在不超过某一坡度限值 $i$ 的条件下选择一条最短路线。如图 8-13 所示，在比例尺为 1：2000 的地形图上，等高线的等高距为 1m，需从 $A$ 点到 $B$ 点选出一条最短路线，要求坡度限制为 4%。为了满足坡度限值的要求，先求出符合该坡度限值的两等高线间的最短平距为：

$$D = \frac{h}{i} = \frac{1}{4\%} = 25\text{m}$$

或　　$d = \frac{h}{i \cdot M} = \frac{1}{0.04 \times 2000} = 12.5\text{mm}$

按地形图的比例尺，用两脚规截取实地 25m 对应于的图上长度为 2500/2000＝1.25cm，然后在地形图上以 $A$ 点为圆心，以 1.25cm 长为半径做圆弧，圆弧与高程为 51m 的等高线相交，得到 1 点。再以 1 点为圆心，用同样的方法截交高程为 52m 的等高线，得到 2 点。依此进行直至 $B$ 点；然后将相邻点连接，便得到 4% 的等坡度路线为 $A$-1-2-3…$B$。在该图上，按同样方法尚可沿另一方向定出第二条路线 $A$-$1'$-$2'$-$3'$…$B$，可以当做一个比较方案。在实际工作中，还需考虑工程上的其他因素，最后确定一条合理路线。

### 7. 按一定的方向绘制纵断面图

33.
绘制纵、
横断面图

所谓路线纵断面图，就是过一指定方向（路线方向）的竖直面与地面的交线，它反映了在这一指定方向上地面的高低起伏形态。在进行道路工程设计时，为了合理地设计竖向曲线和坡度、概算工程的填挖土石方，需要了解路线上地面的起伏情况，这时可根据大比例尺地形图中的等高线来绘制纵断面图。

如图 8-14（a）所示，要了解 $A$、$B$ 之间的起伏情况，在地形图上作 $A$、$B$ 两点的连线，与各等高线相交，各交点的高程即各等高线的高程，而各交点的平距可在图上用比例尺量得。作地形纵断面图 8-14（b），先在毫米方格纸上画出两条相互垂直的轴线，以横轴 $Ad$ 表示平距，以纵轴 $AH$ 表示高程。然后在地形图上量取 $A$ 点至各交点及地形特征点（例

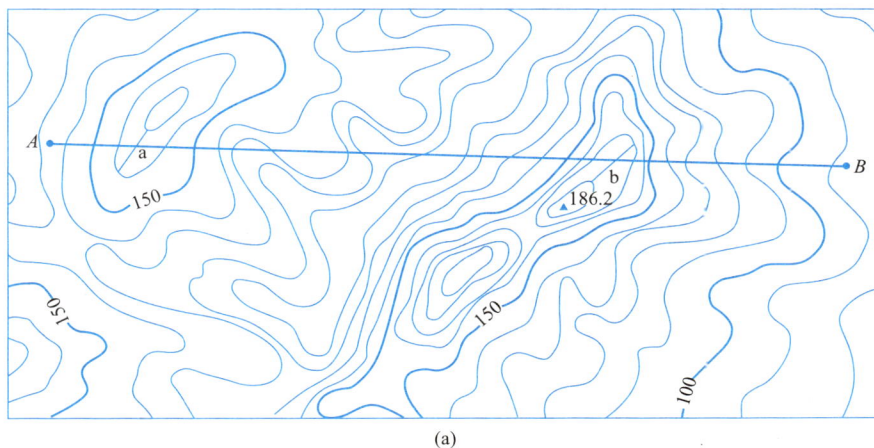

(a)

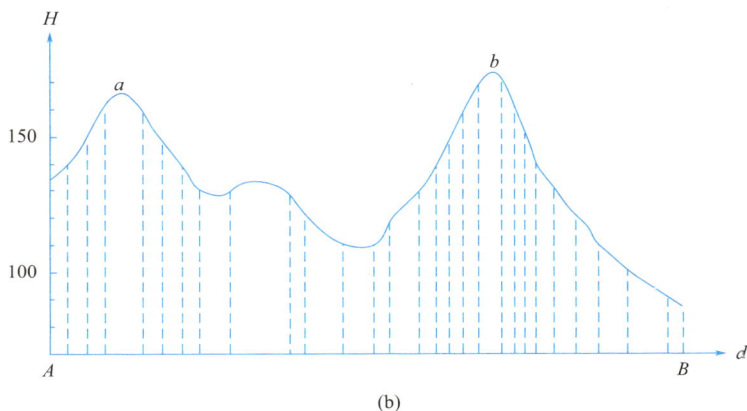

(b)

图 8-14　纵断面图的绘制

如 $a$、$b$ 等点）的平距，并把它们分别转绘在横轴上，以相应的高程作为纵坐标，得到各交点在断面上的位置。连接这些点，即得到 $AB$ 方向上的地形断面图。

### 8. 确定汇水面积

当公路、铁路要跨越河流或山谷时，就需要建桥或修涵洞。桥梁、涵洞的大小与结构形式，都要取决于这个地区的水流量，而水流量又是根据汇水面积来计算的。由于雨水是在山脊线（又称分水线）向两侧山坡分流，所以汇水面积边界线是由一系列的山脊线连接而成的，并且通过山顶和鞍部。如图 8-15 所示，一条公路经过一山谷，拟在 $MN$ 处架桥或修涵洞，现确定汇水面积。由图中可以看到山脊

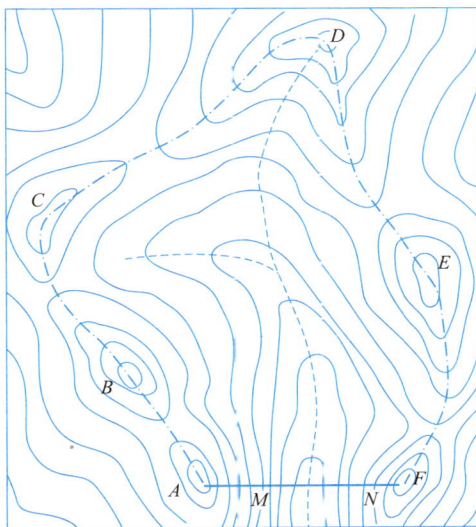

图 8-15　确定汇水面积

线 $AB$、$BC$、$CD$、$DE$、$EF$（图中虚线连接）与公路中线 $AF$ 线段所围成的区域，就是这个山谷的汇水区，此区域的面积为汇水面积。求出汇水面积后，再依据当地的水文气象资料，便可求出流经 $MN$ 处的水量。

## 8.4.2 图上面积量算

34.
量算土
方量

在工程规划、设计和建设中，常需要在地形图上量测一定轮廓范围内的面积。例如，规划设计区域的面积，道路工程中的填、挖断面的面积，汇水面积等。在地形图上量算面积的方法有解析法、图解法、仪器法、格网法、平行线法等。解析法是根据图形轮廓转折点的坐标，用公式进行计算；图解法是根据图形的特点，将图形分成若干便于计算的简单图形，分别量算后再求总和；仪器法是使用求积仪或计算机数字化仪等对图形面积进行计算。

图 8-16 解析法求面积示意

### 1. 解析法

当求积图形为任意多边形、图形轮廓转折点的坐标已在地形图上量出或实地测出时，可以用解析公式计算图形面积。

如图 8-16 所示，五边形 12345 各顶点坐标已知，点号为逆时针编号。由图可见，多边形 12345 的面积 $s$ 为梯形 $1'155'$ 加上梯形 $5'544'$ 的面积减去梯形 $1'122'$、梯形 $2'233'$ 及梯形 $3'344'$ 的面积，即：

$$s = (y_1 + y_5)(x_1 - x_5)/2 + (y_5 + y_4)(x_5 - x_4)/2 - (y_1 + y_2)(x_1 - x_2)/2$$
$$- (y_2 + y_3)(x_2 - x_3)/2 - (y_3 + y_4)(x_3 - x_4)/2$$

整理后得：

$$s = [y_1(x_2 - x_5) + y_2(x_3 - x_1) + y_3(x_4 - x_2) + y_4(x_5 - x_3) + y_5(x_1 - x_4)]/2$$

或：

$$s = [x_1(y_5 - y_2) + x_2(y_1 - y_3) + x_3(y_2 - y_4) + x_4(y_3 - y_5) + x_5(y_4 - y_1)]/2$$

(8-10)

推广至 $n$ 边形，则：

$$s = \sum x_k(y_{k-1} - y_{k+1})/2$$

或：

$$s = \sum y_k(x_{k+1} - x_{k-1})/2$$

(8-11)

应用上面两个公式计算出两个结果，可相互检核。

若点号为顺时针编号，则：

$$s = \sum x_k(y_{k+1} - y_{k-1})/2$$

或：

$$s = \sum y_k(x_{k-1} - x_{k+1})/2 \qquad (8\text{-}12)$$

应用上述公式计算时，当 $k=1$ 时，$k-1=n$；当 $k=n$ 时，$k+1=1$（$k$ 为正整数）。

### 2. 几何图形法

若图形是由直线连接的多边形，则可将图形划分为若干种简单的几何图形，如三角形、四边形、梯形等。然后量取计算时所需的元素（长、宽、高等），应用面积计算公式求出各个简单几何图形的面积，再汇总出多边形的面积。

图形面积如为曲线时，可近似地用直线连接成多边形，再按上述方法计算面积。当用几何图形法量算线状物面积时，可将线状看作为长方形，用分规量出其总长度，乘以实量宽度，即可得线状地物面积。

为了进行校核和提高面积量算的精度，应对同一几何图形重新划分，按两种方案计算，两次结果相差在允许范围以内，取两次的平均值作为最终的量算值（表8-5）。

两次量算面积较差的容许范围　　　　表8-5

| 图上面积 $mm^2$ | 相对误差 |
| --- | --- |
| $<100$ | $<1/30$ |
| $100\sim400$ | $<1/50$ |
| $400\sim1000$ | $<1/100$ |
| $1000\sim3000$ | $<1/150$ |
| $3000\sim5000$ | $<1/200$ |
| $>5000$ | $<1/250$ |

### 3. 透明格网法

如曲线包围的是不规则图形，可用绘有边长为 1mm 或 2mm 的正方形格网的透明膜片，通过数格法量算图形的面积。将透明方格纸覆盖在被量测的图形上，先数出图形内整方格数 $n_1$，再数出不完整的方格数 $n_2$，（通常把不完整方格，一律作半格计）则该图形所代表的实地面积为：

$$S = \left(n_1 + \frac{n_2}{2}\right) \times a \times M^2 \qquad (8\text{-}13)$$

式中，$a$——一个整方格的图上面积；

$M$——地形图比例尺分母。

### 4. 平行线法

平行线法又称积距法。

将绘有间隔 1mm 或 2mm 平行线的透明纸覆盖在被量测图形上，转动和平移透明纸使图形与上下平行线相切，则整个图形被平行线分成若干个等高的近似梯形，梯形的高为平行线的间距 $h$，底分别为图形截割各平行线的长度 $L_1$、$L_2$、$L_3 \cdots L_n$，则各梯形的面积分别为：

$$S_1 = h(0 + L_1)/2$$
$$S_2 = h(L_1 + L_2)/2$$
$$S_3 = h(L_2 + L_3)/2$$
$$\cdots$$

$$S_n = h(L_{n-1} + L_n)/2$$
$$S_{n+1} = h(L_n + 0)/2$$

图形总面积 $S$ 为：

$$S = S_1 + S_2 + S_3 + \cdots + S_n + S_{n+1} = (L_1 + L_2 + \cdots + L_n)h = h\sum_{i=1}^{n} L_i \qquad (8\text{-}14)$$

### 5. 求积仪法

求积仪是一种应用积分求面积原理测定图形面积的仪器，求积仪法能测定任意形状的图形面积，操作简便、速度快，且能保证一定的精度。

## 8.4.3　数字地形图的应用

地形图是制定各项工程规划、设计和施工的重要依据和基础资料。传统纸质地形图通常是以一定的比例尺并按图式符号绘制在图纸上的，即通常所称的白纸测图。这种地形图具有直观性强、使用方便等优点，但也存在不便保存、易损坏、难以更新等缺点。数字地形图是以数字形式存储在计算机存储介质上的，用以表达地物、地貌特征点的空间集合形态。与传统的纸质地形图相比，数字地形图具有明显的优越性和广阔的发展前景，特别是随着计算机技术和数字化测绘技术的迅速发展及其向各个领域的渗透，数字地形图在国民经济建设、国防建设和科学研究的各个方面发挥着越来越大的作用。

现在，人们利用数字地形图能很好地完成过去用纸质地形图进行的各种量测工作，而且精度更高、速度更快。在 AutoCAD 软件环境下，利用数字地形图可以很容易地获取各种地形信息，如测量任意点的坐标、点与点之间的距离，测量直线的方位角、点的高程、两点间的坡度和在图上设计坡度线等。

有了数字地形图后，还可以很方便地制作各种专业用图。如去掉高程部分，通过权属调查，加绘相应的地籍要素，经编辑处理即可生成数字地籍图等。

利用数字地形图，可以建立数字地面模型（Digital Terrain Model，DTM）。利用 DTM 可以绘制不同比例尺的地貌图、地形立体透视图、地形断面图，确定汇水范围和计算面积，确定场地平整的填挖边界和计算土石方量。在公路与铁路设计中，可以绘制地形的三维轴视图和纵、横断面图，进行自动选线设计等。

此外，数字地面模型是地理信息系统的基础资料，在土地利用现状分析、土地规划管理和灾情分析等方面发挥着重要作用。

### 小结 🔍

本节主要介绍了大比例尺地形图的测绘和应用。

在理解传统测图方法的基础上，通过项目实施学会测图，从技术设计到最后成图的工作流程。白纸测图包括测图前的准备工作、碎部测量两个部分；数字化测图包括地形数据采集、计算机成图两个部分。目前，地形数据采集一般采用野外数字测记法采集碎部点数据，获取地物、地貌的碎部特征点的坐标和图形信息，工程建设中，通常采用全站仪或GPS RTK 方式来采集；计算机成图包括数据处理和数据输出，需要利用测绘软件来编辑成图。有了地形图以后，可以在图上确定点的坐标、高程、直线距离、直线方位角和地面坡度。为了满足工程需要，利用地形图可以按限制坡度选择最短路线、按一定方向绘制断面图、确定汇水面积的边界线及进行蓄水量计算、在平整土地中计算填挖方量。

## 思考题

1. 大比例尺地形图设计包括的内容有哪些？
2. 试概述地形图测图的准备工作及其主要工序的精度要求。
3. 测量碎部点的平面位置有哪几种方法？请分别阐述。
4. 地形测图有哪几种方法？试比较它们的异同点。
5. 什么是等高线？等高线可分为哪几类？概述等高线的特性。
6. 什么是等高距？什么是等高线平距？这两者和坡度有何关系？
7. 地形测图时，跑尺员应如何选择立尺点？
8. 衡量一幅地形图的质量的指标有哪些？如何检查地形图的质量？
9. 在图 8-17 中完成如下作业：
（1）根据等高线按比例内插法求出 $A$、$C$ 两点的高程。
（2）用图解法求定 $A$、$B$ 两点的坐标。
（3）求 $A$、$B$ 两点间的水平距离。
（4）求定 $AB$ 连线的坐标方位角。
（5）求 $A$ 点至 $C$ 点的平均坡度。
（6）从 $A$ 点至 $B$ 点选定一条坡度为 8% 的路线。
10. 试述用透明方格法和平行线法计算面积的方法。
11. 简述数字地形图应用的优点。

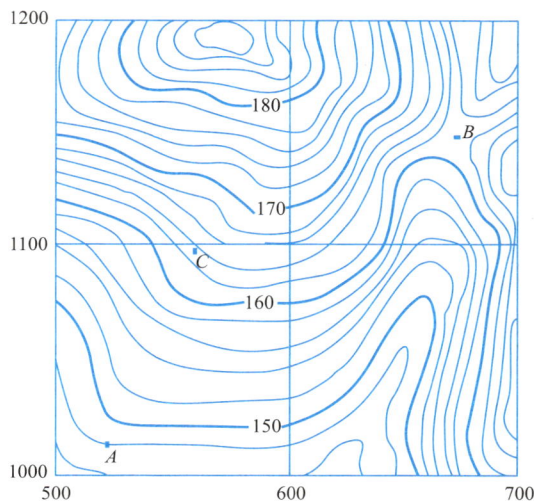

图 8-17

# 学习情境 9

## Chapter 09

## 施工测量方法

**知识目标**

理解施工测量的目的。

掌握施工测量原则。

掌握水平角度、距离、高程及点位放样方法。

**能力目标**

学会水平角度、距离、高程及点位放样方法。

掌握在不同施工环境下的放样方法。

**思政目标**

树立高尚的职业道德，具有一丝不苟的工作态度，弘扬爱国主义和工匠精神。

### 中国第一高楼——上海中心大厦

上海中心大厦是一座巨型高层地标式摩天大楼，其设计高度超过附近的上海环球金融中心。上海中心大厦（图 9-1）地处上海陆家嘴金融贸易区，以 632m 的高度，位于世界第二，中国第一。它的建筑面积为 57.8 万 m²。建筑三体为地上 127 层，地下 5 层。大厦设计为螺旋上升的龙塔造型。外墙是国内首次采用的大规模双层玻璃幕墙设计。两层玻璃间，每隔十多层做一次隔断，形成 24 个高挑通透的空中楼阁。它是上海最高的地标性建筑，也是上海这个城市的天际线。

图 9-1  上海中心大厦

2008 年 11 月 29 日上海中心大厦进行主楼桩基开工。2016 年 3 月 12 日，上海中心大厦建筑总体正式全部完工。2020 年 1 月 6 日，入选上海新十大地标建筑。

建筑工程的施工需要学生学会水平角度、距离、高程及点位放样方法，掌握在不同施工环境下的放样方法。

# 9.1 施工测量概述

## 9.1.1 施工测量的基本内容

测量工作的基本内容包括高差测量、角度测量、距离测量。测量工作一般分为外业和内业两种。外业工作的内容包括应用测量仪器和工具在测区内所进行的各种测定和测设工作。内业工作是将外业观测的结果加以整理、计算，并绘制成图以便使用。工程测量按照工程建设的顺序和相应作业的性质可分为勘测设计阶段、施工准备阶段、施工阶段、竣工验收阶段以及交付使用后的运营管理阶段五个阶段。

**1. 勘测设计阶段**

工程在勘测设计阶段所进行的测量工作主要有测绘各种比例尺地形图和纵横断面图。

**2. 施工准备阶段**

工程在施工准备阶段所进行的测量工作主要包括施工图审核、测量定位依据点的交接与检测、测量方案的编制与数据准备、测量仪器和工具的检验校正、施工场地测量等内容。

**3. 施工阶段**

工程在施工阶段所进行的测量工作主要包括建立施工控制网，将图纸上设计好的建（构）筑物的平面位置和高程标定在实地上，检查施工质量的变形观测。

**4. 竣工验收阶段**

工程竣工后对建（构）筑物的竣工测量，包括控制测量、细部测量（亦称竣工测量）、竣工图编绘等。

**5. 运营管理阶段**

工程交付使用后，需定期对建（构）筑物进行变形观测。

## 9.1.2　施工测量在工程建设中的作用

工程测量的服务领域包括道路交通、水利设施、工业建筑等部门，基本内容有测绘地形图和施工放样两部分。

**1. 交通方面**

工程测量是完成各种公路建设、铁路建设、隧道贯通、架设桥梁、修建港口、机场建设的重要保证。

**2. 工业方面**

各种工业建筑的建设、设备安装、大型屋顶金属网架拼装、整体吊装就位等都需要进行工程测量。

**3. 水利及其他方面**

各种水库、水坝的修建，引水隧洞、水电站工程在清理地基、浇灌基础及后期的运营管理的变形监测，卫星、导弹的发射等必须进行工程测量工作。

## 9.1.3　施工测量的一般精度要求

在地形测量中，控制测量和地形地物的测绘精度，主要取决于成图的比例尺和测量仪器的精度，控制测量的等级越高、仪器的误差越小则成果质量越高。而在工程测量中放样的精度一般不是由设计图纸的比例尺来定，而是由下列因素决定。

**1. 建（构）筑物的规模和用途**

建（构）筑物规模的大小和用途的不同，对放样的精度要求也不同，大型和高层建（构）筑物比低层建（构）筑物放样精度高，永久性建（构）筑物较临时建（构）筑物放样精度高。

**2. 建筑物的建筑材料**

建（构）筑物的材料不同对放样的精度要求也不同，一般情况下钢筋混凝土结构的建（构）筑物放样精度比其他结构的要高。

**3. 建筑物位置元素的确定方法**

在设计建（构）筑物时，其位置元素通常采用下列方法确定：

（1）进行专门计算；

（2）按标准图设计；

（3）用图解方法设计。

用前两种方法确定的建（构）筑物位置元素精度高，而由第三种方法确定的位置元素精度低。建（构）筑物位置元素确定的精度高时，其放样的精度要求一般也高。

**4. 施工程序和施工方法**

不同的施工程序和施工方法对放样精度的要求也不同，在设计施工控制网精度时就已经考虑了各种放样方法及其在不同的条件下所能达到的精度，由此确定放样测站的加密方法及精度，进而结合具体工程建（构）筑物的施工条件、现场情况来设计控制网点的密度和加密方法与层次，并根据放样点的精度要求来推求控制点的精度要求。

# 9.2 角度放样

## 9.2.1 放样方法

角度（水平角）放样又称拨角。它是通过某一顶点的固定方向为起始方向，再通过同一顶点设定另一方向线，使两方向线的夹角等于设计角度值。

**1. 直接法放样角度**

如图 9-2 所示，$OA$ 是已知方向线，现要过 $O$ 点设置第二条方向线，使其与 $OA$ 方向线的夹角等于 $\beta$（$\beta$ 为设计角度值）。直接放样角度的步骤是，在 $O$ 点安置经纬仪，用盘左（正镜）位置以 $OA$ 方向定向（后视方向），度盘置数为 $0°00'00''$。转动照准部，拨出设计角值 $\beta$，固定望远镜，在视线上适当位置标定 $B_1$，应使 $OB_1$ 尽量长些。为了消除 $2C$ 等误差影响，用仪器盘右（倒镜）位置，度盘置数为 $0°00'00''$，以同样方法标定 $B_2$，且使 $OB_2$ 和 $OB_1$ 相等。取 $B_1$、$B_2$ 连线的中点 $B_0$，并在 $B_0$ 处用标志固定下来，得方向线 $OB_0$，则 $\angle AOB_0$ 即为测设于实地的设计角值。

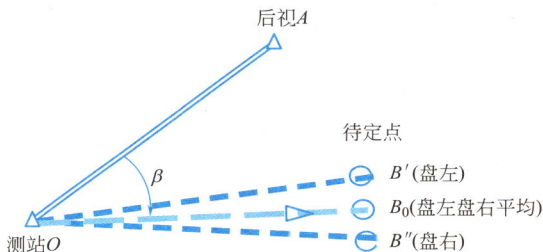

图 9-2　直接法放样角度

### 2. 归化法放样角度

当放样的角度精度要求较高时，可采用归化法进行放样，归化法放样角度的方法是，先用直接法放样出角度$\angle AOB_0$，以$B_0$点作为过渡点（临时点）。然后根据精度要求，按一定的测回数，精确测量角度$\angle AOB_0 = \beta'$。计算观测角值$\beta'$与设计角值$\beta$之差为：

$$\Delta\beta = \beta - \beta' \tag{9-1}$$

根据$\Delta\beta$就可在现场用三角板和直尺归化（改正）$B_0$的位置。

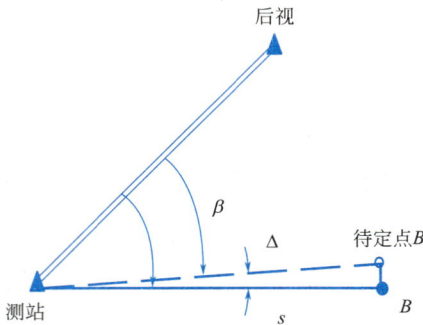

图 9-3 归化法放样角度

如图 9-3 所示，由过渡点$B_0$作$OB_0$方向线的垂线，根据$d$的符号，在垂线上量取$B_0B=d$按下式计算。

$$d = \frac{\Delta\beta}{\rho''} \cdot S \tag{9-2}$$

式中，$\rho'' = 206265$。

用永久标志固定$B$点，则$OB$就是最后所求的方向线。也可以根据$d$的大小和符号，在透明纸上绘制归化图，在现场将透明图上的$B_0$点与实地过渡标志重合，以$B_0O$方向定向，在标志顶面刺下$B$点，并用永久标志固定。

测设水平角的误差来源有仪器对中误差$m_{中}$，目标偏心误差$m_{目}$，仪器误差$m_{仪}$，观测误差$m_{测}$，外界条件影响误差$m_{外}$，第二条方向线的设定误差$m_{设}$。测设角度的总误差为：

$$m_\beta = \sqrt{m_{中}^2 + m_{目}^2 + m_{仪}^2 + m_{测}^2 + m_{外}^2 + m_{设}^2}$$

## 9.2.2 角度放样精度

### 1. 角度放样精度

角度放样的过程经过了两个步骤，即角度精确观测$\beta'$和角度差值改化$\Delta\beta$。令角度放样中误差为$m$，则有：

$$m^2 = m_{\beta'}^2 + m_{\Delta\beta'}^2$$

由公式（9-2）得：

$$\Delta\beta = \frac{d}{s} \times \rho''$$

对上式微分，转化为中误差：

$$\left(\frac{m_{\Delta\beta}}{\Delta\beta}\right)^2 = \left(\frac{m_d}{d}\right)^2 + \left(\frac{m_s}{s}\right)^2$$

而$m_d$与$m_s$都是等精度观测长度中误差，所以有：

$$\frac{m_d}{d} = \frac{m_s}{s}$$

则有：

$$\frac{m_d}{d} = \frac{1}{\sqrt{2}} \times \frac{m_{\Delta\beta}}{\Delta\beta}$$

$$\frac{m_s}{s} = \frac{1}{\sqrt{2}} \times \frac{m_{\Delta\beta}}{\Delta\beta}$$

将 $\Delta\beta = \dfrac{d}{s} \times \rho''$ 代入上式有：

$$m_d = \frac{m_{\Delta\beta} \times s}{\sqrt{2} \times \rho''}$$

令 $m_{\Delta\beta} = \dfrac{1}{K} \times m_{\beta}'$ 则有：

$$m_d = \frac{m_{\beta}' \times s}{k\rho'' \sqrt{2}}$$

$$\frac{m_s}{s} = \frac{s}{kd\sqrt{2}} \times \frac{m_{\beta}'}{\rho''}$$

当 $K \geqslant 10$ 时，$m_{\Delta\beta}$ 只占 $m$ 的约 1/10，可以略去 $m_{\Delta\beta}$ 的影响，认为 $m \approx m_{\beta'}$。由此得到：

（1）归化误差 $m_d$ 的大小与边长 $S$ 的长度有关，在 $m_{\beta'}$ 不变的情况下，若 $S$ 较大，则对 $m_d$ 的要求会放宽，若 $S$ 较小，则对 $m_d$ 要求会增加。

（2）$m_s/s$ 与 $m_{\beta'}$ 成正比，与 $\Delta\beta$ 成反比，即量边精度低，则对测角的精度要求高，若量边的精度高，则对测角的精度要求低。

由此可见，角度（方向）放样的精度主要取决于测角误差 $m_{\beta'}$。

### 2. 角度放样误差分析

角度放样尽管与测图使用相同的仪器，但是测量与放样误差所产生的影响却不一样。就测角而言，测量是直接测量水平角，角的两边是直接固定在地面上的。但放样是根据角顶点和一条固定边以及设计的角值，在地面上定出第二条边的方向。

（1）对中误差

在安置仪器时，由于对中不准确，使仪器中心与测站点不在同一铅垂线上，称为对中误差，测量和放样水平角的经纬仪都要在角顶点进行对中整平，将产生一个仪器对中误差 $e$。

图 9-4 为测角时的情况。由于仪器引起的对中误差 $e$ 使角度顶点由 $A$ 点移到 $A'$ 点，因而测得的角度为 $\alpha'$，而不是正确的 $\alpha$ 值。显然有：

$$\alpha = \alpha' + \delta_2 - \delta_1$$

在一般情况下 $\delta_2 \neq \delta_1$，所以 $\alpha \neq \alpha'$，也就是说测量误差直接影响实测的角值。

图 9-5 为放样时的情形。仪器对中误差 $e$ 使角顶点由 $A$ 点移到了 $A'$ 点。放样时由 $A'$ 点的仪器瞄准固定点 $B$ 后，设置已知角度 $\alpha$，所以仪器对中误差实际影响的是待定边的方向，使预放样的 $AP$ 边成了 $A'P'$ 位置。且有：

$$\delta \approx \frac{e}{S_{AB}} \rho''$$

由上式可以看出 $\delta$ 与仪器偏心距 $e$ 成正比，与测站点和定向点的距离 $S_{AB}$ 成反比。为了减弱仪器对中误差对角度放样的影响，在角度放样时考虑用较远的控制点做后视点。

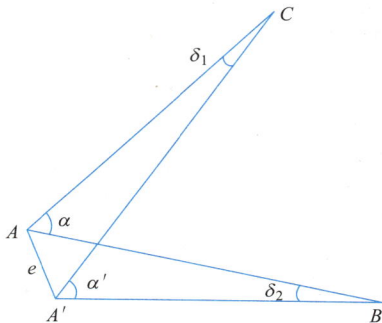

图 9-4　测角时的情况

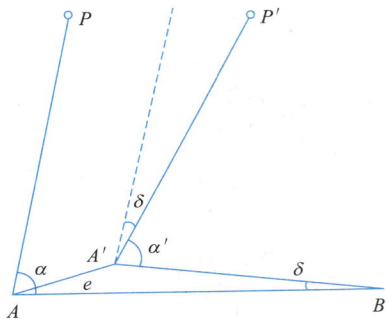

图 9-5　放样时的情形

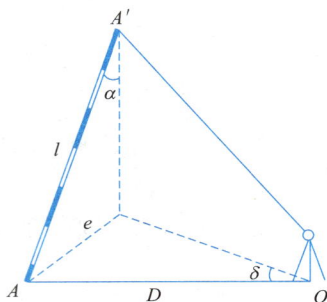

图 9-6　目标偏心误差

（2）目标偏心误差

水平角放样时，常用测钎、测杆等立于目标点上作为观测标志，当观测标志倾斜时，将产生目标偏心误差。如图 9-6 所示，$O$ 为测站，$A$ 为地面目标点，$AA'$ 为测杆，测杆长度为 $L$，倾斜角度为 $\alpha$，则目标偏心距 $e$ 为：

$$e = L\sin\alpha$$

目标偏心对观测方向的影响为：

$$\delta = \frac{e}{D}\rho = \frac{L\sin\alpha}{D}\rho$$

目标偏心误差对角度放样的影响与偏心距 $e$ 成正比，与距离成反比。为了减小目标偏心差，瞄准测杆时，测杆应立直，并尽可能瞄准测杆的底部。

（3）仪器误差

仪器误差，是指仪器不能满足设计理论要求而产生的误差。包括仪器制造、加工不完善引起的误差和仪器检校不完善引起的误差。仪器误差有些可以通过观测方法消除或减弱。如采用盘左、盘右观测取平均值的方法，可以消除视准轴不垂直于水平轴、水平轴不垂直于竖轴和水平度盘偏心差的影响。采用在各测回间变换度盘位置观测，取各测回平均值的方法，可以减弱由于水平度盘刻划不均匀给测角带来的影响。仪器竖轴倾斜引起的水平角测量误差，无法采用一定的观测方法来消除，使用之前应严格检校，确保水准管轴垂直于竖轴。在观测过程中，应特别注意仪器的严格整平。

（4）照准误差

照准误差主要与人眼的分辨能力和望远镜的放大倍率有关，人眼分辨两点的最小视角一般为 $60''$。设经纬仪望远镜的放大倍率为 $V$，则用该仪器观测时，其照准误差为：

$$m_V = \pm\frac{60''}{V}$$

一般 DJ$_6$ 型光学经纬仪望远镜的放大倍率为 $25\sim30$ 倍，因此照准误差 $m_V$ 一般为 $2.0''\sim2.4''$。

另外，照准误差与目标的大小、形状、颜色和大气透明度等有关。因此，在观测中应尽量消除视差，选择适宜的照准标志，熟练操作仪器，掌握瞄准方法，仔细瞄准以减小误差。

（5）读数误差

读数误差主要取决于仪器的读数设备，同时也与照明情况和观测者的经验有关。对于 $DJ_6$ 型光学经纬仪，用测微尺测微器读数，一般估读误差不超过 $=6''$，对于 $DJ_2$ 型光学经纬仪一般不超过 $\pm1''$。如果反光镜进光情况不佳，读数显微镜调焦不好，以及观测者的操作不熟练，则估读的误差可能会超过上述数值。因此，读数时必须仔细调节读数显微镜，使度盘与测微尺影像清晰，要仔细调整反光镜，使影像亮度适中，然后再仔细读数。使用测微轮时，一定要使度盘分划线位于双指标线正中央。

（6）外界条件影响误差

外界条件的影响很多，如大风、松软的土质影响仪器的稳定，地面的辐射热引起物象的跳动，观测时大气透明度和光线的不足影响瞄准精度，温度变化影响仪器的正常状态等。因此，要选择有利的观测时间，避开不利的观测条件，使外界条件的影响降低到最低程度。

## 9.2.3　水平角放样方法设计

在设计角度放样方法时，首先要考虑采用的放样方法是否能满足工程的精度要求。例如，已知地面上 $A$、$O$ 两点，要放样使 $\angle AOB = 35°50'24''$。要求放样的角度中误差 $m < 20''$。

采用 $DJ_6$ 经纬仪，按直接法放样角度，忽略量距误差，按照测量误差理论有：

$$m = 6\sqrt{2} \approx 8.5 < 20$$

由上式可知直接法能满足放样的精度要求。

在上例中若放样的角度中误差 $m < 8''$，我们用 $DJ_2$ 经纬仪按直接法放样角度得：

$$m_1 = 2\sqrt{2} \approx 2.9 < 8$$

用 $DJ_6$ 经纬仪按直接法放样角度得：

$$m_2 = 6\sqrt{2} \approx 8.5 > 8$$

可以看出，利用 $DJ_2$ 经纬仪用直接法放样能满足精度要求，利用 $DJ_6$ 经纬仪用直接法放样不能满足精度要求。

若使用 $DJ_6$ 经纬仪，应该采用归化法放样角度，按照误差理论有：

$$\frac{6\sqrt{2}}{8} < \sqrt{n}$$

即 $n$ 应大于等于 2，所以使用 $DJ_6$ 经纬仪放样角度，应采用归化法测两个测回。

## 9.3　水平距离放样

水平距离放样，就是在给定的方向上标定两点，使两点间的长度等于设计长度。

### 9.3.1　钢尺直接放样距离

当放样距离的精度要求不高时，可采用直接法进行放样。

若放样的距离不超过一尺段时，可自固定点标志起，沿设定方向拉平尺子，在尺子上读取设计距离，并实地作标志，按同法标定两次，取其中数作为最后标定的依据。

若设计距离超过一尺段时，应先进行定线，在给定的方向上定出各尺段的端点桩。在定线方向上量取整尺段长度，然后量取不足一尺段的长度值，一般量取两次，取其中间位置进行标定。

定线一般采用经纬仪，根据现场情况，可采取内插定线法或外插定线法。不论采用哪种定线方法，都要正、倒镜取中，定线的距离也不宜太长，以免影响定线的精度。

### 9.3.2　钢尺归化放样距离

如图 9-7 所示，设 $A$ 为已知点，先用直接法在给定的方向上放样出设计距离 $AB'$，$B'$ 点为过渡点。

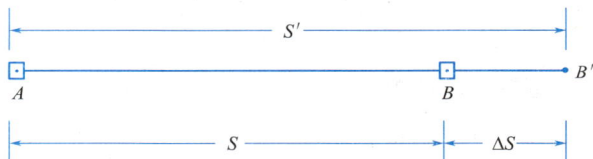

图 9-7　归化法放样距离

然后根据精度要求，先用丈量工具和仪器，按一定的测量方法和测回数，精确测量 $AB'$ 的长度，同时测量温度、尺段间高差等。经尺长、温度和高差等各项改正后，得：

$$AB' = S'$$

将 $S'$ 和设计距离 $S$ 比较，得差数 $\Delta S = S - S'$。归化 $B'$ 点时，由 $B'$ 点沿定线方向向前（当 $\Delta S > 0$ 时）或向后（当 $\Delta S < 0$ 时）量取 $\Delta S$，标定 $B$ 点，则 $AB = S$。

## 9.4　平面点位放样

点的平面位置放样是根据已布设好的控制点的坐标和待放样点的坐标，反算出放样数据，即控制点和待放样点之间的水平距离和水平角。再利用前述放样方法标定出设计点位。根据所用的仪器设备、控制点的分布情况、放样场地条件及放样点精度要求等，可以采用以下几种方法进行放样。

## 9.4.1 极坐标法放样

极坐标法是根据控制点、水平角和水平距离放样点平面位置的方法。在控制点与放样点间便于钢尺量距的情况下，采用此法较为适宜，而利用测距仪或全站仪放样水平距离，则没有此项限制，且工作效率和精度都较高。

如图 9-8 所示，$A$（$x_A$，$y_A$）、$B$（$x_B$，$y_B$）为已知控制点，$P$ 点为待放样点。根据已知点坐标和放样点坐标，按坐标反算方法求出放样数据，即：

$$D_{AP} = \sqrt{(x_P - x_A) + (y_P - y_A)}, \quad \beta = \alpha_{AB} - \alpha_{AP}。$$

放样时，经纬仪安置在 $A$ 点，后视 $B$ 点，置度盘为零，按盘左盘右分中法放样水平角，左拨角 $\beta$ 或右拨角 $360 - \beta$，定出 $P$ 点方向，沿此方向放样水平距离 $D_{AP}$，则可以在地面标定出设计点位 $P$。

检核时，可以采用丈量实地 $B$、$P$ 两点之间的水平边长，并与 $B$、$P$ 两点坐标反算出的水平边长进行比较。

如果待放样点 $P$ 的精度要求较高，可以利用前述的精确方法放样水平角和水平距离。

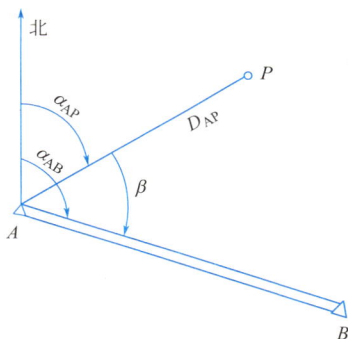

图 9-8 极坐标法放样

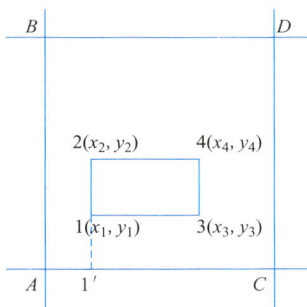

图 9-9 直角坐标法放样

## 9.4.2 直角坐标法放样

当施工场地已建立有相互垂直的主轴线或建筑方格网时，一般采用此法。如图 9-9 所示，$A$、$B$、$C$、$D$ 为建筑方格网或建筑基线控制点，1、2、3、4 点为待放样建筑物轴线的交点，建筑方格网或建筑基线分别平行或垂直待放样建筑物的轴线。根据控制点的坐标和待放样点的坐标可以计算出两者之间的坐标增量。下面以放样 1、2 点为例，说明放样方法。

首先计算出 $A$ 点与 1、2 点之间的坐标增量，即：

$$\Delta_{x_{A1}} = x_1 - x_A \qquad \Delta_{x_{A2}} = x_2 - x_A$$

$$\Delta_{y_{A1}} = y_1 - y_A \qquad \Delta_{y_{A2}} = y_2 - y_A$$

放样 1、2 点平面位置时，在 $A$ 点安置经纬仪，照准 $C$ 点，沿此视线方向从 $A$ 沿 $AC$

方向放样水平距离 $\Delta y_{A1}$ 定出 1′ 点。再安置经纬仪于 1′ 点，盘左照准 $C$ 点（或 $A$ 点），转 90°（或 270°）给出视线方向，沿此方向分别放样出水平距离 $\Delta x_{A1}$ 和 $\Delta x_{A2}$ 定 1、2 两点。同法以盘右位置再定出 1、2 两点，取 1、2 两点盘左和盘右的中点即为所求点位置。采用同样的方法可以放样 3、4 点的位置。

检查时，可以在已放样的点上架设经纬仪，检测各个角度是否符合设计要求，并丈量各条边长。如果待放样点位的精度要求较高，可以利用归化法放样水平距离和水平角。

### 9.4.3  全站仪坐标法放样

全站仪不仅具有放样精度高、速度快的特点，而且可以直接放样点的位置。同时，在施工放样中受天气和地形条件的影响较小，在生产实践中得到了广泛应用。

全站仪坐标放样法，就是根据控制点和待放样点的坐标定出点位的一种方法。放样前，根据测量要求设置好气象改正数、棱镜常数、测距模式等参数。使仪器置于放样模式，输入控制点、后视点坐标进行后视定向，输入放样点的坐标，显示放样点的放样角度和放样距离。一人持反光棱镜立在待放样点附近，用望远镜照准棱镜，按坐标放样功能键，全站仪显示出棱镜位置与放样点的坐标差。根据坐标差值，移动棱镜位置，直到坐标差值等于零。此时，棱镜位置即为放样点的点位。为了能够发现错误，每个放样点位置确定后，可以再测定其坐标作为检核。

### 9.4.4  角度前方交会法放样

角度交会法放样是在两个控制点上分别安置经纬仪，根据计算的两个水平角放样出两条方向线，通过标定其交点确定放样点位置的一种放样方法。适用于放样点离控制点较远或量距有困难的情况。

如图 9-10 所示，根据控制点 $A$、$B$ 和放样点 $P$ 的坐标，反算放样数据 $\beta_1$、$\beta_2$ 角值，计算方法同极坐标法。将经纬仪安置在 $A$ 点，瞄准 $B$ 点，左拨角 $\beta_1$ 按照盘左盘右分中法，定出 $AP$ 方向线，并在其方向线上的 $P$ 点附近分别打上两个木桩 $A_1$、$A_2$（俗称骑马桩），桩上钉小钉以表示此方向，并用细线拉紧。然后，在 $B$ 点安置经纬仪，同法定出 $B_1$、$B_2$ 方向线。根据 $A_1$、$A_2$ 和 $B_1$、$B_2$ 方向线可以交出 $P$ 点，即为所求待放样点的位置。当然，也可以利用两台经纬仪分别在 $A$、$B$ 两个控制点同时设站，放样出方向线后标定出 $P$ 点。这样定出的 $P$ 点，即使在施工过程中被损坏，利用骑马桩恢复起来也非常方便。根据精度要求，只有两个方向交会，一般应重复交会以检核。

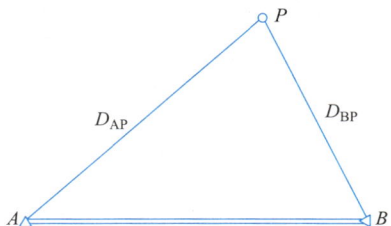

还可采取三个控制点从三个方向交会，若三个方向不交于一点，则每个方向可用两个小木桩临时标定在地面上，而形成误差三角形，若误差三角形的最大边长不超过精度规定值，则取三角形的重心作为 $P$ 点

39.
角度交会法
放样

图 9-10  角度前方交会法放样

的最终位置。

## 9.4.5　长度前方交会法

距离交会法是从两个控制点利用两段已知距离进行交会定点的方法。当施工场地平坦且便于量距时，用此法较为方便。

如图 9-11 所示，$A$、$B$ 为控制点，$P$ 点为待放样点。首先，根据控制点和待放样点的坐标反算出放样数据 $D_{AP}$、$D_{BP}$，然后以 $A$ 点为圆心 $D_{AP}$ 为半径，用钢尺在地面上 $P$ 点附近画弧，再以 $B$ 点为圆心，以 $D_{BP}$ 为半径，用钢尺在地面上 $P$ 点附近画弧，两条弧线的交点即为所求 $P$ 点的位置。

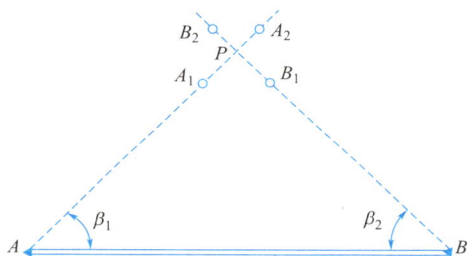

图 9-11　长度前方交会法放样

图 9-12　角度后方交会

## 9.4.6　角度后方交会法

因施工地区地形复杂多样，有时已知控制点不便架设仪器，那么前面介绍的放样方法就无法进行。为此，我们就要利用后方交会法。后方交会法放样点位将给放样工作带来更多的方便性和灵活性，并能快速地提供点位，但它不能单独使用，必须配合其他方法。

如图 9-12 所示，$A$、$B$、$C$、$D$ 为施工控制网点，$P_0$ 为待放样点，$P$ 为靠近 $P_0$ 的过渡点。后方交会的作业过程为：将仪器置于过渡点 $P$ 上，观测角度 $\alpha$、$\beta$，利用事先编制的后方交会程序计算出 $P$ 点坐标。为了进行必要的检核，采用后方交会定点时，必须在测站上观测四个已知点，求得三个观测角（即 $\alpha$、$\beta$、$\gamma$）以保证点位的正确性。$P$ 点坐标确定之后根据其实测坐标和 $P_0$ 的设计坐标计算出 $PP_0$ 的距离和方向角，然后进行归化改正或用极坐标法放出 $P_0$ 点。由测量学知识可知，当待定点位于危险圆上时，将无法求解 $P$ 点的坐标。因此在实际放样过程中，选择后方交会所用的控制点时，应尽量使过渡点至危险圆的距离大于该圆半径的 1/5。

# 9.5 高程放样

## 9.5.1 高程放样的一般方法

在各种工程施工过程中，都需要放样设计高程。高程放样的方法主要有水准测量法、三角高程测量法等。

### 1. 水准测量法

如图 9-13 所示，$A$ 为水准点，其高程为 $H_A$，$B$ 点为设计高程位置，其设计高程为 $H_B$。现在用水准测量的方法，标定 $B$ 的高程位置。在 $A$、$B$ 之间安置水准仪，并在 $A$、$B$ 点上立水准标尺。若立于 $A$ 点的水准尺读数为 $a$，立于 $B$ 点的水准尺读数应为 $b$，有：

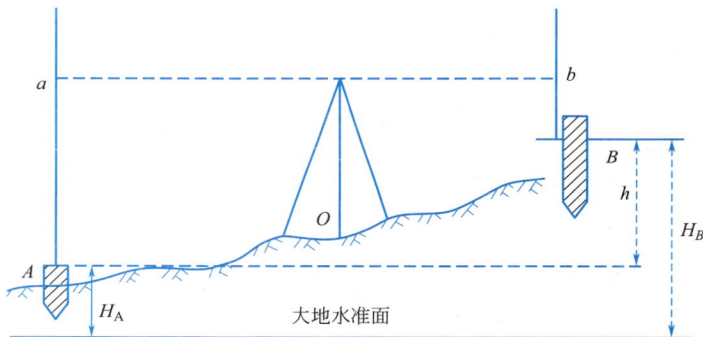

图 9-13　水准测量法高程放样

$$b = H_A + a - H_B$$

这时观测员指挥在 $B$ 点的立尺员上下移动标尺，当仪器在 $B$ 点标尺上的读数正好为 $b$ 时，标记标尺底面的位置，此即高程为 $H_B$ 的 $B$ 点位置。

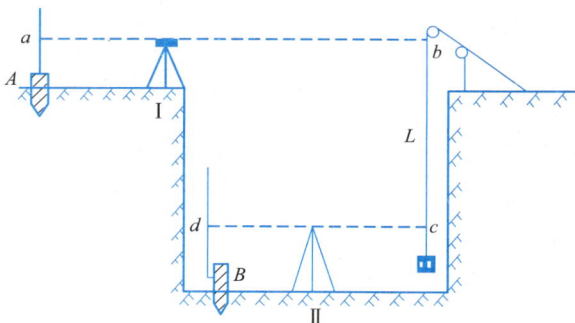

图 9-14　向坑道内放样高程

当放样的高程与水准点高程相差较大时，如往高层建筑物或往坑道内放样高程等，可采用两台水准仪并借助悬挂钢尺的方法进行放样。图 9-14 是向坑道内放样高程。设 $A$ 点为水准点，其高程为 $H_A$，$B$ 点的设计高程为 $H_B$。这时在坑道内悬挂一根经过检定过的钢尺 $L$，在地面 Ⅰ 点和坑道内 Ⅱ 点同时安置水准仪。若地面上水准仪在 $A$ 点标尺上读数为 $a$，在钢尺上

的读数为 $b$，地下水准仪在钢尺上的读数为 $c$，则在 $B$ 点标尺上的读数应为 $d$，则有：

$$d = H_A + a - (b - c) - H_B$$

这时 $B$ 点标尺底面正是设计高程的位置。

#### 2. 三角高程测量法

三角高程测量是根据两点间的水平距离（或斜距离）以及竖直角来求两点间的高差。这种方法较之水准测量更灵活方便，但精度较低。用三角高程测量法放样已知高程与水准测量法基本相同。

如图 9-15 所示，将仪器（经纬仪和测距仪或全站仪）安置于已知高程点 $A$ 上，量取仪器高 $i$，在待测高程点 $B$ 上立棱镜，量取觇标高 $v$，测出 $A$ 点与 $B$ 点间的水平距离 $D$（或斜距 $S$）和仪器视线的竖直角 $\alpha$，按公式 $H_B' = D\tan\alpha + i - v + f$（$f$ 为球气差），并于已知高程 $H_B$ 进行比较。沿木桩上下移动棱镜杆。按原所述测量高程是不变的，因测定高程是杆底部位置。

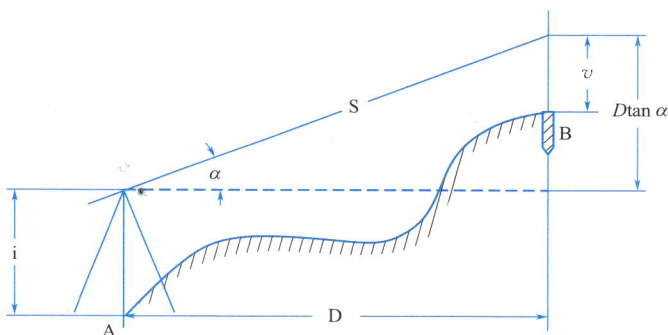

图 9-15　三角高程测量法高程放样

改变觇标高，重复测倾角 $\alpha$（盘左盘右观测取中数）并计算，直至 $H_B' = H_B$，标定棱镜杆底部位置，放样完成。

### 9.5.2　精度分析

为了放样高程，通常在建筑场地上加密有足够密度的临时水准点，安置一次仪器即可将高程从临时水准点上传递到待放样点上。设临时水准点的高程中误差为 $m_a$，由临时水准点传递到待放样点上的高程测量误差为 $m_b$，根据测量误差理论，待设点的高程中误差为：

$$m_H = \sqrt{m_b^2 + m_a^2} \tag{9-3}$$

水准测量一站高差测定的误差主要由水准标尺误差 $m_1$、仪器水准气泡置中误差 $m_2$ 以及望远镜内读数的误差 $m_3$。对于三、四等水准测量来说，根据测量误差理论，这些误差一般为：

$$m_1 = \pm 0.75 \ (\text{mm})$$

$$m_2 = \pm \frac{0.1\tau}{\rho''} s \ (\text{mm})$$

$$m_3 = \pm \frac{60''}{V} \times \frac{s}{\rho''} \quad (\text{mm})$$

式中，$\tau$——水准管的分划值；

$s$——水准仪至标尺的距离；

$\rho'' = \dfrac{180°}{\pi} = 206265''$；

$V$——望远镜的放大倍率。

于是对于后视（或前视）读数的中误差为：

$$m_b' = \pm \sqrt{m_1^2 + m_2^2 + m_3^2}$$

则一站的高差测定中误差为：

$$m_b = \pm \sqrt{2} \times \sqrt{m_1^2 + m_2^2 + m_3^2} \qquad (9\text{-}4)$$

例如，用 $DS_3$ 型水准仪和经检定过的 3m 木质标尺放样高程时，因 $V = 28$，$\tau = \dfrac{20'}{2}$ mm 若视距 $S = 100m$ 时，则有：

$$m_1 = \pm 0.75 \quad (\text{mm})$$

$$m_2 = \pm \frac{0.1 \times 20}{206265} \times 100000 = \pm 0.97 \quad (\text{mm})$$

$$m_3 = \pm \frac{60'' 100000}{28 206265} = \pm 1.04 \quad (\text{mm})$$

$$m_b' = \pm \sqrt{0.75^2 + 0.97^2 + 1.04^2} = \pm 1.61 \quad (\text{mm})$$

$$m_b = \pm \sqrt{2} m_b' = \pm \sqrt{2} \times 1.61 = \pm 2.27 \quad (\text{mm})$$

如果知道了临时水准点的高程中误差 $m_a$，则可按公式（9-3）和公式（9-4）估算放样点的高程中误差 $m_H$。

如果放样高层建筑物上或坑道底的高程，往往由于水准点高程和设计高程相差很大，需用钢尺来代替水准尺。这时，除按上述方法估算两站的测量误差外，还要考虑钢尺的长度误差 $m_c$，则有：

$$m_H = \pm \sqrt{m_a^2 + m_b^2 + m_c^2}$$

钢尺长度误差主要有温度误差、悬锤重量误差以及刻划误差，对于普通钢尺而言，一般取 $m_c = \pm 1.2 \quad (\text{mm})$。

三角高程放样高程点的误差主要有仪器高与目标高量取误差 $m_i$、$m_v$，球气差 $m_f$，测角误差 $m_\alpha$，量距误差 $m_d$，按照误差理论有：

$$m_H = \pm \sqrt{(\tan\alpha)^2 m_d^2 + \left(\frac{D}{\cos^2\alpha} \cdot \frac{1}{\rho''}\right)^2 m_\alpha^2 + m_i^2 + m_v^2 + m_f^2}$$

从上式可以看出，水准点和放样点的距离越大精度越低，两点之间的高差越大精度越低。

## 9.5.3 抄平测量

在施工过程中，常需要同时放样多个同一高程的点（即抄平工作），为提高工作效率，应将水准仪精密整平，然后逐点放样。

现场测量人员习惯用小木杆代替水准尺进行抄平工作，此时由观测者指挥 $A$ 点上的后尺手，用铅笔尖在木杆面上移动，当铅笔尖恰在视线上时（水准仪同样需要精平），观测者喊"好"，后尺手就在杆面上划一横线，此横线距杆底的距离即为后视读数 $a$，则仪器视线高为：

$$H = H_A + a$$

由杆底端向上量出应读的前视读数：

$$b = h - h_B = h_A - h_B + a$$

根据 $b$ 值在杆上画出第二根铅笔线。此后再由观测者指挥立杆人员在 $B$ 点上下移动小木杆，当水准仪十字丝恰好对准小木杆上第二道铅笔线时，观测者喊"好"，此时前尺的助手在小木杆底端平齐处划线标记，此线即为欲设计高程 $h_B$。

用小木杆代替水准尺进行抄平，工具简单、方便易行，但须注意小木杆上下头需有明显标记，避免倒立。在进行下一次测量之前，必须清除小木杆上的标记，以免用错。

### 9.5.4 斜坡测设

斜坡放样就是在地面上定出一条直线，其坡度等于设计坡度。

#### 1. 倾斜视线法

如图 9-16 所示，设地面上 $A$ 点的高程为 $H_A$，$A$、$B$ 两点之间的水平距离为 $D$，要求从 $A$ 点沿 $AB$ 方向放样一条设计坡度为 $\delta$ 的直线 $AB$，即在 $AB$ 方向上定出 1、2、3、4、$B$ 各桩点，使各桩顶面连线的坡度等于设计坡度 $\delta$。放样时，先根据设计坡度 $\delta$ 和水平距离 $D$ 计算出 $B$ 点的高程为：

$$H_B = H_A - \delta \times D$$

计算 $B$ 点高程时，注意坡度 $\delta$ 的正、负。然后，按照前面放样已知高程的方法，把 $B$ 点的设计高程放样到木桩上，则 $AB$ 两点连线的坡度等于已知设计坡度 $\delta$。

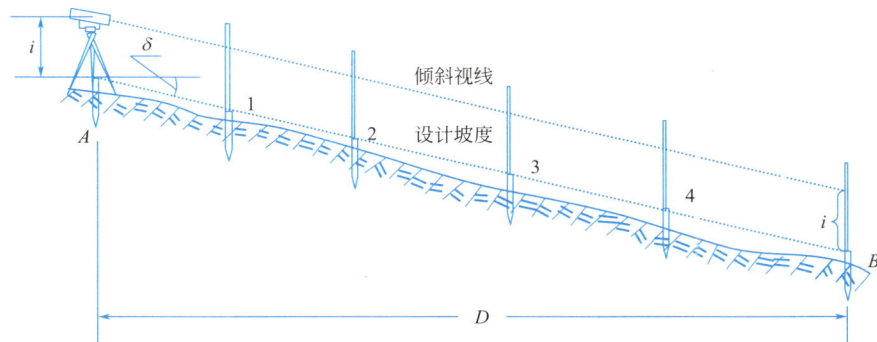

图 9-16 倾斜视线法

为了在 $AB$ 间加密 1、2、3、4 等点，在 $A$ 点安置水准仪时，使一个脚螺旋在 $AB$ 方向线上，另两个脚螺旋的连线大致与 $AB$ 线垂直，量取仪器高 $i$，用望远镜照准 $B$ 点水准尺，旋转在 $AB$ 方向上的脚螺旋，使 $B$ 点桩上水准尺上的读数等于 $i$，此时仪器的视线即为设计坡度线。在 $A$、$B$ 中间各点打上木桩，并在桩上立尺使读数皆为 $i$，这样各桩桩顶的连线就是放样坡度线。当设计坡度较大时，可利用经纬仪定出中间各点。

### 2. 水平视线法

如图 9-17 所示，$A$、$B$ 为设计坡度线的两个端点，$A$、$B$ 连线的坡度为 $\delta$，$H_A$、$H_B$ 分别为 $A$ 点和 $B$ 点的高程，在 $AB$ 方向线上按等间距 $d$ 钉上木柱，要求在木桩上标定出坡度为 $\delta$ 的坡度线。

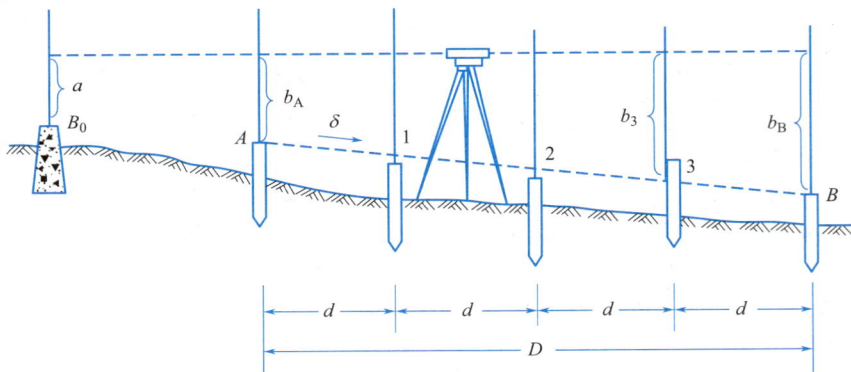

图 9-17  水平视线法

放样时计算各点的设计高程为：

$$H_1 = H_A + \delta_d$$
$$H_2 = H_1 + \delta_d$$
$$H_3 = H_2 + \delta_d$$

$H_B = H_3 + \delta_d$ 或 $H_B = H_A + \delta_D$ 用以检核。

计算各点高程时注意坡度 $\delta$ 的正、负号，然后在适当的位置（以少设站为原则）安置水准仪，后视水准点 $B_0$ 读数为 $a$，得仪器视线高 $H_i = H_{B_0} + a$，则：

$$b_A = H_i - H_A, \quad b_i = H_i - H_i, \quad b_B = H_i - H_B$$

将水准尺分别贴靠在各木桩的侧面上，上下移动尺子，直至读数为 $b_i$ 时，便可利用水准尺底面在木桩上做标记线，该线就在 $AB$ 的坡度线上。

需要注意的是，当放样距离较大时应校正水准仪的 $i$ 角误差。

## 小结

本章介绍了基本放样的方法。在地面上测设已知水平距离，根据测量仪器工具的不同，可以用钢尺和光电测距仪测设法；测设水平角是根据一个已知方向和角顶位置，按给定的水平角值，把该角的另一方向在实地上标定出来，根据精度要求不同，测设方法有一般测设和精确测设；高程的测设与传递包括地面上点的高程测设，开挖基槽或修建较高建筑向低处或高处传递高程；点的平面位置测设方法包括直角坐标法、极坐标法、角度交会法和距离交会法等；道路、管道、地下工程、场地平整等工程施工中测设已知设计坡度；地面已知两点之间或延长线上测设一些点，使之位于两点的直线上。

## 思考题 🔍

1. 角度放样的方法有哪几种?

2. 已知 $M$ 点的坐标为 $x_m = 13.67\text{m}$,$y_m = 85.01\text{m}$,$MN$ 的坐标方位角为 $\alpha_{MN} = 260°15'15''$,若要放样坐标为 $x_P = 45.78\text{m}$,$y_P = 84.98\text{m}$ 的 $P$ 点,求仪器安置在 $M$ 点用极坐标法放样 $P$ 点的所需数据,并叙述放样步骤。

3. 已知控制点 $A$(151.35,243.58)、$B$(200.34,220.56),待定点 $P$(110.23,201.45),试计算用前方交会法放样 $P$ 点的数据。

4. 要在 $AB$ 放样一条坡度为 $-5\%$ 的坡度线,已知 $A$ 点的高程为 32.486m,$AB$ 两点间的水平距离为 100m,则 $B$ 点的高程为多少?

# 学习情境 10

## Chapter 10

## 道路中线测量

42.
中线测量

### 知识目标

理解路线交点、转点、转角、里程桩的概念和测设方法。

掌握圆曲线的要素计算和主点测设方法；圆曲线的切线支距法和偏角法的计算公式和测设方法；当遇障碍时圆曲线的测设方法及缓和曲线的测设方法。

### 能力目标

学会圆曲线及缓和曲线的测设要素计算。

熟知圆曲线及缓和曲线的测设方法。

### 思政目标

加强中华优秀传统文化知识教育，促进学生德技并修。

弘扬劳动光荣、技能宝贵、创造伟大的时代风尚。

弘扬精益求精的专业精神、职业精神、工匠精神和劳模精神。

## 情境链接

### 世界最弯的公路——云南宜良旧昆宜公路

　　云南宜良旧昆宜公路号称是全世界弯道最密集的公路。在中国960万 km² 的神州大地上，分布着密密麻麻的高山、大江、平原、湖泊，国内外游客都惊叹于天工造物的神奇。而在沟通南北、东西的公路上又处处点缀着能工巧匠们费尽心血，并为之付出生命代价的印记。群山峻岭中深藏着开拓者们大无畏的先驱精神，也回应着探索者们"煮酒论英雄"的赞叹。"驴友"、自驾游者都以征服曲折的山路、弯道；熟练爱车的操控技术；撷取最美的壮阔风景为佳话。这些，都是时代的最强音。在几公里的山路上，密布着近70道拐，平均几十米就有一个弯道，其密度之大，远超过一直被人们认为是弯道最多的川藏线上八宿到邦达路段的"72道拐"（图10-1）。

　　要设计这些弯道就需要设计道路中线，就需要用到道路中线测量，就需要掌握圆曲线的要素计算和主点测设方法，掌握圆曲线的切线支距法和偏角法的计算公式和测设方法，以及当遇障碍时圆曲线的测设方法及缓和曲线的测设方法。

图 10-1　云南宜良旧昆宜公路

　　道路的平面线型，一般由直线和曲线组成。中线测量就是通过直线和曲线的测设，将道路中心线具体测设到地面上去。中线测量包括测设中线各交点（JD）和转点（ZD）、量距和钉桩、测量路线各偏角（$\alpha$）、测设圆曲线等。道路中线测量是道路工程测量中关键性的工作，它是测绘纵、横断面图和平面图的基础，是道路设计、施工和后续工作的依据。

# 10.1　新建道路初测

　　新建道路初测主要包括导线测量、高程测量、地形测量、收集水文地质资料等。初测在一条道路的全部勘测工作中占有重要地位，它决定着路线的基本方向。

## 10.1.1 导线测量

导线测量是测绘路线带状地形图和定测放线的基础。道路工程的路线一般较长，可能跨越一个带，两个带甚至更多。所以，在路线控制测量中，长度变形是一个不可避免的问题，《公路勘测细则》规定每公里投影长度变形应小于 2.5cm，当投影长度变形值满足要求时采用高斯正形投影 3 度带平面直角坐标系，当投影长度变形值不能满足要求时，可采用投影于抵偿高程面上的高斯正形投影 3°带平面直角坐标系统。导线应沿初步确定的路线铺设并要求全线通测，统一平差。导线每隔一定距离应与国家控制点闭合。在地形复杂、纵坡受限制的山区，导线可大致按平均纵坡布设。导线点应设置在施测方便，易于保存的地方。选定导线时应现场绘制草图，做好详细记录。主要技术要求见表 10-1～表 10-3。本章选用的规范和规定无特殊说明均选自《公路勘测规范》JTG C10—2007。

**导线测量的主要技术要求** 表 10-1

| 测量等级 | 附和导线长度(km) | 边数 | 每边测距中误差(mm) | 单位权中误差(″) | 导线全长相对闭合差 | 方位角闭合差(″) |
|---|---|---|---|---|---|---|
| 三等 | ≤18 | ≤9 | ≤±14 | ≤±1.8 | ≤1/52000 | ≤3.6$\sqrt{n}$ |
| 四等 | ≤12 | ≤12 | ≤±10 | ≤±2.5 | ≤1/35000 | ≤5$\sqrt{n}$ |
| 一级 | ≤6 | ≤12 | ≤±14 | ≤±5.0 | ≤1/17000 | ≤10$\sqrt{n}$ |
| 二级 | ≤3.6 | ≤12 | ≤±11 | ≤±8.0 | ≤1/11000 | ≤16$\sqrt{n}$ |

注：1. 表中 $n$ 为测站数。
　　2. 以测角中误差为单位权中误差。
　　3. 导线网节点间的长度不得大于表中长度的 0.7 倍。

**光电测距的主要技术要求** 表 10-2

| 平面控制网等级 | 观测次数 | | 每边测回数 | | 一测回读数间较差(mm) | 单程各测回较差(mm) | 往返较差 |
|---|---|---|---|---|---|---|---|
| | 往 | 返 | 往 | 返 | | | |
| 二等 | ≥1 | ≥1 | ≥4 | ≥4 | ≤5 | ≤7 | |
| 三等 | ≥1 | ≥1 | ≥3 | ≥3 | ≤5 | ≤7 | |
| 四等 | ≥1 | ≥1 | ≥2 | ≥2 | ≤7 | ≤10 | ≤$\sqrt{2}(a+b\cdot D)$ |
| 一级 | ≥1 | | ≥2 | | ≤7 | ≤10 | |
| 二级 | ≥1 | | ≥1 | | ≤12 | ≤17 | |

注：1. 测回是指照准目标一次，读数 4 次的过程。
　　2. 表中 $a$ 为固定误差，$b$ 为比例误差系数，$D$ 为水平距离（km）。

**水平角观测的主要技术要求** 表 10-3

| 测量等级 | 经纬仪型号 | 光学测微器两次重合读数差(″) | 半测回归零差(″) | 同一测回中 2c 较差(″) | 同一方向各测回间较差(″) | 测回数 |
|---|---|---|---|---|---|---|
| 二等 | DJ$_1$ | ≤1 | ≤6 | ≤9 | ≤6 | ≥12 |
| 三等 | DJ$_1$ | ≤1 | ≤6 | ≤9 | ≤6 | ≥6 |
| | DJ$_2$ | ≤3 | ≤8 | ≤13 | ≤9 | ≥10 |

续表

| 测量等级 | 经纬仪型号 | 光学测微器两次重合读数差(") | 半测回归零差(") | 同一测回中2c较差(") | 同一方向各测回间较差(") | 测回数 |
|---|---|---|---|---|---|---|
| 四等 | DJ₁ | ≤1 | ≤6 | ≤9 | ≤6 | ≥4 |
| 四等 | DJ₂ | ≤3 | ≤8 | ≤13 | ≤9 | ≥6 |
| 一级 | DJ₂ | — | ≤12 | ≤18 | ≤12 | ≥2 |
| 一级 | DJ₆ | — | ≤24 | — | ≤24 | ≥4 |
| 二级 | DJ₂ | — | ≤12 | ≤18 | ≤12 | ≥1 |
| 二级 | DJ₆ | — | ≤24 | — | ≤24 | ≥3 |

注：当观测方向的垂直角超过±3°时，该方向的2C较差可按同一观测时间内相邻测回进行比较。

## 10.1.2　水准测量

道路高程系统采用"1985国家高程基准"。同一个道路工程项目应采用统一的高程系统，并应与相邻项目的高程系统衔接。不能采用同一系统的，应给定高程系统的转换关系。独立工程或三级以下公路联测有困难时可以采用假定高程，路线高程控制网应全线贯通统一平差。各等级路线高程控制网最弱点高程中误差不得大于±25mm。跨越河流和深谷的大桥、特大桥的高程控制网最弱点高程中误差不得大于±10mm。每公里观测高差中误差和附合（环线）水准路线长度应小于表10-4的规定。当附合（环线）水准路线长度超过规定时应采用双摆站的方法进行测量，但其长度不得大于表10-4规定的两倍，每站高差较差应小于基辅（黑红）面高差较差的规定，一次双摆站为一单程，取其平均值计算的往返较差、附和（环线）闭合差应小于相应限差的0.7倍。沿线布设水准点距路线中线的距离应大于50m，小于300m。相邻两水准点间距以1～1.5km为宜，特大型构造物每一段应埋设2个以上高程控制点。水准点位置应稳固可靠，并考虑到详测和施工时的方便，水准测量的主要技术要求见表10-4。

水准测量的主要技术要求　　　　　　　　　　　表10-4

| 测量等级 | 每公里高差中数中误差(mm) | | 附和或环线水准路线长度(km) | | 往返较差、附合或环线闭合差(mm) | | 检测已测测段高差之差(mm) |
|---|---|---|---|---|---|---|---|
| | 偶然中误差 $M_\Delta$ | 全中误差 $M_W$ | 路线、隧道 | 桥梁 | 平原、微丘 | 重丘、山岭 | |
| 二等 | ±1 | ±2 | 600 | 100 | $4\sqrt{l}$ | $\leq 4\sqrt{l}$ | $\leq 6\sqrt{l_i}$ |
| 三等 | ±3 | ±6 | 60 | 10 | $\leq 12\sqrt{l}$ | $\leq 3.5$或$\leq 15\sqrt{l}$ | $\leq 20\sqrt{l_i}$ |
| 四等 | ±5 | ±10 | 25 | 4 | $\leq 20\sqrt{l}$ | $\leq 6.0\sqrt{n}$或$\leq 25\sqrt{l}$ | $\leq 30\sqrt{l_i}$ |
| 五等 | ±8 | ±16 | 10 | 1.6 | $\leq 30\sqrt{l}$ | $\leq 45\sqrt{l}$ | $\leq 40\sqrt{l_i}$ |

注：控制网节点间的长度不应大于表中长度的0.7倍。计算往返较差时，$l$为水准点之间的路线长度（km）；计算附和或环线的路线长度（km）$n$为测站数。$l_i$为检测段长度（km），小于1km时按1km计算。

## 10.1.3 地形测量

初测阶段的地形测量包括全路线的带状地形图测绘和拟设构筑物处的地形图测绘。带状地形图的图根平面控制测量应闭合或附合于路线等级控制点上。当需要加密时图根控制不宜超过 2 次附合。条件受限制时可布设成支导线，支导线的边数不要超过 3 条。图根点的密度应根据测图比例尺和地物、地貌复杂程度以及测图方法而定。平坦开阔地区用大平板、小平板配合经纬仪测图时图根点（含基础控制点）密度应符合表 10-5 的规定。在地物、地貌复杂或隐蔽地区应视复杂和隐蔽程度适当加大密度。采用全站仪（测距仪）测图的图根点密度可取表中值的 0.4 倍，采用 RTK 测图的图根点密度可取表中值的 0.2 倍。

地形图图根点密度        表 10-5

| 测图比例尺 | 图根点密度(点/km²) | 测图比例尺 | 图根点密度(点/km²) |
|---|---|---|---|
| 1∶500 | ≥145 | 1∶2000 | ≥14 |
| 1∶1000 | ≥45 | 1∶5000 | ≥7 |

带状地形图测绘的比例尺一般选用 1∶2000，测绘宽度根据公路等级、定线方法而定。总的原则是二级及二级以上公路中线每侧不宜小于 300m。采用现场定线时地形图的测绘范围中线每侧不宜小于 150m。高速公路、一级公路采用分离式路基时，地形图应覆盖中间带。当两条路线相距很远或两条路线中间为大河与高山时，中间地带的地形图可不测绘。当公路等级低且无需利用地形图进行纸上定线时，可利用纵横断面资料配合仪器测量现场勾绘地形图。对于地物、地貌简单，地势平坦的工区，测图比例尺也可适当调整，但不能小于 1∶5000。工点地形图的测绘比例尺应选用 1∶500，测绘范围应根据用图需要确定地形图等高距规定，见表 10-6。地形图测绘的地形点分布密度，应能反映地形地貌的特征，满足正确插入等高线的需要，高程注记点应分布均匀，其密度满足表 10-7 规定。

地形图等高距        表 10-6

| 地形类别 | 不同比例尺的基本等高距(m) | | | |
|---|---|---|---|---|
| | 1∶500 | 1∶1000 | 1∶2000 | 1∶5000 |
| 平原 | 0.5 | 0.5 | 1.0 | 1.0 |
| 微丘 | 0.5 | 1.0 | 1.0 | 2.0 |
| 重丘 | 1.0 | 1.0 | 2.0 | 5.0 |
| 山岭 | 1.0 | 2.0 | 2.0 | 5.0 |

地形图上高程注记点间距        表 10-7

| 比例尺 | 1∶500 | 1∶1000 | 1∶2000 | 1∶5000 |
|---|---|---|---|---|
| 高程注记点间距(m) | ≤15 | ≤30 | ≤50 | ≤100 |

### 10.1.4　初测需提交的资料

#### 1. 测量成果及计算等资料
包括纵、横断面图，带状地形图、重点工程地段的地形图，控制测量资料。
#### 2. 各种勘测、调查原始记录及检验资料
包括水准记录表、导线记录表、纵横断面记录表，水文、地质、桥涵等调查资料和检验材料。
#### 3. 勘测报告及有关协议、纪要文件
包括概述、线路情况、勘测过程、勘测前资料收集情况、问题与建议等。
#### 4. 其他
根据设计需要编制的各种图表、说明资料。

## 10.2　定线测量

道路中线测量是通过直线和曲线测设，将道路中心线具体放样到地面上去。中线测量包括路线的交点（JD）和转点（ZD）的测设、路线转角（$\alpha$）的测定、中线里程桩的测设、路线圆曲线测设等。

路线的平面图形如图 10-2 所示，是由直线和曲线组成的。路线改变方向时，两相邻直线延长线的相交点称为路线的交点，它是详细测设路线中线的控制点。转点，是指当相邻两交点之间距离较长或互不通视时，需要在其连线或延长线上定出一点或数点以供交点、测角、量距或延长线时瞄准使用。这种在道路中线测量中起传递方向作用的点称为转点。

图 10-2　路线的平面图形

对于一般低等级公路，可以采用一次定测的方法直接在现场标定。对于高等级公路或地形复杂地段，则必须先在初测的带状地形图上定线，又称纸上定线。然后再用下列方法进行实地测设。

### 10.2.1　交点测设

#### 1. 穿线放线法
穿线放线法是纸上定线放样到现场时常用的方法，适用于地形不太复杂，定测中线和初测导线不远的地区。它以初测的带状地形图上就近的导线点为依据，按照地形图上设计的路线与导线之间的角度和距离的关系，在实地将路线中线的直线段独立地测设到地面上，然后将相邻直线延长线相交，定出交点位置。具体做法如下：

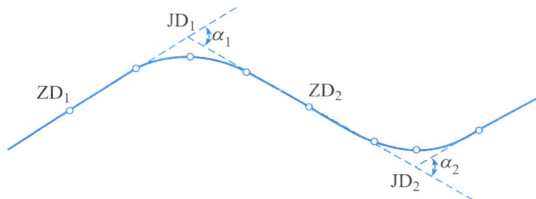

163

（1）室内选点，在图上量取支距，准备测设数据

根据纸上线路和初测导线的关系，在初测地形图之上选择定测中线转点位置，位置应该选在地势高、通视良好的地方。找出纸上线路各转点和初测导线的相互关系，作为放线的依据。如图 10-3 所示，欲将纸上定出的两段直线 $JD_3$-$JD_4$ 与 $JD_4$-$JD_5$ 测设于实地。首先在图上选出 1、2、3、4、5、6 等临时点，这些临时点可选择支距点，即垂直于测图导线边的直线与纸上定线的直线（如 $JD_3$-$JD_4$，$JD_4$-$JD_5$）相交的点，如 1、2、4、5、6 点；也可选择测图导线边与纸上定线的直线相交的点，如 3 点。为便于检核，直线上至少取三个临时点，并保证相互通视。$D_7$、$D_8$、$D_9$、$D_{10}$、$D_{11}$ 为导线点，在图上量取支距 $L_1$、$L_2$、$L_3$、$L_4$、$L_5$ 和 $D_8$ 到 3 点的距离 $L_7$。

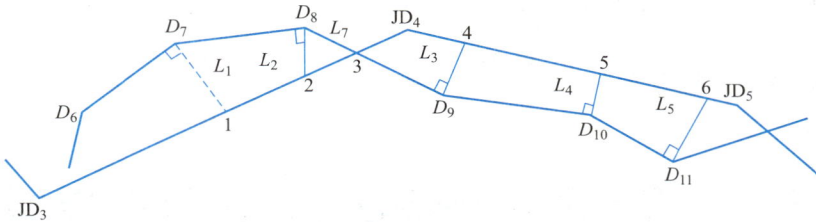

图 10-3　初测导线与纸上定线

（2）现场放线

采用经纬仪和光电测距仪或者全站仪来对各中线转点的支距进行实地测设，用来严格控制线路位置，如果点位不太合适，可以对支距或者角度进行调整。用皮尺和方向架（或经纬仪）按图上所量支距在实地标定出路线点 1、2、3、4、5、6 作为临时点。即在 $D_7$ 点上安置方向架（或经纬仪）瞄准 $D_6$，拨直角即为 $D_7$-1 方向，在用皮尺沿 $D_7$-1 方向量取支距 $L_1$ 即可定出 1 点，同法可定出 2、4、5、6 点；再在导线点 $D_8$ 架设经纬仪瞄准导线点 $D_9$ 即定出 $D_8$-3 的方向，在此方向上从 $D_8$ 点量取 $L_7$ 即得 3 点。

（3）穿线

由于图解数据和测设误差的影响，所放的点一般不在一条直线上，如图 10-4 所示：4、5、6 三点不在一条直线上，这时可以采用目估法或经纬仪法穿线，适当调整各点，使其位于同一条直线 $JD_4JD_5$ 上。

图 10-4　穿线

（4）定交点

如图 10-5 所示，当相邻两直线 $AB$、$CD$ 测设于实地后，即可延长直线交会定交点（JD），其操作步骤如下。

1）将经纬仪安置在 $B$ 点，盘左瞄准 $A$ 点，倒转望远镜沿视线方向，在交点 JD 点附近，打下两个木桩，俗称骑马桩，并沿视线方向用铅笔在两桩顶上分别标出 $a_1$ 和 $b_1$。

2）盘右瞄准 $A$ 点，再倒转望远镜，用与上述同样的方法在两桩顶上又标出 $a_2$ 和 $b_2$。

3）分别取 $a_1$ 与 $a_2$、$b_1$ 与 $b_2$ 的中点并在两桩上钉上小钉得 $a$、$b$ 两点。

4）用细线将 $a$、$b$ 两点连接（这种以盘左、盘右两个盘位延长直线的方法称为正倒镜分中法）。

5）将仪器搬到 $C$ 点，瞄准 $D$ 点，同法定出 $c$、$d$ 两点，拉上细线。

6）在两条细线交点打下木桩，并钉上小钉，即为交点 JD。

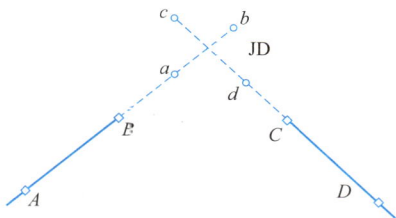

图 10-5　定交点

### 2. 拨角放线法

如图 10-6 所示，首先根据导线点的坐标和交点的设计坐标，用坐标反算方法计算出一段直线的距离和坐标方位角，从而算出交点上的转向角，用极坐标法、距离交会法或角度交会法测设起始交点。拨角放线时首先标定分段放线的起点 $JD_1$，用经纬仪在现场直接拨角量距定出交点 $JD_2$ 位置。$C_1$、$C_2 \cdots C_6$ 为导线点，在 $C_1$ 安置经纬仪，拨角 $\beta_1$，量出距离 $S_1$，定出交点 $JD_1$。在 $JD$ 安置经纬仪，拨角 $\beta_2$，量出距离 $S_2$，定出 $JD_2$。依次可定出其他交点。

这种方法工作效率高，是用于测量控制点较少线路，但其缺点是放线误差累积，为了保证测设的中线位置不致偏离理论位置过大，中线每隔 5～10km 应与初测导线（或航测外控点、GPS 点）联测一次，其闭合差不应超过表 10-8 的规定。

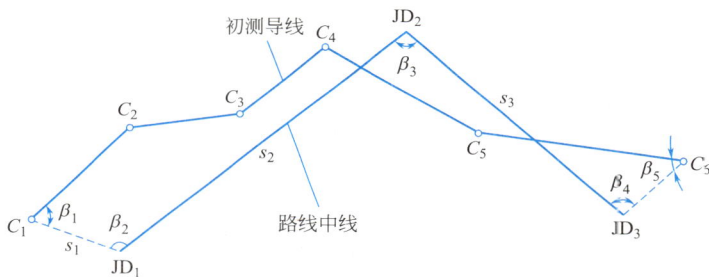

图 10-6　拨角放线

闭合差　　　　　　　　　　　　　　　　　　表 10-8

| 公路等级 | 纵向相对闭合差 | | 横向相对闭合差(cm) | | 角度闭合差(") |
|---|---|---|---|---|---|
| | 平原、微丘 | 重丘、山岭 | 平原、微丘 | 重丘、山岭 | |
| 高速公路，一、二级公路 | 1/2000 | 1/1000 | 10 | 10 | 60 |
| 三级及三级以下公路 | 1/1000 | 1/500 | 10 | 15 | 120 |

当闭合差超限时，应查找原因，纠正放线点位。若闭合差在限差以内，则应在联测处截断累积误差，使下一个放线点回到设计位置上。

## 10.2.2　转点测设

当两交点间距离较远但能通视，或已有转点需加密时，可采用经纬仪直接定线或经纬仪正倒镜分中法测设转点。当相邻两交点互不通视时，可用下述方法测设转点。

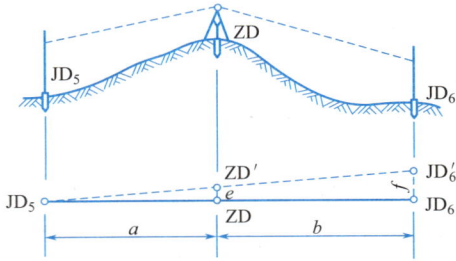

图 10-7　两交点间设转点

**1. 两交点间设转点**

如图 10-7 所示，$JD_5$、$JD_6$ 为相邻而互不通视的两个交点，$ZD'$ 为初定转点。将经纬仪置于 $ZD'$，用正倒镜分中法延长直线 $JD_5$-$ZD'$ 至 $JD_6'$。如 $JD_6'$ 与 $JD_6$ 重合或偏差在路线容许的范围内，则转点位置即为 $ZD'$，这时应将 $JD_6$ 移至 $JD_6'$ 并在桩顶上钉上小钉表示交点位置。当偏差超过允许范围或 $JD_6$ 为死点，不许移动时，则需重新设置转点。设 $JD_6'$ 与 $JD_6$ 的偏差为 $f$，用视距法测定 $a$、$b$，则 $ZD'$ 应横向移动的距离 $e$ 的计算见下式：

$$e = \frac{a}{a+b}f \tag{10-1}$$

将 $ZD'$ 沿偏差 $f$ 的相反方向横移 $e$ 至 $ZD$。将仪器移至 $ZD$，延长直线 $JD_5$-$ZD$，看是否通过 $JD_6$，或偏差 $f$ 是否小于容许值。否则应再次设置转点，直至符合要求为止。

**2. 延长线上设转点**

如图 10-8 所示，设 $JD_8$、$JD_9$ 为互不通视的相邻两交点，可在其延长线上初定转点 $ZD'$。将经纬仪置于 $ZD'$，盘左瞄准 $JD_8$，在 $JD_9$ 处标出一点；盘右再瞄准 $JD_8$，在 $JD_9$ 处也标出一点，定两点后取其中点 $JD_9'$。若 $JD_9'$ 与 $JD_9$ 重合或偏差值 $f$ 在容许范围之内，即可将 $JD_9'$ 代替 $JD_9$ 作为交点，$ZD'$ 即作为转点。否则应调整 $ZD'$ 的位置。设 $e$ 为 $ZD'$ 应横向移动的距离，$a$、$b$ 分别

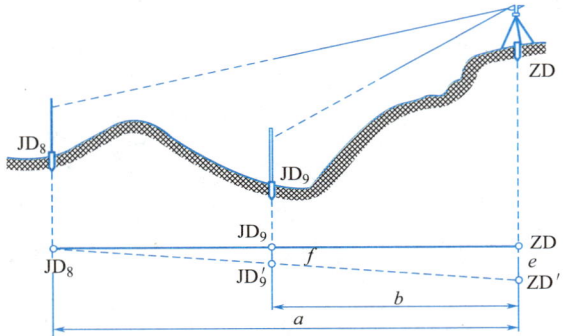

图 10-8　延长线上设转点

为 $ZD$ 到 $JD_8$ 和 $JD_9$ 的距离，量出 $JD_9$-$JD_9'$ 的距离 $f$ 值。则 $ZD'$ 应横向移动的距离 $e$ 为：

$$e = \frac{a}{a-b}f$$

将 $ZD'$ 沿偏差 $f$ 的相反方向横移 $e$ 值得新转点 $ZD$。将仪器移至 $ZD$，重复上述方法，直到偏差 $f$ 小于容许值为止。否则应再次设置转点，直至符合要求为止。

## 10.2.3　路线右角测定与转角计算

在路线的转折处，为了设置曲线通常需要测定转角。所谓转角，就是指路线由一个方向偏转至另一方向时，偏转后的方向与原来方向间的夹角，以 $\alpha$ 表示。如图 10-9 所示，偏转后的方向位于原来方向右侧时，称为右转角，如 $\alpha_右$。偏转后的方向位于原来方向左侧时，称为左转角，如 $\alpha_左$。在路线的交点处应根据交点前、后的转点或交点，测定路线的转角，通常测定路线方向的右角 $\beta$ 来计算路线的转角。

当 $\beta < 180°$ 时，为右转角，表示路线向右转，$\alpha_右 = 180° - \beta$；

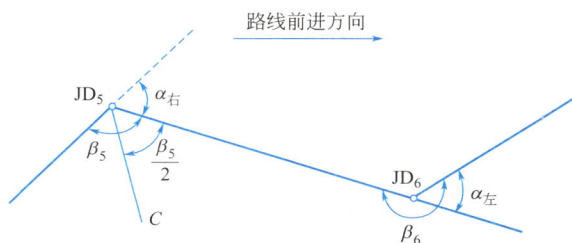

图 10-9　右角和转角

当 $\beta > 180°$ 时，为左转角，表示路线向左转 $\alpha_左 = \beta - 180°$。

## 10.2.4　曲线中点方向桩设置

在 $\beta$ 角测定以后，直接定出其分角线方向 $C$，如图 10-8 所示，在此方向上钉临时桩，作为以后测设道路的圆曲线中点之用。

## 10.2.5　视距测量

视距测量可以实测两点间的水平距离和高差，主要是对钢尺量距的检核，平坦地区可用水准仪进行视距测量，非平坦地区可用经纬仪进行视距测量。

## 10.2.6　方位角校核

拨角放线法中拨角及量距误差的累积使长距离的放线点的点位偏差较大，因此应每隔一定距离进行方位角或点位的校核。方法有经纬仪配合钢尺量距的方法；在导线点上用全站仪测出预校核边的两个端点坐标反算方位角的方法；RTK 定点技术校核等。当限差在允许范围内时在此截断，下一个交点的测设利用检校数据重新计算测设数据拨角放样，当限差不满足要求时，查找原因，必要时重新测设此段数据。当路线无法与高级控制点联测时，一般来说应每天开工与收工时，测磁方位角至少一次，以便与推算的磁方位角核对，其误差不应超过 $2°$。超过限度要查明原因及时纠正。

## 10.2.7　里程桩的设置

在路线的定测中，当路线的交点、转角测定后，为了确定路线中线的具体位置和路线长度，满足路线纵横断面测量以及为路线施工放样打下基础，则必须由路线的起点开始每隔 20m 或 50m（曲线上根据不同半径每隔 20m、10m 或 5m）钉设木桩标记，称为里程桩。桩上正面写有桩号，背面写有编号，桩号表示该桩沿路线至起点的水平距离。如某桩至路线起点距离为 4200.75m，桩号为 K4＋200.75。编号是反映桩间的非列顺序，以 9 为一组，循环进行。

里程桩分为整桩和加桩两种。整桩是按规定每隔20m或50m设置的里程桩，百米桩、公里桩和路线起点桩均为整桩。加桩分地形加桩、地物加桩、曲线加桩、关系加桩等。地形加桩，是指沿中线地形坡度变化处设置的桩。地物加桩，是指沿中线上的建筑物和构筑物处设置的桩。曲线加桩，是指在曲线起点、中点、终点设置的桩。关系加桩，是指在路线交点和转点（中线上传递方向的点）设置的桩。对交点、转点和曲线主点桩还应注明桩名缩写，目前我国路线中采用表10-9中路线主要标志名称表。

**曲线上的主要点**　　　　　　　　　　　　　　　　　　　　表 10-9

| 标志点名称 | 简称 | 缩写 | 标志点名称 | 简称 | 缩写 |
|---|---|---|---|---|---|
| 转角点 | 交点 | JD | 公切点 | 公切点 | GQ |
| 转点 | 转点 | ZD | 第一缓和曲线起点 | 直缓点 | ZH |
| 圆曲线起点 | 直圆点 | ZY | 第一缓和曲线终点 | 缓圆点 | HY |
| 圆曲线中点 | 曲中点 | QZ | 第二缓和曲线起点 | 圆缓点 | YH |
| 圆曲线终点 | 圆直点 | YZ | 第二缓和曲线终点 | 缓直点 | HZ |

在设置里程桩时，如出现桩号与实际里程不相符的现象叫断链。断链的原因主要是由于计算和丈量发生错误，或由于路线局部改线等造成的。断链有"长链"和"短链"之分，当路线桩号大于地面实际里程时叫短链，反之叫长链。出现断链后，要在测量成果和有关设计文件中注明断链情况，并要在现场设置断链桩，断链桩要设置在10m整数倍上为宜，桩上要注明前后里程的关系及长（短）多少距离。

在里程桩设置时，等级公路用经纬仪定线，用钢尺和测距仪测距。简易公路用标杆定线，用皮尺或测绳量距。每隔3~5km应做一次检核，长度相对闭合差不得大于1/1000。

## 10.3　圆曲线测设

在道路工程中，当路线由一个方向转到另一个方向时，一般用曲线来连接。曲线的形式较多，其中圆曲线是最常用的曲线形式。圆曲线的测设分两部分进行，先测设曲线的主点，称为圆曲线的主点测设，即测设圆曲线的起点又称为直圆点、中点又称为曲中点、终点又称为圆直点。然后在主点之间进行加密，按规定桩距测设曲线的其他各桩点，完整地标定出曲线的位置，这项工作称为曲线的详细测设。

### 10.3.1　圆曲线要素

如图10-10所示，$A$ 为某道路中线点，道路中线由 $A$-$C$ 方向转变为另一直线方向 $C$-$B$。为了行车安全，需在其间设置平面圆曲线 "ZY-QZ-YZ"。

$R$—圆曲线半径，在测设中根据路线等级及地形条件选定；

$\alpha$—转向角，由设计图纸提供，或在路线定测时实测；

JD—转向点，即交点，根据工程的设计条件测设；

ZY—直圆点，圆曲线的起点；

QZ—曲中点，圆曲线的中点；

YZ—圆直点，圆曲线的终点；

$T$—切线长，JD 至 ZY（YZ）的直线距离；

$L$—曲线长，ZY 至 YZ 的弧长；

$E$—外矢距，JD 至 QZ 的直线距离；

通常把圆曲线的 $R$、$\alpha$、$T$、$L$、$E$、$Q$ 等元素称为圆曲线要素。$R$ 是在设计中按路线等级及地形条件等因素选定的，$\alpha$ 是路线选线时测出的，其余四要素的计算公式为（$Q$ 为切曲差，两倍切线长与曲线长之差）：

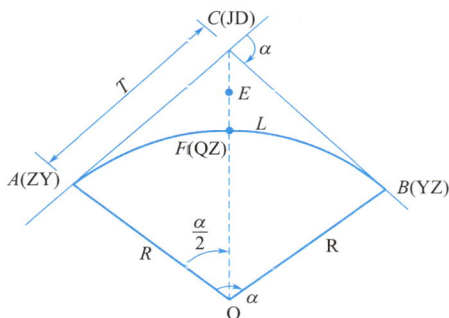

图 10-10　圆曲线要素

$$T = R \cdot \tan \frac{\alpha}{2} \tag{10-2}$$

$$L = R \cdot \alpha \cdot \frac{\pi}{180^\circ} \tag{10-3}$$

$$E = R \cdot \left( \sec \frac{\alpha}{2} - 1 \right) \tag{10-4}$$

$$Q = 2T - L \tag{10-5}$$

## 10.3.2　圆曲线主点测设

### 1. 主点里程桩号的计算

在中线测量过程中，路线交点（JD）的里程桩号是实际丈量的，而曲线主点的里程桩号是根据交点的里程桩号推算而得的。其计算步骤为：

| 交点： | JD 里程 |
| 圆曲线起点： | $-$　T |
| | ZY 里程 |
| 圆曲线终点： | $+$　L |
| | YZ 里程 |
| 圆曲线中点： | $-$　L/2 |
| | QZ 里程 |
| 校核： | $+$　Q/2 |
| | JD 里程 |

【例 10-1】　路线交点 JD 的里程为 K12＋456.25，转角 $\alpha = 25°41'20''$，圆曲线设计半径 $R = 400$m，求圆曲线的主点里程。

【解】

按照公式（10-2）～公式（10-5）可得：

$$T = R \cdot \tan\frac{\alpha}{2} = 400 \times \tan\frac{25°41'20''}{2} = 91.204(\text{m})$$

$$Q = 2T - L = 2 \times 91.204 - 179.343 = 3.065$$

$$E = R \cdot \left(\sec\frac{\alpha}{2} - 1\right) = 30 \times \left(\sec\frac{25°41'20''}{2} - 1\right) = 10.280(\text{m})$$

则有

$$L = R \cdot \alpha \cdot \frac{\pi}{180°} = \frac{\pi}{180°} \times 25°41'20'' \times 400 = 179.343(\text{m})$$

| | |
|---|---|
| JD 里程 | K12+465.25 |
| － 切线长 $T$ | － 91.20 |
| ZY 里程 | K12+365.05 |
| ＋ 曲线长 $L$ | ＋ 179.34 |
| YZ 里程 | K12+544.39 |
| － $L/2$ | － 89.67 |
| QZ 里程 | K12+454.72 |
| ＋ $Q/2$ | ＋ 1.53 |
| JD 里程 | K12+456.25（校核） |

### 2. 主点测设

（1）曲线起点（ZY）测设

在交点 JD 上安置经纬仪，以起点或上一个交点定向，自交点 JD 沿视线方向量取距离 $T$，即得曲线起点 ZY。

（2）曲线终点（YZ）测设

转动仪器，以下一个交点定向，自交点 JD 沿视线方向量取距离 $T$，即得曲线终点 YZ。

（3）曲线中点（QZ）测设

从交点 JD 沿分角线方向量取外距 $E$，便是曲线中点 QZ 的桩位。

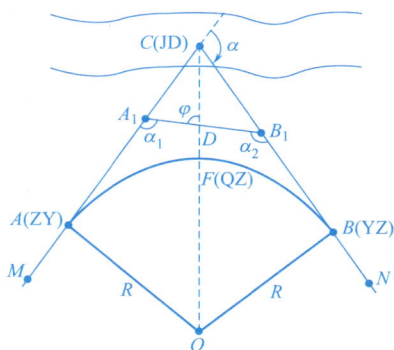

**图 10-11　圆曲线交点遇障碍物时主点的测设**

圆曲线主点是曲线的控制点，应加强检查。检核的方法是，在 ZY 点安置仪器，测定偏角 $\angle CAB$ 和 $\angle CAF$，若 $\angle CAB = \alpha/2$，$\angle CAF = \alpha/4$，则主点测设无误。

### 3. 交点不能安置仪器时圆曲线主点测设

在放样曲线时，有时遇到曲线的交点落在障碍物上或不易到达的地方。例如交点落在建筑物上或河流、湖泊中，这种情况的交点我们称为虚交点，如图 10-11 所示。对于虚交点情况，通常采用增设辅助交点（又称副交点）或设辅助导线的方法来放样圆曲线的主点。

在交点两旁相邻方向线上靠近曲线的适当位置上

选择两个辅助交点 $A_1$ 和 $B_1$，要求两辅助交点彼此通视，且便于量距。丈量距离 $A_1B_1$。在 $A_1$、$B_1$ 上分别安置经纬仪，测定角度 $\alpha_1$ 和 $\alpha_2$，则由图不难得出：$\alpha = 360° - \alpha_1 - \alpha_2$。

根据转角 $\alpha$ 和圆曲线设计半径 $R$，由公式（10-2）和公式（10-4）得圆曲线元素 $T$ 和 $E$。

由图中几何关系得：

$$A_1C = A_1B_1 \frac{\sin\alpha_2}{\sin\alpha}$$

$$B_1C = A_1B_1 \frac{\sin\alpha_1}{\sin\alpha}$$

$$A_1A = T - A_1C$$

$$B_1B = T - B_1C$$

$$AF = 2R\sin\frac{\alpha}{4}$$

因此，在 $A_1$ 点架设经纬仪以 $M$ 点为方向，量取 $A_1A$ 长即可放出 $A$ 点，同理可放出 $B$ 点；然后将经纬仪架设于 $A$ 点以 $M$ 点作后视，逆时针旋转 $180° - \frac{\alpha}{4}$，且在此方向上量取 $AF$ 长即可放出 $F$ 点。

### 10.3.3 圆曲线详细测设

当地形变化比较小，圆曲线的长度小于 40m 时，只要测设圆曲线的三个主点就能够满足设计与施工的需要。如果圆曲线较长或地形变化较大时，仅有三个主点已经不能控制整个曲线，因此需要按一定的桩距测设里程桩和加桩，才能详细地描述出曲线的形状和位置，满足线形和工程需要。这种里程桩和加桩称为曲线的辅点。测设曲线的辅点称为圆曲线的详细测设。辅点间距离（桩距）$l$ 与曲线半径 $R$ 有关，一般按照表 10-10 的规定设辅点间桩距。

间距　　　　　　　　　　　　　　　　　　　表 10-10

| 直线（m） | | 曲线（m） | | | |
|---|---|---|---|---|---|
| 平原微丘区 | 山岭重丘区 | 不设超高的曲线 | $R>60$ | $30<R<60$ | $R<30$ |
| $\leqslant 50$ | $\leqslant 25$ | 25 | 20 | 10 | 5 |

圆曲线详细测设的方法很多，其中常用的方法有支距法、偏角法和弦线偏距法。支距法实质上是直角坐标法。根据坐标系的选择不同，支距法又分为切线支距法和弦线支距法。

#### 1. 切线支距法
切线支距法以曲线的起点或终点为坐标原点，以切线为 $x$ 轴，以通过圆心的半径为 $y$ 轴，如图 10-12 所示。

（1）测设元素的计算

设 $i$ 为圆曲线上的放样点，$l_i$ 为圆曲线起点至测设点间的弧长，$\varphi_i$ 是 $l_i$ 所对的圆心角，$R$ 为圆曲线的半径。在所选坐标系内，测设点 $i$ 的坐标按下式计算。

$$x_i = R\sin\varphi_i \qquad (10-6)$$

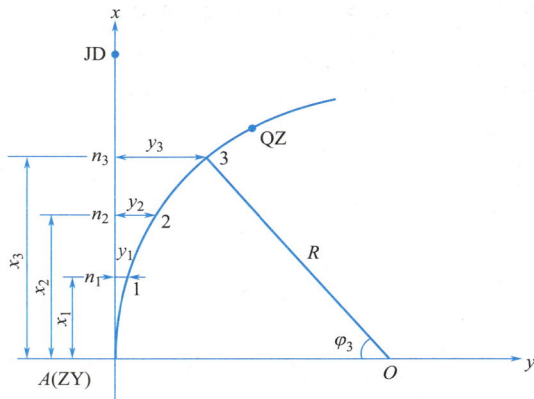

图 10-12　切线支距法

$$y_i = R(1 - \cos\varphi_i) \tag{10-7}$$

式中，$\varphi_i = l_i/R$；

将 $\varphi_i$ 代入公式（10-6）和公式（10-7），按级数展开并略去高次项后得：

$$x_i = l_i - \frac{l_i^3}{6R^2} \tag{10-8}$$

$$y_i = \frac{l_i^2}{2R} - \frac{l_i^4}{24R^3} \tag{10-9}$$

公式（10-8）和公式（10-9）就是计算切线支距法测设元素的公式。切线支距法的测设元素也可以在《曲线测设用表》中查取。

在实际工作中，为了测设的方便，在测设曲线之前，编制曲线上各点的里程和直角坐标值表，以便按表进行测设。

【例 10-2】　同前例，设转向角 $\alpha = 25°41'20''$，圆曲线半径 $R = 400\text{m}$，交点里程为 K12+456.25。圆曲线上各点的里程及直角坐标值列入表 10-11 中。

切线支距法坐标计算表　　　　　　　　　　　　　　　　表 10-11

| 桩号 | 曲线长（m） | 里程 | X（m） | Y（m） | 曲线元素 |
|---|---|---|---|---|---|
| ZY | 0 | K12+365.05 | 0.00 | 0.00 | |
| 1 | 10 | K12+375.05 | 10.00 | 0.12 | |
| 2 | 20 | K12+385.05 | 19.99 | 0.50 | |
| 3 | 30 | K12+395.05 | 29.97 | 1.12 | $\alpha = 25°41'20''$ |
| 4 | 40 | K12+405.05 | 39.93 | 2.00 | $R = 400(\text{m})$ |
| 5 | 50 | K12+415.05 | 49.87 | 3.12 | $T = 91.20(\text{m})$ |
| 6 | 60 | K12+425.05 | 59.78 | 4.49 | $L = 179.34(\text{m})$ |
| 7 | 70 | K12+435.05 | 69.64 | 6.11 | $E = 10.28(\text{m})$ |
| 8 | 80 | K12+445.05 | 79.47 | 7.97 | $q = 3.06(\text{m})$ |
| QZ | 89.67 | K12+454.72 | 88.92 | 10.01 | |

（2）测设步骤

在曲线起点（ZY）安置经纬仪，以交点（JD）定向，自 ZY 点沿视线方向分别量取距离 $x_1$、$x_2$、$x_3$…，得垂足点 $n_1$、$n_2$、$n_3$…。分别自垂足点沿垂直 $x$ 方向（曲线一侧）量取距离 $y_1$、$y_2$、$y_3$…，于是便得曲线上 1、2、3…。曲线的另一半，可在 YZ 点安置仪器，按同样方法进行测设。

测设的 QZ 点应与主点的测设位置一致，便于检核。对于其他位置点位，可用钢尺丈量相邻两点间的距离应等于相邻两点间的设计弦长进行检核。

### 2. 弦线支距法

弦线支距法就是以 ZY 或 YZ 为坐标原点，以通过原点的弦为 $x'$ 轴，以通过原点与 $x'$ 轴垂直的、并指向曲线方向的轴为 $y'$ 轴，组成如图 10-13 所示的坐标系，计算曲线上测设点在该坐标系中的坐标，按切线支距法的方法测设曲线点。弦线支距法的测设元素为：

$$x'_i = \frac{s}{2} - \sin\left(\frac{\alpha}{2} - \varphi_i\right)$$

$$y'_i = R\left[\cos\left(\frac{\alpha}{2} - \varphi_i\right) - \cos\frac{\alpha}{2}\right]$$

式中，$S = R\sqrt{2(1-\cos\alpha)}$；

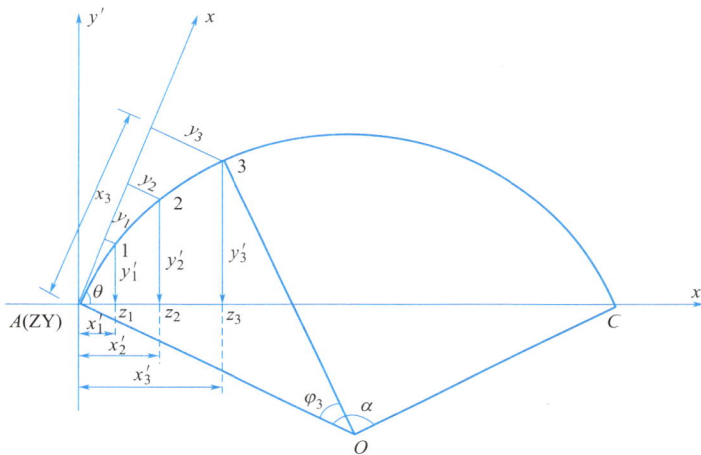

图 10-13　弦线支距法

$\phi_i = \dfrac{l_i}{R}$（弧度）。其中 $l_i$ 为圆曲线起点 $A$ 至放样点间的弧长，$\alpha$ 为 $x'$ 轴在圆曲线上所截弧对应的圆心角（如 $AC$ 弧）。

若知道了弦线 $AC$ 与切线的夹角 $\theta$，则圆曲线上点的弦线支距法坐标 $x'_i$ 和 $y'_i$，还可以用切线支距法中相应的坐标 $x_i$ 和 $y_i$，按下式计算。

$$\begin{bmatrix} y'_i \\ x'_i \end{bmatrix} = \begin{bmatrix} \sin\theta & -\cos\theta \\ \cos\theta & \sin\theta \end{bmatrix} \begin{bmatrix} x_i \\ y_i \end{bmatrix} \tag{10-10}$$

弦线支距法的测设步骤，与切线支距法相同。

支距法（切线支距法和弦线支距法）适用于平坦地区，且曲线不太长的情况。这种方法的优点是，放样点的误差不累积。

### 3. 偏角法

偏角法放样曲线的实际操作可以是极坐标法，也可是方向距离交会法。它是通过测设偏角，即弦切角（切线与通过切点的弦线的夹角），和测设距离（弦长）来测设曲线，也就是用弦线和偏角视线作交会定点。

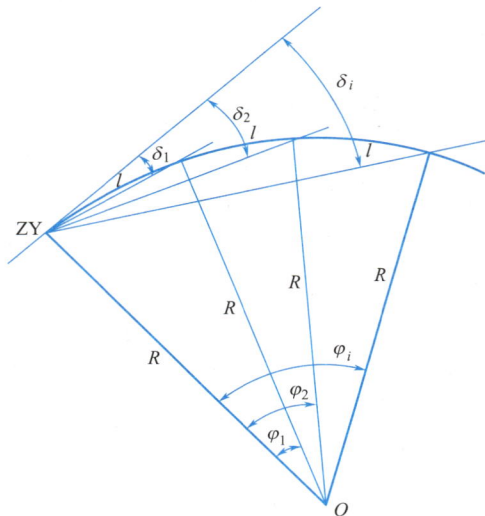

图 10-14　偏角法

（1）偏角计算

由图 10-14 知道，偏角（弦切角）等于该弦（弧）所对圆心角一半，即 $\delta_i = \dfrac{\varphi_i}{2}$，其中 $\varphi_i = \dfrac{l_i}{R}$，于是有：

$$\delta_i = \frac{l_i}{2R}（弧度）\qquad (10\text{-}11)$$

式中，$l_i$——圆曲线弧长。

由此可知，若已知圆曲线的半径 $R$ 和圆曲线上放样点 $i$ 到曲线起点的弧长 $l_i$，就可计算第 $i$ 点的偏角值为：

$$\delta_1 = \frac{1}{2}\varphi = \frac{l}{2R}$$

$$\delta_2 = \frac{1}{2} \cdot 2\varphi = 2\delta_1$$

$$\delta_3 = \frac{1}{2} \cdot 3\varphi = 3\delta_1$$

$$\delta_n = n\delta_1$$

上述偏角是按弧长原理计算的，但放样用的是弦长，为了保证放样精度，需要计算弧弦差 $\Delta C$，当 $\Delta C$ 在限差以内时，可以用弧长替代弦长，否则应加弧弦差改正。弧弦差 $\Delta C$ 按下式计算。

$$\Delta C = -\frac{l^3}{24R^2} \qquad (10\text{-}12)$$

实际工作中，有时为测量和施工的方便，通常要求曲线上里程为 10m（或 20m）整倍数，但在曲线的起点（ZY）、终点（YZ）的里程往往不是 10m（或 20m）的整数倍。因此，计算偏角时，在曲线的起点、终点处出现了小于 10m（或 20m）弧长，这样的弧长称为分弧，中间部分等分的弧长为等弧。通常先按起、终点的里程计算分弧对应的偏角，然后结合等弧对应的偏角计算曲线上其他各点的累计偏角。

圆曲线偏角和弧弦差也可以在《曲线测设用表》中查取，该表是根据圆曲线半径 $R$ 和弧长 $L$ 按照公式（10-11）和公式（10-12）编制的。

【例 10-3】　设 $\alpha = 40°20'$，$R = 100\text{m}$，交点桩程为 K3+135.12。计算圆曲线上各里程桩点的偏角值（每 10m 设一桩）。

【解】　经计算得圆曲线的元素为 $T = 36.73\text{m}$，$L = 70.40\text{m}$，$E = 6.53\text{m}$；

经计算得圆曲线主点里程为：

$$ZY \text{ 里程：} K3+098.39;$$
$$YZ \text{ 里程：} K3+168.79;$$
$$QZ \text{ 里程：} K3+133.59;$$

经计算圆曲线上各点偏角值列入表 10-12 中。

偏角累计表　　　　　　　　　　　　　　　　表 10-12

| 点号 | 里程 | 曲线长(m) | 偏角 | |
|---|---|---|---|---|
| | | | 单值(°′″) | 累计值(°′″) |
| ZY | K3+098.39 | 1.61 | 0 27 40 | 0 0 0 |
| 1 | 100.00 | | | 0 27 40 |
| 2 | 110.00 | 10 | 2 51 40 | 3 19 33 |
| 3 | 120.00 | 10 | 2 51 40 | 6 11 26 |
| 4 | 130.00 | 10 | 2 51 40 | 9 03 19 |
| | | 3.59 | 1 01 43 | |
| QZ | K3+133.59 | 6.41 | 1 50 12 | 10 05 02 |
| 5 | 140.00 | | | 11 55 14 |
| 6 | 150.00 | 10 | 2 51 53 | 14 47 07 |
| 7 | 160.00 | 10 | 2 51 53 | 17 39 00 |
| YZ | K3+168.79 | 8.73 | 2 31 06 | 20 10 06 |

检核：曲线中点（QZ）和终点（YZ）的偏角累计值分别等于 $\alpha/4$ 和 $\alpha/2$。

（2）偏角法测设曲线的步骤

在曲线起点 ZY（或中点 YZ）安置经纬仪，以 JD 方向定向（最好使盘 $0°00'00''$ 照准 JD）。转角 $\delta_1$，自 ZY（或 YZ）沿视线方向量取弦长 $C_1$ 得曲线上第 1 点，转角到 $\delta_2$，自第 1 点用距离 $C_2$ 与视线相交得曲线上第 2 点。依次测设曲线上 3、4、…。

当曲线不长，或用电磁波测距仪测设时，其距离可直接从测站量到测设点，不必从已测设的前一点起丈量。这就是极坐标法测设。这时的距离（弦长）应按下式计算：

$$C_i = 2R\sin\delta = 2R\left(\delta - \frac{\delta^3}{3!} + \frac{\delta^5}{5!} - \cdots\right) = l_i - \frac{l_i^3}{24R^2} \qquad (10\text{-}13)$$

（3）偏角法测设圆曲线遇障碍物时的测设

从图 10-15 中可以看出，在 ZY 点设站用偏角法测设曲线，当测设到第 $i$ 点时，例如第 4 点，视线被建筑物挡住了。这时可将仪器搬到已测设的点上，例如第 3 点上，后视 ZY 点定向，并使度盘配置到 $0°00'00''$。纵转望远镜，转角 $\delta_4$（第 4 点的偏角值），此时视线已位于 3-4 方向，沿视线方向量取距离 $C$，便得到曲线上第 4 点。以后就可用原偏角值，按正常的偏角法测设程序，测设曲线上其余各点。

**4. 弦线偏距法**

弦线偏距法是利用弦长 $c$ 及偏距 $d$ 来测设曲线上各点，其实质就是距离交会法曲线放样。

（1）偏距计算

如图 10-16 所示，$d$ 是曲线上两相邻点的弦延长一倍后，端点对曲线的偏离值。$d_1$ 为 ZY（或 YZ）与相邻曲线点的切线偏距。从图可以看出：

$$d_1 = d = 2c \cdot \sin \frac{\phi}{2}$$

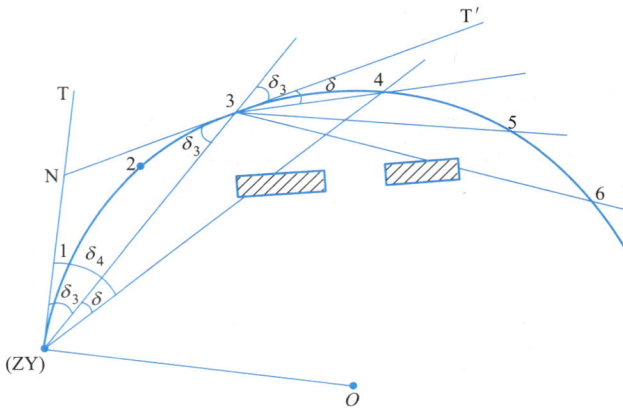

图 10-15　遇障碍物时的测设

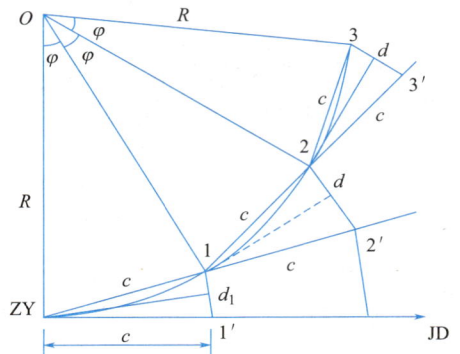

图 10-16　弦线偏距法

（2）弦线偏距法测设曲线的步骤

在曲线起点 ZY 安置经纬仪，以 JD 方向定向。

自 ZY 沿视线方向量取弦长 $c$ 得 $1'$ 点；分别自 ZY 点及 $1'$ 点以 $c$ 及 $d_1$ 作长度交会得 1 点，用经纬仪瞄准 1 点，把 ZY-1 延长一倍得 $2'$ 点；分别自 1 点及 $2'$ 点以 $c$ 和 $d$ 作长度交会得 2 点；同法继续测至圆曲线中点。然后在曲线终点 YZ 安置经纬仪，以 JD 方向定向按照上面方法同样可以定出圆曲线中点，两次所定中点可作为校核用。

# 10.4　缓和曲线测设

车辆在行驶中，当从直线进入圆曲线时，可能会突然产生较大的离心力，在离心力作用下，车辆会有向曲线外侧倾倒的趋势。为了行车安全舒适，曲线段的路面要做成外侧高、内侧低，即弯道超高。但超高不能在直线进入曲线段或曲线进入直线段突然出现或消失，以免使路面出现台阶，给行车带来危险。所以超高应在一段长度内逐渐增加或减少。在直线段与圆曲线段之间或圆曲线段与圆曲线段之间插入一条起过渡作用的曲线，即缓和曲线。缓和曲线是直线与圆曲线、圆曲线与圆曲线之间设置的曲率半径连续渐变的曲线。缓和曲线长度根据行车速度 $V$ 求得。

## 10.4.1　缓和曲线要素

在圆曲线和直线之间增设缓和曲线后，整个曲线发生了变化，为了保证缓和曲线和直线相切，圆曲线应均匀地向圆心方向内移一段距离 $p$，称为圆曲线内移值。同时切线也应相应地增长 $q$，称为切线的增长值。

在道路建设中，一般采用圆心不动，圆曲线半径减少 $p$ 值的方法，即使减小后的半径等于所选定的圆曲线半径，也就是插入缓和曲线前的半径为 $R+P$，插入缓和曲线后的圆曲线半径为 $R$。增加的缓和曲线的一半弧长位于直线段内，另一半则位于圆曲线段内。如图 10-17 所示。由几何关系可知：

$$p = y_0 - R(1 - \cos\beta_0) \tag{10-14}$$

$$q = x_0 - R\sin\beta_0 \tag{10-15}$$

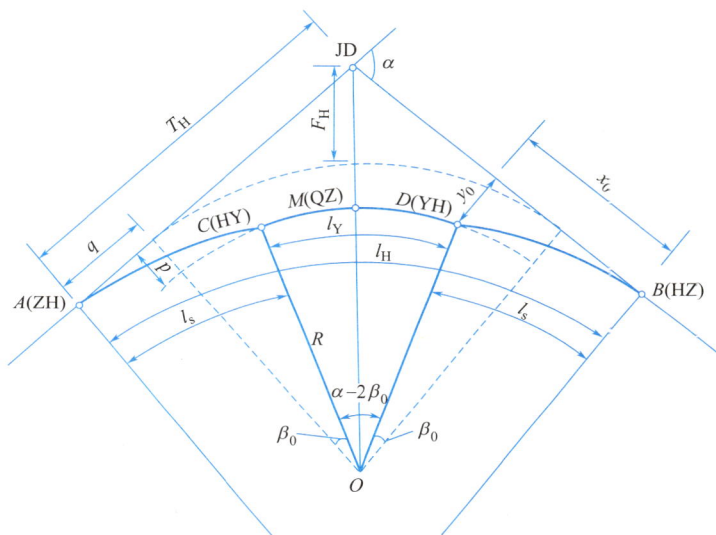

图 10-17　缓和曲线要素

## 10.4.2　缓和曲线公式

### 1. 基本公式

**缓和曲线是回旋曲线的一部分**，回旋曲线的几何特征是曲率半径随由线长度的增大成反比均匀减少的曲线，即回旋线上任一点的曲率半径 $\rho$ 与曲线的长度 $l$ 成反比：

$$\rho = \frac{c}{l}$$

或写成：

$$c = \rho l \tag{10-16}$$

上式中，$c$ 为常数，表示缓和曲线半径 $\rho$ 的变化率，与车速有关，目前我国公路采用 $c = 0.035v^3$（$v$ 为计算行车速度，以 km/h 为单位）。

而在曲线上，$c$ 值又可按以下方法确定，在缓和曲线终点即 HY 点（或 YH 点）的曲率半径等圆曲线半径 $R$，即 $\rho = R$，该点的曲线长度即是缓和曲线的全长 $l_s$，由公式（10-16）可得：

$$c = Rl_s$$

而 $c = 0.035v^3$，故有缓和曲线的全长为：

$$l_s = 0.035v^3/R \qquad (10\text{-}17)$$

《公路工程技术标准》JTG B01—2014 规定，当公路平曲线半径小于不设超高的最小半径时，应设缓和曲线。缓和曲线采用回旋曲线。缓和曲线的长度应根据其计算行车速度 $v$ 求得，并尽量采用大于表 10-13 所列数值。

各级公路缓和曲线最小长度

表 10-13

| 公路等级 | 高速公路 | | | | 一级 | | 二级 | | 三级 | | 四级 | |
|---|---|---|---|---|---|---|---|---|---|---|---|---|
| 计算行车速度(m) | 120 | 100 | 80 | 60 | 100 | 60 | 80 | 40 | 60 | 30 | 40 | 20 |
| 缓和曲线最小长度(m) | 100 | 85 | 70 | 50 | 85 | 50 | 70 | 35 | 50 | 25 | 35 | 20 |

### 2. 切线角公式

缓和曲线上任一点 $P$ 处的切线与曲线的起点（ZH）或终点（HZ）切线的交角 $\beta$ 称为切线角，任一点 $P$ 处的切线角与缓和曲线上该点至曲线起点或终点的曲线所对的中心角为 $d\beta$，则有：

$$d\beta = \frac{dl}{\rho} = \frac{ldl}{c} \qquad (10\text{-}18)$$

$$\beta = \frac{l^2}{2c} = \frac{l^2}{2Rl_s}(\text{rad}) \qquad (10\text{-}19)$$

当 $l = l_s$ 时，缓和曲线全长 $l_s$ 所对应中心角为缓和曲线的切线角，即缓和曲线角 $\beta_0$ 为：

$$\beta_0 = \frac{l_s}{2R} \times \frac{180°}{\pi}(°) \qquad (10\text{-}20)$$

或：

$$\beta_0 = \frac{l_s}{2R}(\text{rad})$$

### 3. 参数方程

如图 10-18 所示，设以缓和曲线的起点（ZH）为坐标原点，过 ZH 点的切线为 $x$ 轴，半径为 $y$ 轴，$y$ 轴方向在圆心一侧，缓和曲线上任一点 $P$ 的坐标为 $(x, y)$，仍在 $P$ 点处取一微分弧段，由图可知，微分弧段在坐标轴上的投影为：

$$dx = dl \times \cos\beta$$

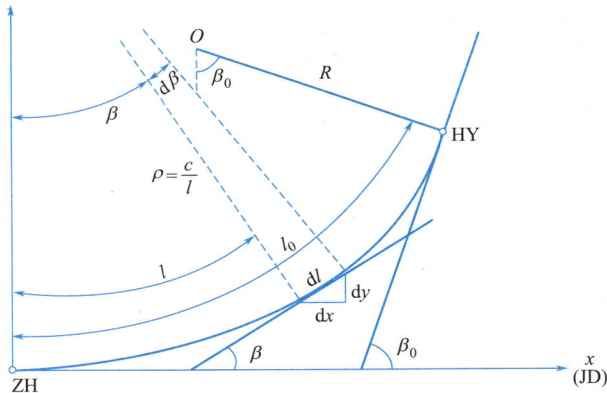

图 10-18　缓和曲线

$$dy = dl \times \sin\beta$$

将式中 $\cos\beta$、$\sin\beta$ 按公级数展开，并将公式（10-19）代入，积分后略去高次项，得：

$$x = l - \frac{l^5}{40R^2 l_s^2} \tag{10-21}$$

$$y = \frac{l^3}{6Rl_s} \tag{10-22}$$

上式称为缓和曲线的参数方程。

当 $l = l_s$ 时，则第一缓和曲线的终点（HY）的直角坐标为：

$$x_0 = l_s - \frac{l_s^3}{40R^2} \tag{10-23}$$

$$y_0 = \frac{l_s^2}{6R} \tag{10-24}$$

将公式（10-14）、公式（10-15）中的 $\sin\beta_0$、$\cos\beta_0$ 展开为级数，略去高次项并将公式（10-20）中的 $\beta_0$ 和公式（10-23）、公式（10-24）中的 $x_0$、$y_0$ 整理后，可得：

$$p = \frac{l_s^2}{24R} \tag{10-25}$$

$$q = \frac{l_s}{2} - \frac{l_s^3}{240R^2} \tag{10-26}$$

### 10.4.3　缓和曲线主点测设

#### 1. 测设元素的计算

在圆曲线上增加缓和曲线后，要将圆曲线和缓和曲线作为一个整体考虑，如图 10-17 所示。当通过测算得到转角 $\alpha$，并确定圆曲线半径 $R$ 和缓和曲线长 $l_s$ 后，即可按公式（10-20）和公式（10-25）、公式（10-26）求得切线角 $\beta_0$、内移值 $p$、切线增长值 $q$，此时必须有 $\alpha \geqslant 2\beta_0$，否则无法设置缓和曲线，应重新调整 $R$ 或 $l_s$，直至满足 $\alpha \geqslant 2\beta_0$，然后按下式计算测设元素。

$$
\left.
\begin{aligned}
\text{切线长：} &\quad T_H = (R + p)\tan\frac{\alpha}{2} + q \\[2mm]
\text{曲线长：} &\quad l_H = R(\alpha - 2\beta_0)\frac{\pi}{180°} + 2l_s \\[2mm]
\text{圆曲线长：} &\quad l_Y = R(\alpha - 2\beta_0)\frac{\pi}{180°} \\[2mm]
\text{外矢距：} &\quad E_H = (R + p)\sec\frac{\alpha}{2} - R \\[2mm]
\text{切曲差：} &\quad D_h = 2T_H - l_H
\end{aligned}
\right\}
$$

#### 2. 主点里程的计算

根据已知交点里程和曲线的测设元素值，即可按下列算式计算各主点里程。

直缓点：　　　　　　　ZH 里程＝JD 里程－$T_H$

缓圆点：　　　　　　　HY 里程＝ZH 里程＋$l_s$

圆缓点：　　　　　　　　YH 里程＝HY 里程＋$l_Y$

缓直点：　　　　　　　　HZ 里程＝YH 里程＋$l_s$

曲中点：　　　　　　　　QZ 里程＝HZ 里程－$l_s/2$

交点 JD 里程＝QZ 里程＋$D_H/2$（检核）

主点 ZH、HZ、QZ 测设方法与圆曲线主点测设方法相同，HY、YH 点可以根据缓和曲线终点坐标($x_0$，$y_0$)用切线支距法测设。

## 10.4.4　缓和曲线详细测设

带有缓和曲线的圆曲线各主点测设完成后，为满足设计和施工的需要，应在曲线上每隔一定的距离测设一个加桩。和圆曲线一样，带有缓和曲线的曲线也采用整桩号法测设曲线的加桩。测设加桩常采用切线支距法和偏角法。

### 1. 切线支距法

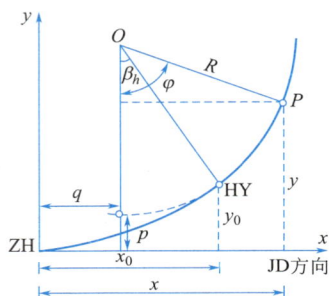

**图 10-19　切线支距法**

切线支距法是以缓和曲线的起点 ZH 或终点 HZ 为坐标原点，以过原点的切线为 $x$ 轴。过原点且垂直于 $x$ 轴的方向为 $y$ 轴。缓和曲线和圆曲线的各点坐标，均按同一坐标系统计算，但分别采用不同的计算公式，如图 10-19 所示。在缓和曲线段上任一点 $i$ 的坐标按下式计算。

$$x = l - \frac{l^5}{40R^2 l_s^2}$$
$$y = \frac{l^3}{6Rl_s} - \frac{l^7}{336R^3 l_s^3}$$
(10-27)

对于圆曲线段部分，各点的直角坐标仍和以前计算方一样，但坐标原点已移至缓和曲线起点，因此原坐标必须相应地加 $q$、$p$ 值，即：

$$\left. \begin{aligned} x &= r\sin\varphi + q \\ y &= R(1-\cos\varphi) + p \end{aligned} \right\}$$
(10-28)

$$\varphi = \beta_0 + \frac{l - l_s}{R}$$
(10-29)

实际工作中，缓和曲线和圆曲线各点的坐标值也可由曲线表查出，曲线的设置方法和圆曲线的切线支距法测设方法完全相同。

### 2. 偏角法

偏角法的测设方法实际是一种极坐标法，利用一个偏角 $\delta$ 和一段距离 $C$ 来确定曲线上某点，如图 10-20 所示。和切线支距法一样，以缓和曲线的起点 ZH 或终点 HZ 为坐标原点，以过原点的切线为 $x$ 轴，过原点且垂直于 $x$ 轴的方向为 $y$ 轴。曲线上某点 $p$ 至曲线的起点（ZH 点或 HZ 点）的距离为 $C_i$，$P$ 点和原点的连线与 $x$ 轴之间的夹角为 $\delta_i$。可以通过切线支距法求出的点的坐标 $P(x_i$、$y_i$) 来计算。

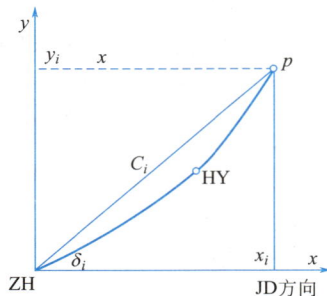

**图 10-20　偏角法**

弦长：
$$C_i = \sqrt{x_i^2 + y_i^2} \qquad (10\text{-}30)$$

偏角：
$$\delta_i = \tan^{-1} \frac{y_i}{x_i} \qquad (10\text{-}31)$$

由于弦长 $C$ 是逐步增加的，且距离较大，所以一般可以采用光电测距仪或全站仪进行测设，将仪器安置在 ZH 点或 HZ 点，以度盘 $0°00'00''$ 照准路线的交点 JD。转动照准部，依次测设 $\delta_i$ 角和相应的弦长 $C_i$，钉桩，即可分别得到曲线上的各点。

**【例 10-4】** 某一高速公路设行车速度为 120km/h，其中某一交点 $JD_7$ 的里程桩号为 K12＋617.86，转角为 $\alpha = 8°46'39''$，半径 $R = 1500$m，通过计算或查表知道曲线的主元素和里程（见表 10-14 上半部分），试按整桩距 $L_0 = 40$m，试计算用切线支距法和偏角法详细测设整个曲线数据。

计算时，按切线支距法的思想，缓和曲线段任一点 $i$ 的坐标按公式（10-26）计算，式中 $l_i$ 为 $i$ 点至曲线起点（ZH 点）或终点（HZ 点）的曲线长。圆曲线段部分按圆曲线细部测设法。为了方便测设，避免支距过长，一般将曲线分成两部分，分别向曲线中点 QZ 测设。

（1）以缓和曲线段桩号 K12＋530 为例。

用切线支距法的数据为：
$$x = l - \frac{l^5}{40R2l_s^2} = 77.28 - \frac{77.28^5}{40 \times 1500^2 \times 100^2} = 77.28\text{m}$$

$$y = \frac{l^3}{6Rl_s} = \frac{77.28^3}{6 \times 1500 \times 100} = 0.51\text{m}$$

用偏角法的数据为：
$$\text{弦长 } C = \sqrt{x^2 + y^2} = \sqrt{77.28^2 + 0.51^2} = 77.28\text{m}$$

$$\text{偏角 } \alpha = \tan^{-1} \frac{y}{x} = \tan^{-1} \frac{0.51}{77.28} = 0°22'41''$$

缓和曲线详细测设参数计算表 表 10-14

| 已知参数 | 转角：$\alpha_右 = 8°46'39''$ 设计圆曲线半径：$R = 1500$m 缓和曲线长度：$l_h = 100$m 交点里程：$JD_7$ 里程＝K12＋617.86 整桩间距：$L_0 = 40$m |
|---|---|
| 特征参数 | 切线角：$\beta_h = 1°54'39''$ 圆曲线内移值：$p = 0.28$m 切线增长值：$q = 50$m 曲线全长：$L_h = 392.68$m 切线长：$T_h = 165.14$m 外矢距：$E_h = 4.69$m 切曲差：$J_h = 0.6$m |
| 主点里程 | ZH 点里程：K12＋452.72；HY 点里程：K12＋552.72；QZ 点里程：K12＋617.56 YH 点里程：K12＋682.40；HZ 点里程：K12＋782.40；JD 点里程：K12＋617.86 |

| 主点名称 | 桩号 | 弧长(m) | 切线支距法 $x$(m) | 切线支距法 $y$(m) | 偏角法 $\delta$(°′″) | 偏角法 $c$(m) |
|---|---|---|---|---|---|---|
| ZH | K12＋452.72 | 0 | 0 | 0 | 0　00　00 | 0 |
|  | 500 | 47.28 | 47.28 | 0.12 | 0　08　43 | 47.28 |
|  | 530 | 77.28 | 77.28 | 0.15 | 0　22　41 | 77.28 |

| 主点<br>名称 | 桩号 | 弧长（m） | 切线支距法 | | 偏角法 | |
|---|---|---|---|---|---|---|
| | | | $x$（m） | $y$（m） | $\delta$（°′″） | $c$（m） |
| HY | K12+552.72 | 100.00 | 100.00 | 1.11 | 0　38　09 | 100.00 |
| | 580 | 127.28 | 127.28 | 2.27 | 1　01　18 | 127.28 |
| | 600 | 147.26 | 147.26 | 3.44 | 1　20　17 | 147.28 |
| QZ | K12+617.56 | 164.78 | 164.78 | 4.68 | 1　37　36 | 164.84 |
| | 650 | 132.40 | 132.40 | 2.54 | 1　05　56 | 132.40 |
| YH | K12+452.72 | 100.00 | 100.00 | 1.11 | 0　38　09 | 100.00 |
| | 700 | 82.4 | 82.4 | 0.62 | 0　25　52 | 82.40 |
| | 740 | 42.40 | 42.40 | 0.08 | 0　06　29 | 42.40 |
| HZ | K1+782.40 | 0 | 0 | 0 | 0　00　00 | 0 |

（2）圆曲线段以 K12+600 为例。

用切线支距法的数据为：

$$\varphi = \left(\frac{l}{R} + \frac{l_{\text{h}}}{2R}\right)\frac{180°}{\pi} = \left(\frac{47.28}{1500} + \frac{100}{2 \times 1500}\right) \times \frac{180°}{\pi} = 3°42'57''$$

$$x = R\sin\varphi + q = 1500 \times \sin3°42'57'' + 50 = 147.21\text{m}$$

$$y = R(1 - \cos\varphi) + p = 1500 \times (1 - \cos3°42'57'') + 0.28 = 3.43\text{m}$$

用偏角法的数据为：

弦长 　　　　$$C = \sqrt{x^2 + y^2} = \sqrt{147.21^2 + 3.43^2} = 147.25\text{m}$$

偏角 　　　　$$\alpha = \tan^{-1}\frac{y}{x} = \tan^{-1}\frac{3.43}{147.21} = 1°20'05''$$

## 10.5　复曲线与回头曲线测设

复曲线是由两个或两个以上不同半径的同向圆曲线相互衔接而成的，一般多用于地形较复杂的山区。回头曲线是一种半径小、转弯急、线型标准低的曲线形式，在路线跨越山岭时，往往需要设置回头曲线。

### 10.5.1　复曲线测设

在测设复曲线时，必须先定出其中一个圆曲线的半径，该曲线称为主曲线，其余的曲线称为副曲线。副曲线的半径则通过主曲线半径和测量的有关数据求得。

#### 1. 切基线法测设复曲线

切基线法实际上是虚交切基线，只不过两个圆曲线的半径不相等。如图 10-21 所示，主副曲线的交点为 $A$、$B$，两曲线相交于公切点 $GQ$。将经纬仪分别安置于 $A$、$B$ 两点，

测算出转角 $\alpha_1$、$\alpha_2$，用测距仪或钢尺往返丈量，得到 $A$、$B$ 两点的距离 $AB$，在选定主曲线的半径 $R_1$ 后，即可按以下步骤计算副曲线的半径 $R_2$ 及测设元素。

（1）根据主曲线的转角 $\alpha_1$ 和半径 $R_1$ 计算主曲线的测设元素 $T_1$、$L_1$、$E_1$、$D_1$；

（2）根据基线 $AB$ 的长度和主曲线长 $T_1$ 计算副曲线的切线长 $T_2$ 为：

$$T_2 = AB - T_1 \qquad (10\text{-}32)$$

（3）根据副曲线的转角 $\alpha_2$ 和切线长 $T_2$ 计算副曲线半径 $R_2$ 为：

$$R_2 = \frac{T_2}{\tan\dfrac{\alpha_2}{2}} \qquad (10\text{-}33)$$

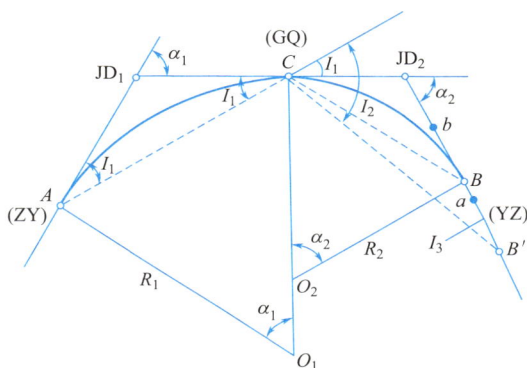

图 10-21    切基线法测设复曲线

（4）据副曲线的转角 $\alpha_2$ 和半径 $R_2$ 计算副曲线的测设元素 $T_2$、$L_2$、$E_2$、$D_2$；

（5）主点里程计算采用前述方法。

测设曲线时，由 $A$ 点沿切线方向向后量 $T_1$ 得 ZY 点，沿 $AB$ 方向向前量 $T_1$ 得 GQ 点，由 $B$ 点沿切线方向向前量 $T_2$ 得 YZ 点。曲线的详细测设仍可用前述的有关方法。

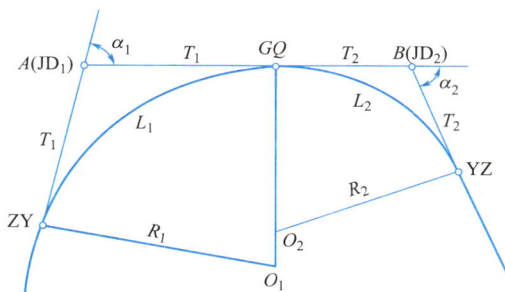

图 10-22    弦基线法测设复曲线

### 2. 弦基线法测设复曲线

如图 10-22 所示，是利用弦基线法测设复曲线的示意图，设 $A$、$C$ 点分别为曲线的起点和公切点，确定曲线的终点 $B$。具体测设方法如下：

（1）在 $A$ 点安置仪器，观测弦切角 $I_1$，根据同弧段两端弦切线角相等的原理，则主曲线的转角 $\alpha_1 = 2I_1$。

（2）设 $B'$ 是曲线终点 $B$ 的初定位置，在 $B'$ 点安置仪器，观测凸弦切角 $I_3$，同时在切线上 $B$ 点的估计位置前后，打下骑马桩 $a$、$b$。

（3）在 $C$ 点安置仪器，观测 $I_2$。由图可知，副曲线的转角 $\alpha_2 = I_2 - I_1 + I_3$。将照准部后视 $A$ 点，并使水平度盘读数为 $0°00'00''$ 后倒镜，顺时针拨角 $\dfrac{\alpha_1 + \alpha_2}{2} = \dfrac{I_1 + I_2 + I_3}{2}$，此时，望远镜的视线方向即为弦 $CB$ 的方向，交骑马桩 $a$、$b$ 的连线于 $B$ 点，即确定了曲线的终点。

（4）用测距仪（或全站仪）或钢尺丈量得到 $AC$ 和 $CB$ 的长度，并由此计算主、副曲线的半径为：

$$R_1 = \frac{AC}{2\sin\dfrac{\alpha_1}{2}} \qquad (10\text{-}34)$$

$$R_2 = \frac{CB}{2\sin\frac{\alpha_2}{2}}$$

(10-35)

（5）由求得的主、副曲线半径和测算的转角分别计算主、副曲线的测设元素，然后按前述的有关方法进行测设。

## 10.5.2 回头曲线测设

回头曲线一般由主曲线和两个副曲线组成。主曲线为一转角接近、等于或大于180°的圆曲线。副曲线在路线上、下线各设置一个，一般为圆曲线。在主、副曲线之间一般以直线连接。下面介绍两种主曲线的测设方法。

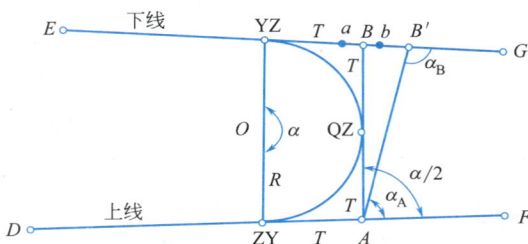

**图 10-23　切基线法**

### 1. 切基线法

如图 10-23 所示，路线的转角 $\alpha$（为已知的设计数值）接近于180°，应设置回头曲线，设 $DF$、$EG$ 分别为曲线的上线和下线，$D$、$E$ 两点分别为副曲线的交点，主曲线的交点甚远，无法得到，但在选线时，可确定出交点方向的定向点 $F$、$G$。在此情况下，如果确定出曲线顶点（QZ 点）的切线 $AB$（$AB$ 线在此称为顶点切基线），则问题就变得简单了，具体测设方法如下。

（1）根据现场的具体情况，在 $DF$、$EG$ 两切线上选取顶点切基线 $AB$ 的初定位置 $AB'$，其中 $A$ 为初定点，$B'$ 为假定点。

（2）将仪器安置于假定点 $B'$ 上，观测出角 $\alpha_B$，并在 $EG$ 线上 $B$ 点的概略位置前后设置 $a$、$b$ 两个骑马桩。

（3）将仪器安置于 $A$ 点，观测出角 $\alpha_A$，则路线的转角 $\alpha=\alpha_A+\alpha_B$。后视定向点 $F$，反拨角值 $\alpha/2$，由此得到视线与骑马桩 $a$、$b$ 连线的交点，即为 $B$ 点的点位。

（4）量测出顶点切基线 $AB$ 的长度，并取 $T=AB/2$，从 $A$ 点沿 $AD$、$AB$ 方向分别量测出长度 $T$，定出 ZY 点和 QZ 点。从 $B$ 点沿 $BE$ 方向量测出长度 $T$，定出 YZ 点。

（5）计算主曲线的半径为 $R=T\tan^{-1}\alpha/4$。再由半径 $R$ 和转角 $\alpha$ 求出曲线的长度 $L$，并根据 $A$ 点的里程，计算出曲线的主点里程。主点测设完成后，可用前述方法进行详细测设。

### 2. 弦基线法

如图 10-24 所示，设 $EF$、$GH$ 分别为曲线的上、下线，$E$、$H$ 为两副曲线的交点，$F$、$G$ 为定向点，四点均在选线时确定。如果能得到曲线起点（ZY）和终点（YZ）的连线 $AB$ 线长度（$AB$ 线称为弦基线），则问题就可解决。具体测设方法如下。

（1）根据现场的具体情况，在 $EF$、$GH$ 两切线上选取基线 $AB$ 的初定位置 $AB'$，其中 $A$（ZY 点）为定点，$B'$ 为初定点。

（2）将仪器安置于初定点 $B'$ 上，观测出角 $\alpha_2$，并在 $GH$ 线上 $B$ 点的概略位置设置 $a$、 b 两骑马桩。

（3）将仪器安置于 A 点，观测出角 $\alpha_1$，则 $\alpha'=\alpha_1+\alpha_2$。以 AE 为起始方向，反拨角值 $\alpha'/2$，由此得到视线与骑马桩 a、b 连线的交点，即为 B（YZ）点的点位。

（4）量测出弦基线 AB 的长度，计算曲线半径 R。

（5）由图可知，主曲线所对应的圆心角为 $\alpha=360°-\alpha'$。根据 R 和 $\alpha$ 便可求得主曲线长度 L，并由 A 点的里程计算主点里程。

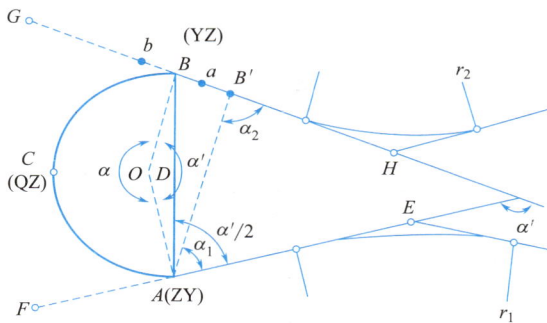

图 10-24　弦基线法

（6）曲线的中点（QZ）可按弦线支距法设置。支距长为：

$$DC=R\left(1+\cos\frac{\alpha'}{2}\right)=2R\cos^2\frac{\alpha'}{4}$$

测设时，沿从 AB 的中点向圆心所作的垂线，量测出 DC 的长度，即得曲线的中点 C（QZ）。主点测设完成后，可用前述的方法进行详细测设。

## 小结

本项目介绍了道路中线测量的内容包括定线测量、中线测量，中线测量的任务是沿定测的线路中心线丈量距离，设置百米桩及加桩，并根据测定的交角、设计的曲线半径和缓和曲线长度计算曲线元素，放样曲线的主点和曲线的细部点。

## 思考题

1. 什么是道路中线测量？
2. 简述圆曲线主点测设的步骤。
3. 简述穿线交点法的步骤。
4. 简述拨角放线法的步骤。
5. 简述正倒镜分中法延长直线的操作步骤。
6. 测角工作内容有哪些？
7. 何为整桩号法设桩？何为整桩距法设桩？各有什么特点？
8. 简述切线支距法详细测设圆曲线的步骤。
9. 简述偏角法详细测设圆曲线的步骤。
10. 何为缓和曲线？设置缓和曲线有什么作用？

# 学习情境 11

Chapter **11**

# 路线纵横断面测量

### 知识目标
理解道路纵横断面测量的内容。
掌握水准仪和全站仪中平测量方法；横断面方向的确定。

### 能力目标
学会中平测量的方法及横断面测量方法。
熟知路线纵横断面图的绘制方法。
了解基平测量的方法。

### 思政目标
加强中华优秀传统文化知识教育，落实党的领导和社会主义核心价值观教育，促进学生德技并修。
弘扬精益求精的专业精神、职业精神、工匠精神和劳模精神。

## 情境链接

### 川藏公路

　　川藏公路作为祖国内地进出西藏的五条重要通道之一（另四条为青藏公路、青藏铁路、新藏公路、滇藏公路，其中滇藏公路的 214 国道线在西藏芒康与川藏公路汇合），担负着联系祖国东西部交通的枢通作用，无论在军事、政治、经济、文化上都有不可替代的作用和地位（图 11-1）。

　　沿川藏公路进藏，进藏途中从东到西依次翻过 14 座海拔在 4000m 以上的险峻高山，跨越大渡河、金沙江、怒江、澜沧江等汹涌湍急的江河，路途艰辛且多危险，但一路景色壮丽，有雪山、原始森林、草原、冰川、峡谷和大江大河。

　　公路设计除了设计道路中线外还需要绘制路线的纵横断面图，就需要用到道路纵横断面测量，需要掌握水准仪和全站仪中平测量方法，以及横断面方向的确定。

图 11-1　川藏公路

　　路线中线测量完成以后，还必须进行路线纵、横断面测量。纵断面测量又称中线高程测量，即测定中线上各里程桩的地面高程，并绘制路线纵断面图，用以表示路线中线的地面起伏状态，主要用于路线纵坡设计。横断面测量，是指测定各里程桩处垂直于中线方向的地面起伏状态，并绘制路线横断面图，主要供路基设计、计算土石方量和施工放边桩用。

## 11.1　基平测量

### 11.1.1　路线水准点设置

　　水准点是路线高程的控制点。在设置水准点时，根据不同的需要和用途，可以设置永久性水准点和临时性水准点。路线的起点和终点、需要长期观测高程的重点工程附近均应设置永久性水准点。一般地区应每隔 25～30km 设置一个永久性水准点，设在沿路线两侧，离中线 30～50m 远，不受施工影响，使用方便和易于保存的地方。临时性水准点的密度应根据地形和工程的需要而定。一般情况下临时性水准点间距为 1～1.5km，城市道路一般每隔 300m 左右设置一个。在大桥两岸、隧道两端和一般的中小桥附近均应设置临时性水准点。水准点应设置在施工范围之外，使用应方便，标志要明显、牢固。

### 11.1.2　基平测量方法

基平测量时，首先应将起始水准点与附近的国家水准点进行联测，获得水准点的绝对高程。对于精度要求较高的工程，按照四等水准测量要求施测，或根据需要另行设计施测。对于一般城市道路工程的路线水准测量，可按介于四等水准与等外水准之间的精度要求施测，也可用光电三角高程测量方法施测。主要技术要求应符合表 11-1 的要求。

路线水准测量和电磁波测距三角高程测量主要技术要求　　　　　　　　表 11-1

| 水准测量 | 仪器类型 | | 标尺类型 | 视线长度(m) | 观测方法 | 附合路线闭合差(mm) |
|---|---|---|---|---|---|---|
| | DS3 水准仪 | | 单面 | 100 | 单程后-前 | $\leq\pm30\sqrt{L}$ |
| 电磁波测距三角高程测量 | 竖直角对向观测测回数(DJ2 经纬仪) | | 垂直角较差与指标差较差 | 测距仪器、方法与测回数 | 对向观测高差较差(mm) | 附合路线闭合差(mm) |
| | 三丝法 | 中丝法 | | | | |
| | 1 | 2 | $\leq\pm30''$ | Ⅱ级、单程、1 | $\leq\pm60\sqrt{D}$ | $\leq\pm30\sqrt{L}$ |

注：表中 $D$ 为测距边长度（km）；$L$ 为水准路线长度（km）。

## 11.2　中平测量

路线中线高程测量又称之为中平测量。一般以两个相邻水准点为一个测段。从一个水准点出发，逐个测定中桩的地面高程，附合到下一个水准点上，相邻水准点间构成一条附合水准路线。测量时，在每一个测站上除了观测中桩外，还需在一定距离内设置转点，每两转点间所观测的中桩称为中间点。由于转点起传递高程的作用，观测时应先观测转点，后观测中间点。观测转点时读数至 mm，视线长度一般不应超过 100m。中间点读数可至 cm，视线长度也可适当延长。标尺应立于紧靠桩边的地面上。

### 11.2.1　水准仪中平测量

如图 11-2 所示，水准仪置于 1 站，分别后视水准点 $BM_1$ 和前视第一个转点 $ZD_1$，将读数记入表 11-2 中的后视、前视栏内；然后观测 $BM_1$ 和 $ZD_1$ 之间的里程桩 $K0+000～K0+060$，将读数记入中视读数栏内。测站计算时，先计算该站仪器的视线高程，再计算转点高程，最后计算各中桩高程，计算公式为：

$$视线高程＝后视点高程＋后视读数$$
$$转点高程＝视线高程－前视读数$$
$$中桩高程＝视线高程－中视读数$$

再将仪器搬至 2 站，先后视转点 $ZD_1$ 和前视第二个转点 $ZD_2$，然后观测各中间点 K0＋080～K0＋140，将读数分别记入后视、前视和中视栏，并计算视线高程、转点高程和中桩高程。继续往前观测，直至附合于另一个水准点 $BM_2$，完成这个测段的观测工作。

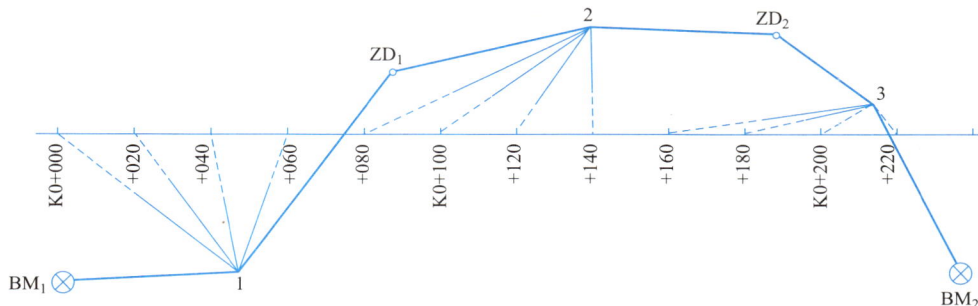

图 11-2　中平测量示意

每一测段观测结束后，应立即根据该测段的第二个水准点的观测高程和已知高程，计算高差闭合差 $f_h$，即：

$$f_h＝观测高程－已知高程$$

若 $f_h \leqslant f_{h允}＝\pm 40\sqrt{L}$ mm（$L$ 单位为 km），则符合要求，可不进行闭合差的调整，而以原计算的各中桩点地面高程作为绘制纵断面图的数据。若超出限差，应重测该段。

本例中，水准点 $BM_2$ 的推算高程为 280.512m，已知高程为 280.528m，水准线路长度为 300m，则闭合差为：

$$f_h＝280.512－280.528＝－0.016（\text{m}）$$

闭合差限差为：

$$f_{h允}＝\pm 40\sqrt{0.3}＝22（\text{mm}）$$

因 $f_h \leqslant f_{h允}$，故成果合格。

路线中平测量记录计算表　　　　　　　　　　　　　　　表 11-2

| 点号 | 水准尺读数（m） | | | 视线高程（m） | 高程（m） | 备注 |
|---|---|---|---|---|---|---|
| | 后视 | 中视 | 前视 | | | |
| $BM_1$ | 1.986 | | | 280.679 | 278.693 | 已知点 |
| K0＋000 | | 1.57 | | | 279.109 | |
| 0＋020 | | 1.93 | | | 278.749 | |
| 0＋040 | | 1.56 | | | 279.119 | |
| 0＋060 | | 1.12 | | | 279.559 | |
| $ZD_1$ | 2.283 | | 0.872 | 282.090 | 279.807 | |

续表

| 点号 | 水准尺读数(m) | | | 视线高程(m) | 高程(m) | 备注 |
|---|---|---|---|---|---|---|
| | 后视 | 中视 | 前视 | | | |
| 0+080 | | 0.68 | | | 281.410 | |
| 0+100 | | 1.59 | | | 280.500 | |
| 0+120 | | 2.11 | | | 279.980 | |
| 0+140 | | 2.66 | | | 279.430 | |
| ZD$_2$ | 2.185 | | 2.376 | 281.899 | 279.714 | |
| 0+160 | | 2.18 | | | 279.719 | |
| 0+180 | | 2.04 | | | 279.859 | |
| 0+200 | | 1.65 | | | 280.249 | |
| 0+220 | | 1.27 | | | 280.629 | |
| BM$_2$ | | | 1.387 | | 280.512 | (280.528) |

## 11.2.2 全站仪中平测量

全站仪中平测量是利用全站仪本身具有的高程测量功能，通过合理设计测量方案，充分发挥其高程测量不受地形起伏限制及测程较远的优势，达到快速灵活、提高工作效率和减小劳动强度的目的。

### 1. 测量原理

如图 11-3 所示，设 $A$ 点为已知高程点，其高程为 $H_A$。$B$ 点为待测高程的中桩点。将全站仪安置在 $A$、$B$ 两点之间的 $I$ 处。则可利用全站仪高程测量的功能，分别测得置仪点 $I$ 与 $A$、$B$ 两点间的高差 $h_{IA}$ 和 $h_{IB}$。由此可得 $A$、$B$ 两点间高差 $h_{AB}$ 为：

$$h_{AB} = h_{AI} + h_{IB} = h_{IB} - h_{IA} \tag{11-1}$$

其中：

$$h_{IA} = S_{IA} \cdot \sin\alpha_A + i - l_A$$
$$h_{IB} = S_{IB} \cdot \sin\alpha_B + i - l_B$$

式中，$S_{AI}$、$S_{IB}$——仪器至 $A$、$B$ 两点处棱镜的斜距离；

$\alpha_A$、$\alpha_B$——仪器照准 $A$、$B$ 两点时的视线倾角；

$l_A$、$l_B$——立于 $A$、$B$ 两点的棱镜高度；

$i$——仪器高。

由此导出 $A$、$B$ 两点间高差的另一种计算方式为：

$$h_{AB} = (S_{IB} \cdot \sin\alpha_B - S_{AI} \cdot \sin\alpha_A) - (l_B - l_A) \tag{11-2}$$

从上式可以看出，仪器高 $i$ 值在高差计算过程中自动抵消，因此，在现场观测时，不需量取仪器高，只需对仪器输入后视点棱镜高 $l_A$ 和前视点棱镜高 $l_B$，然后分别对 $A$、$B$ 两点进行观测，从而获得置仪点 $I$ 与 $A$、$B$ 两点间的高差 $h_{IA}$ 和 $h_{IB}$ 即可。则待测中桩点 $B$ 点的高程为：

$$H_B = H_A + h_{AB} = H_A + h_{IB} - h_{IA} \tag{11-3}$$

全站仪中平测量原理如图 11-3 所示。

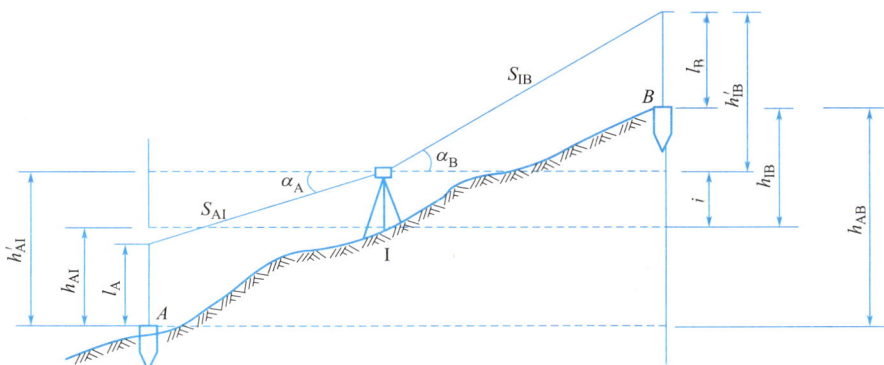

图 11-3　全站仪中平测量原理

### 2. 测量注意事项

在用全站仪进行中平测量过程中，为提高观测速度及观测精度，应注意以下几点。

（1）应合理选择全站仪安置点，使其既能观测到尽可能多的中桩点，又能与已知高程控制点通视，以便获得后视高差。

（2）安置全站仪只需整平，不需对中，不需量取仪器高，因此，大大提高了仪器安置的速度，为随时移动仪器提供了方便。

（3）对在一个测站上观测不到的中桩点，可适当移动仪器位置。

（4）仪器位置移动后，必须重新对已知高程控制点进行观测，以获得新的后视高差，并作为新测站上的后视高差来计算中桩高程。

（5）对必须设置转点方能观测到的中桩点，转点的设置应尽量使仪器至转点和至后视已知高程控制点的距离相等，以消除残余地球曲率、大气折光以及仪器竖盘指标差对高程观测的影响。对转点高程的观测应仔细，转点高程获得后，即可作为新的已知高程点来观测其他中桩点。

为防止在观测过程中由于置仪点与后视点（高程已知点）高差及转点高程观测错误而造成中桩高程观测错误，两已知高程控制点间的中桩高程观测完成后，应对下一已知高程控制点进行高程观测检核，其闭合差应符合中平测量的精度要求。

## 11.3　纵断面图

纵断面图是表示沿路线中线方向的地面起伏状态和设计纵坡的线状图，它反映出各路段纵坡的大小和中线位置处的填、挖土方尺寸，是道路设计和施工中的重要文件资料。

44.
纵断面图
测绘

### 11.3.1　纵断面图

如图 11-4 所示，在图的上半部，从左至右有两条贯穿全图的线。一条是细的折线，表示

中线方向的实际地面线，它是以里程为横坐标、高程为纵坐标，根据中平测量的中桩地面高程绘制的。图中另一条是粗线，是包含竖曲线在内的纵坡设计线，是在设计时绘制的。此外，图上还注有水准点的位置和高程，桥涵的类型、孔径、跨数、长度、里程桩号和设计水位，竖曲线示意图及其曲线元素，同公路、铁路交叉点的位置、里程及有关说明。

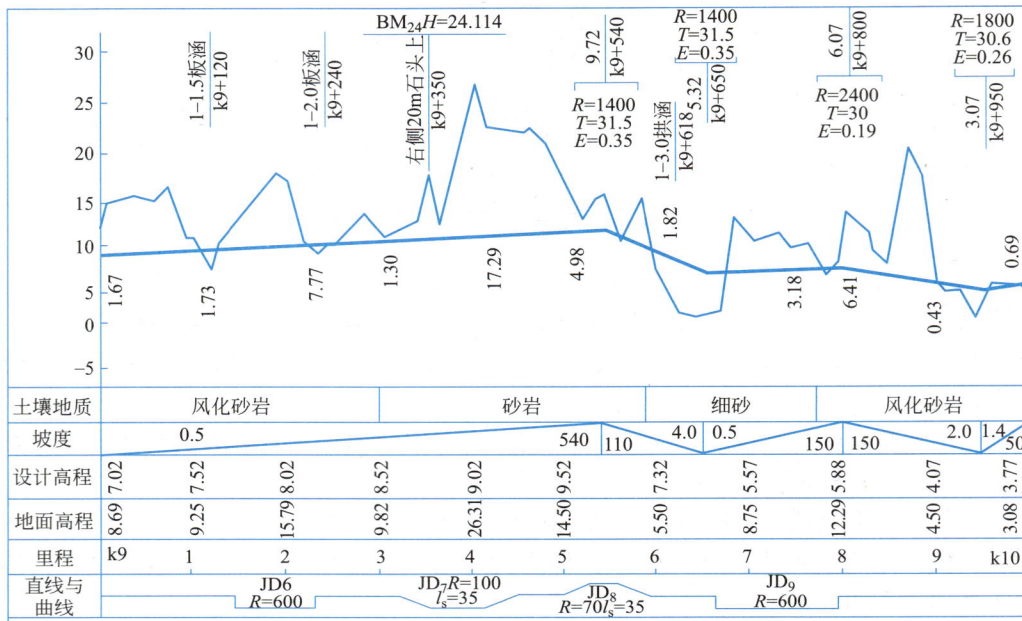

**图 11-4　路线设计纵断面图**

图的下部注明有关测量及纵坡设计的资料，主要包括以下内容：

（1）直线与曲线

根据中线测量资料绘制的中线示意图：图中路线的直线部分用直线表示；圆曲线部分用折线表示，上凸表示路线右转，下凸表示路线左转，并注明交点编号和圆曲线半径；带有缓和曲线的平曲线还应注明缓和段的长度，在图中用梯形折线表示。

（2）里程

根据中线测量资料绘制的里程数：为使纵断面图清晰起见，图上按里程比例尺只标注百米桩里程（以数字 1～9 注写）和公里桩的里程（以 K$i$ 注写，如 K9、K10）。

（3）地面高程

根据中平测量成果填写相应里程桩的地面高程数值。

（4）设计高程

设计高程即设计出的各里程桩处的对应高程。

（5）坡度

从左至右向上倾斜的直线表示上坡（正坡），向下倾斜的表示下坡（负坡），水平的表示平坡。斜线或水平线上面的数字是以百分数表示的坡度的大小，下面的数字表示坡长。

（6）土壤地质说明

标明路段的土壤地质情况。

## 11.3.2  纵断面图的绘制

纵断面图的绘制一般可按下列步骤进行：

（1）选定里程比例尺和高程比例尺。一般对于平原微丘区里程比例尺常用 1∶5000 或 1∶2000，相应的高程比例尺为 1∶500 或 1∶200；山岭重丘区里程比例尺常用 1∶2000 或 1∶1000，相应的高程比例尺为 1∶200 或 1∶100。绘制表格，填写里程、地面高程、直线与曲线、土壤地质说明等资料。

（2）绘出地面线。首先选定纵坐标的起始高程，使绘出的地面线位于图上适当位置。一般是以 10m 整数倍数的高程定在 5cm 方格的粗线上，便于绘图和阅图。然后根据中桩的里程和高程，在图上按纵、横比例尺依次点出各中桩的地面位置，再用直线将相邻点连接起来，就得到地面线。在高差变化较大的地区，如果纵向受到图幅限制时，可在适当地段变更图上高程起算位置，此时地面线将形成台阶形式。

（3）计算设计高程。当路线的纵坡确定后，即可根据设计纵坡和两点间的水平距离，由一点的高程计算另一点的设计高程。

设计坡度为 $i$，起算点的高程为 $H_0$，待推算点的高程为 $H_p$，待推算点至起算点的水平距离为 $D$，则：

$$H_p = H_0 + i \cdot D \tag{11-4}$$

式中：上坡时 $i$ 为正，下坡时 $i$ 为负。

（4）计算各桩的填挖尺寸。同一桩号的设计高程与地面高程之差，即为该桩处的填土高度（正号）或挖土深度（负号）。在图上填土高度应写在相应点纵坡设计线之上，挖土深度则相反。也有在图中专列一栏注明填挖尺寸的。

（5）在图上注记有关资料。如水准点、桥涵、竖曲线等。

需要说明的是，目前在工程设计中，由于计算机应用的普及，路线纵断面图基本采用计算机绘制。

# 11.4  横断面测量

路线横断面测量的主要任务是在各中线桩处测定垂直于中线方向的地面起伏，然后绘制成横断面图，供路基设计、计算土石方量以及施工放边桩之用。横断面测量的宽度应根据实际工程要求和地形情况确定。一般在中线两侧各测量 15～50m。横断面测绘的密度，除各中桩应施测外，右大中桥头、隧道洞口、挡土墙等重点工程地段，根据需要适当加密。横断面图测绘时，距离和高程的精度要求为 0.05～0.10m。

45. 横断面图测绘

### 11.4.1　横断面方向的确定

由于横断面图测绘是测量中桩处垂直于中线的地面线高程，所以首先要测设横断面的方向，然后在这个方向上测定地面坡度变化点或特征点的距离和高差。

**1. 直线上横断面方向的测设**

如图 11-5 所示，直线上横断面方向与中线垂直，一般用十字方向架测设。十字方向架置于欲测绘横断面图的中桩上，用其中一方向瞄准该中桩的前方或后方的另一个中桩，则另一方向即为横断面方向。

**2. 圆曲线上横断面方向的测设**

曲线上横断面方向应与中线在该桩的切线方向垂直，即指向圆心方向，可用求心方向架确定。求心方向架是在十字方向架上安装一根可旋转的定向杆，并加有固定螺旋。其使用方法如下。

如图 11-6 所示，将方向架置于曲线起点 ZY 上，当 1-1′方向对准交点或直线上的中桩时，与此垂直的另一方向 2-2′即为 ZY 点的横断面方向。为了确定曲线上点的横断面方向，转动定向杆 3-3′对准 $P_1$ 点，拧紧固定螺旋，将方向架移至 $P_1$ 点，用 2-2′对准 ZY 点，根据同弧段的两弦切角相等原理，定向杆 3-3′方向即为该点的横断面方向。

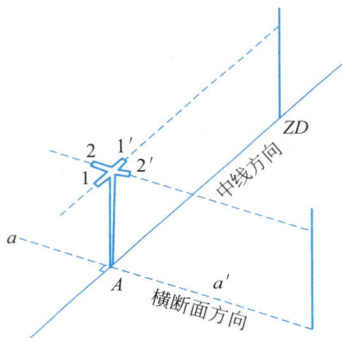

图 11-5　测设直线段横断面方向　　　图 11-6　测设曲线段横断面方向

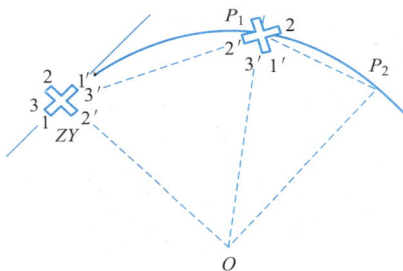

$P_1$ 点横断面方向定出之后，为了确定下一点 $P_2$ 的横断面方向，不动方向架，转动定向杆 3-3′对准 $P_2$ 点，拧紧固定螺旋，将方向架移至 $P_2$ 点，用 2-2′对准 $P_1$ 点，定向杆 3-3′方向即为 $P_2$ 点的横断面方向。

同法可以确定曲线上其余各里程桩的横断面方向。

### 11.4.2　横断面测量方法

横断面测量中的距离和高差一般准确到 0.1m 即可满足工程的要求。因此横断面测量多采用简易的测量工具和方法，以提高工作效率。下面介绍几种常用的方法。

**1. 标杆皮尺法（抬杆法）**

标杆皮尺法（抬杆法）是用一根标杆和一卷皮尺测定横断面方向上的两相邻变坡点的

水平距离和高差的一种简易方法。如图 11-7 所示，要进行横断面测量，根据地面情况选定变坡点 1、2、3…。将标杆竖立在 1 点上，皮尺靠在中桩地面拉平，量出中桩点至 1 点的水平距离，而皮尺截于标杆的红白格数（通常每格为 0.2m）即为两点间的高差。测量员报出测量结果，以便绘图或记录，报数时通常省去"水平距离"四字，高差用"低"或"高"报出，例如，图示中桩点与 1 点间，报为"6.0m 低 1.6m"，记录见表 11-3。同法可测得 1 点与 2 点、2 点与 3 点……的距离和高差。表中按路线前进方向分左、右侧，以分数形式表示各测段的高差和距离，分子表示高差，正号为升高，负号为降低；分母表示距离。自中桩由近及远逐段测量与记录。

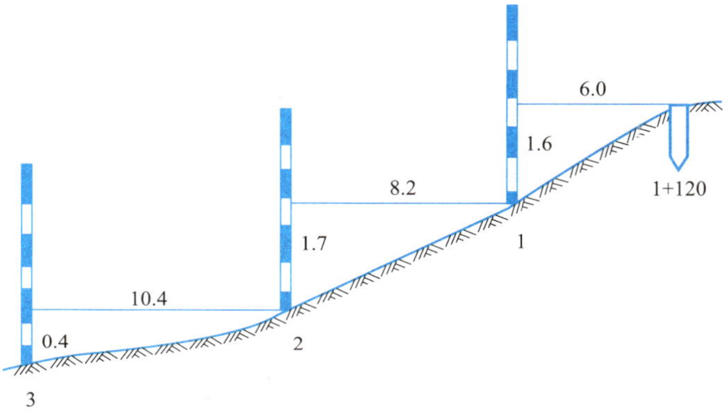

图 11-7　抬杆法测横断面（m）

抬杆法横断面测量记录表　　　　　　　表 11-3

| 左侧 | | | 里程桩号 | 右侧 | | |
|---|---|---|---|---|---|---|
| … | $\dfrac{-0.4}{10.4}$ | $\dfrac{-1.7}{8.2}$　$\dfrac{-1.6}{6.0}$ | K1+100 | $\dfrac{+1.2}{4.6}$　$\dfrac{+1.4}{12.0}$ | $\dfrac{-2.4}{7.8}$ | … |
| … | | | … | … | | |

### 2. 水准仪皮尺法

水准仪皮尺法是利用水准仪和皮尺，按水准测量的方法测定各变坡点与中桩点间的高差，用皮尺丈量两点的水平距离的方法。水准仪安置后，以中桩点为后视点，在横断面方向的变坡点上立尺进行前视读数，并用皮尺量出各变坡点至中桩的水平距离。水准尺读数准确到厘米，水平距离准确到分米，记录格式与表 11-3 类似，但分子为中桩地面与变坡点地面的高差，分母为中桩至各变坡点的距离。此法适用于断面较宽的平坦地区，其测量精度较高。

### 3. 经纬仪视距法

安置经纬仪于中桩上，直接用经纬仪定出横断面方向，然后量出仪器高，用视距法测出中桩至各变坡点的距离和高差并记录。此法适用于地形复杂、山坡陡峭地段的大型断面。

### 4. 全站仪法

利用全站仪的对边测量功能可直接测得各横断面上各变坡点相对中桩的水平距离和高差，有的全站仪有横断面测量功能，其操作、记录与成图更为方便。

横断面测量，高速公路、一级公路一般采用水准仪皮尺法、经纬仪视距法、全站仪法、二级及二级以下公路可采用标杆皮尺法。检测限差应符合表 11-4 的规定。

横断面检测限差　　　　　　　　　　　　　表 11-4

| 路线 | 距离(m) | 高程(m) |
|---|---|---|
| 高速公路、一级公路 | $\pm(0.1+L/100)$ | $\pm(0.1+h/100+L/200)$ |
| 二级及二级以下公路 | $\pm(0.1+L/50)$ | $\pm(0.1+h/50+L/100)$ |

注：表中的 $L$ 为测站点至中桩点的水平距离；$h$ 为测站与中桩间的高差。

## 11.4.3 横断面图的绘制

横断面图一般采取在现场边测边绘，这样既可省略记录工作，也能及时进行核对，减少差错。如遇不便现场绘图的情况，须做好记录工作，带回室内绘图，再到现场核对。

横断面图的比例尺一般是 1∶200 或 1∶100，横断面图绘在厘米方格纸上，图幅为 350mm×500mm，每厘米有一细线条，每 5cm 有一粗线条，细线间一小格是 1mm。

绘图时以一条纵向粗线为中线，以纵线、横线相交点为中桩位置，向左右两侧绘制。先标注中桩的桩号，再用铅笔根据水平距离和高差，将变坡点点在图纸上，然后用小三角板将这些点连接起来，就得到横断面的地面线。显然一幅图上可以绘多个横断面图，一般规定：绘图顺序是从图纸左下方起，自下而上、由左向右，依次按桩号绘制，如图 11-8 所示。

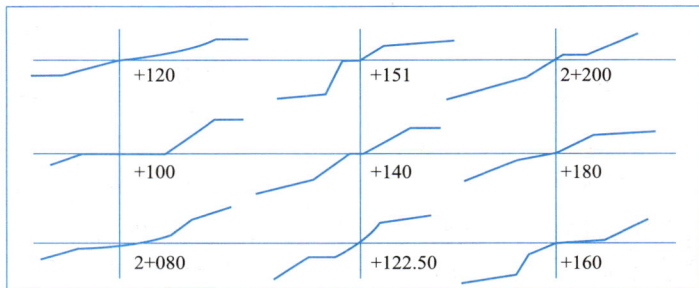

图 11-8　横断面图绘图顺序

小结 🔍

本项目介绍了道路基平测量、水准仪或者全站仪中平测量程序、纵横断面测量的任务及绘制方法等。学生通过项目实施学会纵横断面测量的步骤和绘制方法。

## 思考题 🔍

1. 路线纵断面测量的任务是什么？
2. 横断面测量的任务是什么？
3. 如何用求心方向架测定圆曲线上任意中桩处横断面方向？

# 学习情境 12

## Chapter 12

## 道路施工测量

**知识目标**

理解施工测量的内容。

掌握道路施工测量的基本方法。

**能力目标**

学会应用测量仪器进行道路施工测量。

了解道路恢复中线测量。

**思政目标**

加强中华优秀传统文化知识教育，落实党的领导和社会主义核心价值观教育，促进学生德技并修。

树立高尚的职业道德，具有一丝不苟的工作态度，弘扬爱国主义和工匠精神。

## 情境链接

### 京雄城际铁路

京雄城际铁路（图12-1），是中国境内一条连接北京市与河北省雄安新区的城际铁路，是完善京津冀区域高速铁路网结构的重要铁路线路。

2018年2月28日，京雄城际铁路大雄段开工建设；2019年9月26日，京雄城际铁路李大段（李营站至大兴机场站）开通运营；2020年12月27日，京雄城际铁路大雄段（大兴机场站至雄安站）开通运营。

截至2020年12月，京雄城际铁路由李营站至雄安站，全长91km，设6座车站（其中5座办理客运业务），设计速度250km/h（李大段）、350km/h（大雄段）。

图 12-1　京雄城际铁路

道路施工需要学生掌握道路施工测量的基本方法，学会应用测量仪器进行道路施工测量，学会道路恢复中线测量。

## 12.1　施工测量概述

### 12.1.1　施工测量的概念

#### 1. 施工测量的目的

设计图纸中主要以点位及其相互关系表示建筑物、构造物的形状和大小。建筑物、构造物设计之后就要按设计图纸及相应的技术说明进行施工。施工测量的目的，是以控制点为基础，把设计图纸上的点位测定到实地并标定出来。实现这一目的的测量技术过程称为工程放样，简称"放样"，或称"测设"。经过施工测量表示在实地的点位称为施工点，或称放样点。

### 2. 放样的基本思路

放样的基本思路与测绘的基本技术过程一样，放样地面点的直接定位元素是角度、距离和高差，间接定位元素是点位坐标和高程，因此，放样的基本工作是角度放样、距离放样和高差放样三种。

从地面点定位的基本要求出发，可知放样的基本思路如下：

（1）在放样之前，检验设计图上有关的定位元素。

（2）必要时对定位元素进行处理。

（3）在实地把拟定的地面点测设出来并在地面上设立点标志。

（4）检查放样点位的准确性、可靠性。

由于土木工程的多样性或环境的复杂性，在实施放样的过程中必须因地制宜，采取灵活、可靠的技术措施。

## 12.1.2  施工测量的任务

施工测量是保证施工质量的一个重要环节，公路施工测量主要包括以下任务。

### 1. 研究设计图纸并勘察施工现场

根据工程设计的意图及对测量精度的要求，在施工现场找出定测时的各控制桩或点（交点桩、转点桩、主要的里程桩以及水准点）的位置，为施工测量做好充分准备。

### 2. 恢复公路中线的位置

公路中线定测后，一般情况要过一段时间才能施工，在这段时间内，部分标志桩被破坏或丢失，因此，施工前必须进行一次复测工作，以恢复公路中线的位置。

### 3. 测设施工控制桩

由于定测时设立的及恢复的各中桩，在施工中都要被挖掉或掩埋，为了在施工中控制中线的位置，需要在不受施工干扰，便于引用，易于保存桩位的地方测设施工控制桩。

### 4. 复测、加密水准点

水准点是路线高程控制点，在施工前应对破坏的水准点进行恢复定测，为了施工中测量高程方便，在一定范围内应加密水准点。

### 5. 路基边坡桩的放样

根据设计要求，施工前应测设路基的填筑坡脚边桩和路堑的开挖坡顶边桩。

### 6. 路面施工放样

路基施工后，应测出路基设计高度，放样出铺筑路面的高程，作为路面铺设的依据。在路面施工中，讲究层层放线，层层操平。层层放线，是指每施工一层路面结构层都要放出该层的路面中心线和边缘线，有时为了精确做出路拱，还要放出路面左右高程名1/4的宽度线桩；层层操平，是指每施工一层路面结构层都要对各控制的断面在其放样的高程控制位置处进行高程测定，以控制各层的施工高程。

另外，还包括对排水设施、附属设施等工程的放样。主要应放出边沟、排水沟、截水沟跌水井、急流槽、护坡、挡土墙等的位置和开挖或填筑断面线等，为做到放样尽可能地准确，放样工作仍应遵循测量工作"先控制、后碎部、步步有校核"的基本原则。

## 12.2　恢复中线测量

从路线勘测结束到开始施工这段时间内，有一部分中线桩可能被碰动或丢失，因此施工前应进行复核，并将碰动和丢失的交点桩和中线桩校正和恢复好。在恢复中线时，应将道路附属物，如涵洞、检查井和挡土墙等的位置一并定出。对于部分改线地段，应重新定线，并测绘相应的纵横断面图。

## 12.3　施工控制桩测设

由于中线桩在路基施工中都要被挖掉或堆埋，为了在施工中能控制中线位置，应在不受施工干扰、便于引用、易于保存桩位的地方测设施工控制桩。测设方法主要有平行线法和延长线法两种，可根据实际情况配合使用。

### 1. 平行线法

如图 12-2 所示，平行线法是在设计的路基宽度以外，测设两排平行于中线的施工控制桩。为了施工方便，控制桩的间距一般取 10～20m。平行线法多用于地势平坦、直线段较长的道路。

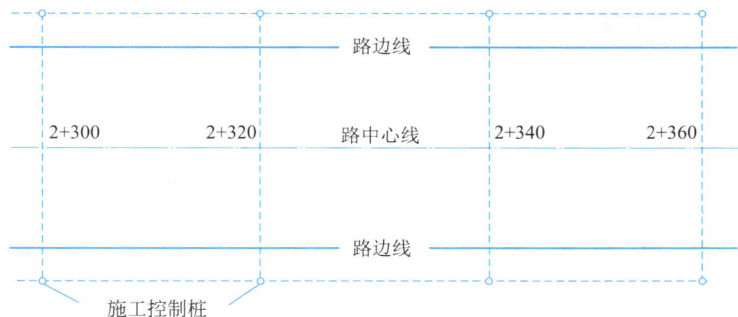

**图 12-2　平行线法**

### 2. 延长线法

如图 12-3 所示，延长线法是在道路转折处的中线延长线上，以及曲线中点至交点的延长线上测设施工控制桩。每条延长线上应设置两个以上的控制桩，量出其间距及与交点的距离，据此恢复中线交点。延长线法多用于地势起伏较大、直线段较短的道路。

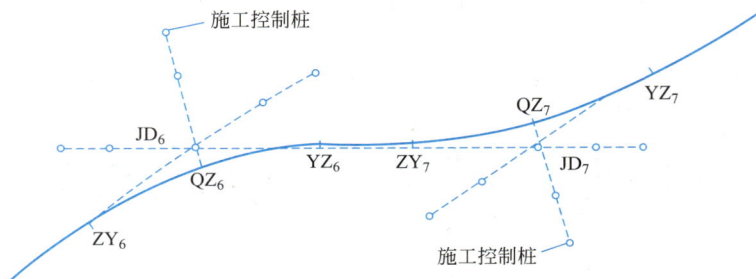

图 12-3  延长线法

## 12.4  路基边桩测设

路基边桩测设，就是把设计路基的边坡线与地面相交的点测设出来，在地面上钉设木桩（称为边桩），以此作为路基施工的依据。常用的测设方法有图解法和解析法。

### 1. 图解法

图解法是将地面横断面图和路基设计断面图绘在同一张毫米方格纸上。设计断面高出地面部分采用填方路基，其填土边坡线按设计坡度绘出，与地面相交处即为坡脚；设计断面低于地面部分采用挖方路基，其开挖边坡线按设计坡度绘出，与地面相交处即为坡顶。得到坡脚或坡顶后，用比例尺直接在横断面图上量取中桩至坡脚点或坡顶点的水平距离，然后到实地，以中桩为起点，用皮尺沿着横断面方向往两边测设相应的水平距离，即可定出边桩。

### 2. 解析法

解析法是通过计算求出路基中桩至边桩的距离，平地和山坡的计算和测设方法不同，下面分别介绍如下。

（1）平坦地区路基边桩的测设

填方路基称为路堤，如图 12-4（a）所示。路堤边桩至中心桩的距离为：

$$D = \frac{B}{2} + m \cdot h \tag{12-1}$$

挖方路基称为路堑，如图 12-4（b）所示。路堑边桩至中心桩的距离为：

$$D = \frac{B}{2} + s + m \cdot h \tag{12-2}$$

式中，$B$——路基设计宽度；

$m$——边坡率，1：$m$ 为路基边坡度；

$h$——填（挖）方高度；

$s$——路堑边沟顶宽。

（2）山区地段路基边桩的测设

在山区地面倾斜地段，路基边桩至中心桩的距离随着地面坡度的变化而变化。如

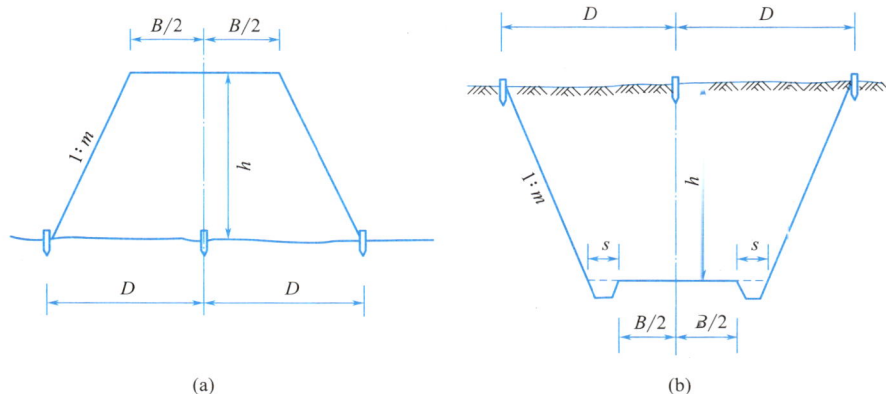

**图 12-4　平坦地区路基边桩的测设**

（a）路堤；（b）路堑

图 12-5（a）所示，路堤边桩至中心桩的距离为：

$$斜坡下侧：D_下 = \frac{B}{2} + m \cdot (h_中 + h_下) \tag{12-3}$$

$$斜坡上侧：D_上 = \frac{B}{2} + m \cdot (h_中 - h_上) \tag{12-4}$$

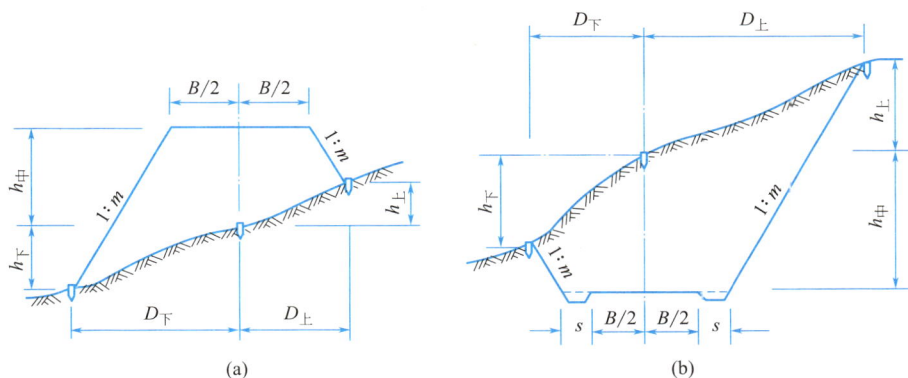

**图 12-5　山区地段路基边桩的测设**

如图 12-5（b）所示，路堑边桩至中心桩的距离为：

$$斜坡下侧：D_下 = \frac{B}{2} + s + m \cdot (h_中 - h_下) \tag{12-5}$$

$$斜坡上侧：D_上 = \frac{B}{2} + s + m \cdot (h_中 + h_上) \tag{12-6}$$

式中，$D_上$、$D_下$——斜坡上、下侧边桩与中桩的平距；

$\quad\quad h_中$——中桩处的地面填挖高度，为已知设计值；

$\quad h_上$、$h_下$——斜坡上、下侧边桩处与中桩处的地面高差（均为绝对值），在边桩未定出之前为未知数；

$\quad B$、$s$、$m$——意义同前，为已知设计值。

在实际放样过程中应采用逐渐趋近法测设边桩。先根据地面实际情况，并参考路基横断面图，估计边桩的位置。然后测出该估计位置与中桩的平距 $D_上$、$D_下$ 以及高差 $h_上$、$h_下$，并以此代入公式，若等式成立或在容许误差范围内，则估计位置与实际位置相符，即为边桩位置。否则，应根据实测资料重新估计边桩位置，重复上述工作，直至符合要求为止。

## 12.5 路基边坡及高程测设

路基边桩测设之后，为了保证施工达到设计要求，还应将设计边坡在实地上标定出来。

**1. 路堤边坡放样**

当填土高度较小（如填土小于 3m）时，可用长木桩、木板或竹竿标记填土高度，然后用细绳拉起，即为路堤外廓形，如图 12-6（a）所示。

当路堤填土较高时，可采用分层填土，逐层挂线的方法进行边坡的放样，如图 12-6（b）所示。

**2. 路堑边坡放样**

路堑边坡放样一般采用两边桩外侧钉设坡度样板的方法，如图 12-6（c）所示。

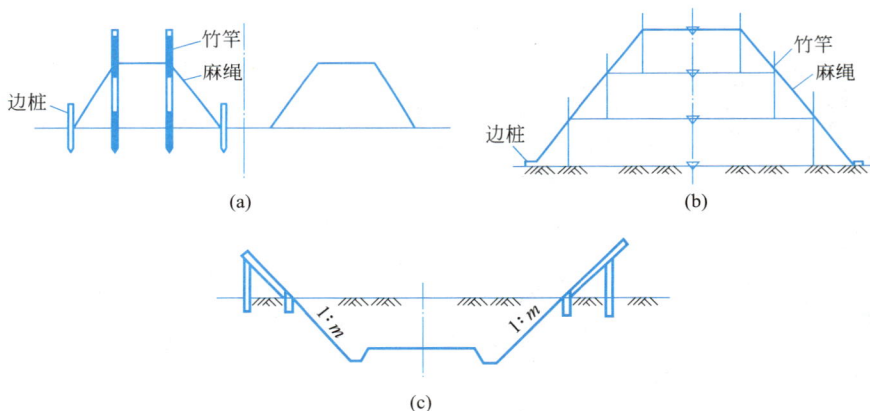

图 12-6　路基边坡放样

**3. 路面放样**

路面放样可分为路槽放样和路拱放样。当已知设计标高时，均可按已知高程放样方法进行。在此不再叙述。

## 12.6 竖曲线测设

为了保证行车安全，按规范规定，在路线坡度变化处，应以圆曲线或抛物线连接起来，这种曲线叫竖曲线。竖曲线有凹形和凸形两种，如图 12-7 所示。

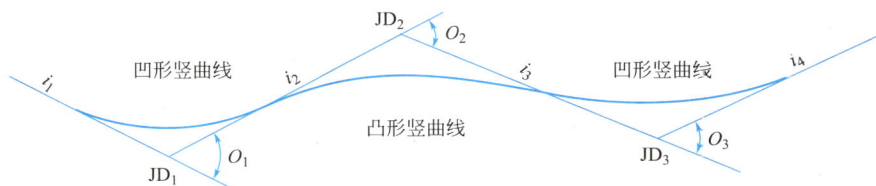

图 12-7　竖曲线与坡度角

根据汽车的行驶速度不同，规范规定了公路竖曲线最小半径和最小长度值，见表 12-1。竖曲线放样的具体方法参照平面圆曲线放样的方法进行，这里不再赘述。

公路竖曲线最小半径和最小长度值　　　　　　　　　表 12-1

| 设计速度(km/h) | | 120 | 100 | 80 | 60 | 40 | 30 | 20 |
|---|---|---|---|---|---|---|---|---|
| 凸形竖曲线半径(m) | 一般值 | 17000 | 10000 | 4500 | 2000 | 700 | 400 | 200 |
| | 极限值 | 11000 | 6500 | 3000 | 1400 | 450 | 250 | 100 |
| 凹形竖曲线半径(m) | 一般值 | 6000 | 4500 | 3000 | 1500 | 700 | 400 | 200 |
| | 极限值 | 4000 | 3000 | 2000 | 1000 | 450 | 250 | 100 |
| 竖曲线最小长度(m) | | 100 | 85 | 70 | 50 | 35 | 25 | 20 |

## 小结

本节介绍了道路施工测量的任务：路线中线位置恢复、施工控制桩测设、路基边桩放样。学生应掌握公路施工测量的基本方法。

## 思考题

1. 什么是施工测量？道路施工测量主要包括哪些内容？
2. 简述测设已知长度、已知水平角和已知高程的方法。
3. 已知点的平面位置测设有哪几种常用方法？
4. 简述路基边坡放样的方法步骤。
5. 施工测量的任务包括哪些？
6. 设某竖曲线半径 $R=3000$m，相邻坡段的坡度 $i=+3.1\%$，$i_z=+1.1\%$，变坡点的桩号为 K16+770.00，高程为 396.67m，如果曲线上每隔 10m 设置一桩，试计算竖曲线上各桩点的高程。

# 学习情境13

## 桥梁施工测量

## Chapter 13

**知识目标**

理解桥梁施工测量的基本任务。

掌握桥梁中线复测及轴线测定的方法。

掌握墩台定位及纵横轴线测设的方法；桥梁竣工测量的方法。

**能力目标**

学会应用测量仪器进行桥梁各阶段的施工测量。

了解桥梁的分类。

**思政目标**

弘扬劳动光荣、技能宝贵、创造伟大的时代风尚。

树立高尚的职业道德，具有一丝不苟的工作态度，弘扬爱国主义和工匠精神。

## 情境链接

### 港珠澳大桥

港珠澳大桥是中国境内一座连接香港、广东珠海和澳门的桥隧工程，位于中国广东省珠江口伶仃洋海域内，为珠江三角洲地区环线高速公路南环段。

港珠澳大桥于 2009 年 12 月 15 日动工建设（图 13-1），于 2017 年 7 月 7 日实现主体工程全线贯通。港珠澳大桥于 2018 年 2 月 6 日完成主体工程验收，同年 10 月 24 日上午 9 时开通运营。

图 13-1　港珠澳大桥

港珠澳大桥东起香港国际机场附近的香港口岸人工岛，向西横跨南海伶仃洋水域接珠海和澳门人工岛，止于珠海洪湾立交；桥隧全长 55km，其中主桥 29.6km、香港口岸至珠澳口岸 41.6km；桥面为双向六车道高速公路，设计速度 100km/h；工程项目总投资额 1269 亿元人民币。

港珠澳大桥因其超大的建筑规模、空前的施工难度和顶尖的建造技术而闻名世界。桥梁施工需要学生掌握桥梁中线复测及轴线测定的方法，掌握墩台定位及纵横轴线测设的方法，以及桥梁竣工测量的方法。

## 13.1　桥梁施工概述

道路通过河流或跨越山谷时需要架设桥梁，城市交通的立体化也需要建造桥梁，如立交桥、高架桥等。桥梁按其主跨距长度大小通常可分为四类，见表 13-1。

桥梁涵洞按跨径分类　　　表 13-1

| 桥涵分类 | 多孔跨径总长 $L$（m） | 单孔跨径 $L_k$（m） |
|---|---|---|
| 特大桥 | $L \geq 1000$ | $L_k \geq 150$ |
| 大桥 | $100 \leq L \leq 1000$ | $40 \leq L_k \leq 100$ |

| 桥涵分类 | 多孔跨径总长 $L$（m） | 单孔跨径 $L_k$（m） |
|---|---|---|
| 中桥 | $30 < L < 100$ | $20 \leq L_k < 40$ |
| 小桥 | $8 \leq L \leq 30$ | $5 \leq L_k < 20$ |
| 涵洞 | — | $L_k < 5$ |

不同类型的桥梁其施工测量的方法和精度要求不同，但总体内容大同小异，主要有以下几方面：

（1）对设计单位交付的所有桩位和水准点及其测量资料进行检查核对；

（2）建立满足精度与密度要求的施工控制网，并进行平差计算，已建好施工控制网的要作复测检查；

（3）定期复测控制网，并根据施工的需要加密或补充控制点；

（4）测定墩（台）基础桩的位置；

（5）进行构造物的平面和高程放样，将设计标高及几何尺寸测设于实地；

（6）对有关构造物进行必要的施工变形观测和施工控制观测，尤其在大型和特大型桥梁施工中，塔柱和梁悬拼（浇）的中轴线及标高的施工控制是确保成桥线形的关键；

（7）测定并检查施工结构物的位置和标高，为工程质量的评定提供依据；

（8）对工程进行竣工测量。

桥梁施工测量的目的是把图上所设计的结构物的位置、形状、大小和高低，在实地标定出来，作为施工的依据。施工测量将贯穿整个桥梁施工全过程。是保证施工质量的一项重要工作。

## 13.2 桥位控制测量

### 13.2.1 平面控制测量

桥梁平面控制测量的任务是为放样桥梁轴线长度、墩台中心位置，测量桥位地形，施工放样和变形观测提供具有足够精度的控制点。对于河面较宽的中型以上的桥梁，因桥墩在河水中建造，无法进行直接丈量，所以必须采用间接丈量，即建立桥梁平面控制网。目前桥梁平面控制网有测角网、测边网和边角网三种形式。

测角网是一种传统的测量方法，又称为三角测量。即在桥岸两边选定若干控制点（称为三角点），构成由若干个单三角形组成的三角网（控制网），然后观测每一个单三角形的三个内角，通过精密量距丈量至少两条以上的边长，作为起始边或称为基线，求算三角形中其他边长，最终计算出各三角点的平面坐标。

测边网是随着电磁波测距仪或全站仪的广泛应用而采用的一种平面控制形式，即在控制网中，利用电磁波测距仪或全站仪只测定三角形的边长，从而求算控制点的坐标。测边网通常建立四边形或多边形网。

边角网是将前述的测角网和测边网结合使用进行平面控制的一种形式。它能精确测定桥轴线的长度和桥梁墩台的中心位置。

（1）平面控制网的几种常见形式

桥梁平面控制网的典型图形如图 13-2 所示。图中点画线为桥梁轴线，双线为实测边长即基线。对于在更大的江河测设桥轴线时，为了提高精度可采用两个四边形或更复杂的图形。选用何种图形，可根据桥长、施工需要和地形而定。

桥梁三角网在布设时应注意：三角点应选在土质坚实、通视良好、作业安全、便于保存点位和便于测图的地方；尽量将桥梁轴线的端点选为三角点，桥轴线应与基线一端连接，成为控制网的一边；若起始边（基线）采用精密量距法测量，则应将其选在地面平坦的地方；定点后宜组成方正的图形，图形中各三角形的边长应接近相等，三角形各内角值宜控制在 30°～120° 之间，最好为 60° 左右；三角点的位置应便于放样桥台和桥墩。

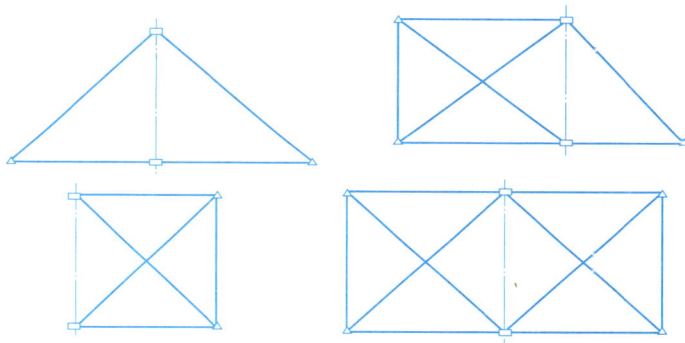

图 13-2　桥位控制网形式

（2）平面控制网的技术要求

平面控制网的基线可采用鉴定过的钢尺按精密丈量法或采用高精度的光电测距仪或全站仪施测，水平角的观测需按要求进行。桥位三角网的主要技术要求见表 13-2。

桥位三角网精度要求　　　　　　　　　　　　　　　　　　　　　　　表 13-2

| 等级 | 桥轴线控制桩间距离（m） | 测角中误差(″) | 桥轴线相对中误差 | 基线相对中误差 | 丈量测回数 | | 三角形最大闭合差(″) | 方向观测法测回数 | | |
|---|---|---|---|---|---|---|---|---|---|---|
| | | | | | 轴线 | 基线 | | $J_1$ | $J_2$ | $J_6$ |
| 二 | ＞5000 | ±1.0 | 1/130000 | 1/260000 | 3 | 4 | ≤3.5 | 12 | — | |
| 三 | 2000～5000 | ±1.8 | 1/70000 | 1/140000 | 2 | 3 | ≤7.0 | 9 | 12 | |
| 四 | 1000～2000 | ±2.5 | 1/40000 | 1/80000 | 1(3) | 2(4) | ≤9.0 | 6 | 9 | |
| 五 | 500～1000 | ±5.0 | 1/20000 | 1/40000 | (2) | (3) | ±15.0 | 4 | 6 | 9 |
| 六 | 200～500 | ±10.0 | 1/10000 | 1/20000 | (1) | (2) | ±30.0 | | 4 | 6 |
| 七 | ＜200 | ±20.0 | 1/5000 | 1/10000 | (1) | (1) | ±60.0 | — | 2 | 4 |

近几年，随着测量仪器的更新和测量方法的改进，特别是卫星定位测量的普及，桥梁平面控制网的布设变得更加灵活，网形也趋于简单化。现在大中桥梁建设多采用卫星定位

测量技术布设平面控制网。

## 13.2.2　高程控制测量

（1）高程控制网的精度

桥梁高程控制网的起算高程数据由附近的国家水准点或其他已知水准点引入。这只是取得统一的高程系统，而桥梁高程控制网仍是一个自由网，不受已知高程点的约束，以保证网本身的精度。

由于放样桥墩、台高程的精度除受施工放样误差的影响，控制点间高差的误差亦是一个重要的影响因素。因此高程控制网必须要有足够高的精度。对于水准网，水准点之间的联测及起算高程的引测一般采用三等水准测量。跨河水准测量当跨河距离小于800m时采用三等水准测量，大于800m则应采用二等水准测量。

（2）水准点的布设

水准点的选点与埋设工作一般都与平面控制网的选点与埋石工作同步进行，水准点应包括水准基点和工作点。水准基点是整个桥梁施工过程中的高程基准，因此，在选择水准点时应注意其隐蔽性、稳定性和方便性。在布设水准点时，对于桥长在200m以内的大、中桥，可在河两岸各设置一个。当桥长超过200m时，由于两岸联测起来比较困难，而且水准点高程发生变化时不易复查，因此每岸至少应设置两个水准点。

在桥梁施工过程中，单靠水准基点难以满足施工放样的需要，因此，在靠近桥墩附近再设置水准点（称为工作基点）。工作点一般不单独埋石，而是利用平面控制网的导线点或三角网点的标志作为水准点。

（3）跨河水准测量

为了确保两岸水准点之间高程的相对精度，跨河水准测量的精度至关重要，它在桥梁高程控制测量中精度要求最高。根据水面宽度一般采用单线过河或双线过河。当水面宽度在300m以下时，可采用单线过河。超过300m则须采用双线过河。并且应构成水准闭合环。跨河水准测量的具体要求，在国家水准测量规范中都有明确的规定，见表13-3。水准测量开始作业之前，应按照国家水准测量规范，对水准仪和水准尺进行检验与校正。水准测量的实施方法及限差要求亦要按规范规定进行。

跨河水准测量技术要求　　　表13-3

| 序号 | 方法 | 等级 | 最大视线长度 $D$（km） | 单测回数 | 半测回观测组数 | 测回高差互差限差（mm） |
|---|---|---|---|---|---|---|
| 1 | 直接读尺法 | 三 | 0.3 | 2 | — | 8 |
| | | 四 | 0.3 | 2 | — | 16 |
| 2 | 微动觇板法 | 三 | 0.5 | 4 | — | 30D |
| | | 四 | 1.0 | 4 | — | 50D |
| 3 | 经纬仪倾角法或测距三角高程法 | 三 | 2.0 | 8 | 3 | $24\sqrt{D}$ |
| | | 四 | 2.0 | 8 | 3 | $40\sqrt{D}$ |

（4）水准测量及联测

桥梁高程控制网应与路线采用同一个高程系统，因而要与路线水准点进行联测，但联测的精度可略低于施测桥梁高程控制网的精度。因为它不会影响到桥梁各部高程放样的相对精度。

跨河水准测量前，应对两岸高程控制网按设计精度进行测量，并联测用于跨河水准测量的临时（或永久）水准点。同时将两岸国家水准点或部门水准点的高程引测到桥梁施工高程控制网的水准点上，比较两岸已知水准点高程是否存在问题，确定是否需要联测到其他已知高程的水准点上。但最后均采用由一岸引测的高程来推算全桥水准点的高程。

## 13.3　桥梁轴线测定

### 1. 直接丈量法

当桥梁位于浅水或河面较窄的河段，有良好的丈量条件，宜采用直接丈量法测量桥轴线长度。这种方法设备简单、精度可靠。由于桥轴线长度的精度要求较高，一般采用精密丈量的方法。具体步骤如下：

（1）清理桥轴线范围内的场地；

（2）经纬仪置于桥轴线一控制桩上，定出轴线方向，每隔一整尺距离钉设一木桩；

（3）用水准仪测出相邻桩顶间的高差，据此计算倾斜改正。为了检核，一般应测量两次。第二次可放在丈量结束后进行，以检查丈量过程中木桩是否有变动；

（4）应使用检定过的钢尺。丈量时用弹簧秤施以标准拉力。每一尺段可连续测量三次，每次读数时应稍为变更钢尺的位置。读数读至 0.1mm。三次测量的结果，其较差不得大于限差要求，取其平均值；

（5）在丈量距离的同时应测量温度一次；

（6）计算每一尺段的尺长、温度及倾斜改正，求得改正后的尺段长度。然后将各尺段长度求和，得到桥轴线测量一次的长度；

（7）一般应往返丈量至少各一次，称为一测回。根据丈量精度要求，可测数测回。桥轴线长度取数测回的平均值；

（8）计算桥轴线长度中误差为：

$$m = \pm \sqrt{\frac{[vv]}{n(n-1)}} \tag{13-1}$$

相对中误差为：

$$K = \frac{m}{L} = \frac{1}{L/m} \tag{13-2}$$

式中，$v$——桥轴线平均长度与每次丈量结果之差；

　　　$n$——丈量次数；

　　　$L$——桥轴线平均长度。

### 2. 光电测距法

光电测距具有作业精度高、速度快、操作和计算简便等优点，且不受地形条件限制。目前公路工程多使用中、短程红外测距仪，测程可达 3km。测距精度一般优于 $\pm(3+2\times 10^{-6}D)$ mm。

使用红外测距仪能直接测定桥轴线长度。但若桥墩的施工要采用交会法定位，则可将桥轴线长度作为一条边，布设成双闭合环导线。在布设导线时，应考虑导线点的位置尽可能选在高处，以便对桥墩进行交会定位，减少水面折光对测距的影响，并且使交会角尽可能接近 90°。

### 3. 三角网或边角网法

特大桥桥轴线的测定一般采用三角测量的方法。选点时将桥轴线作为三角网的一条边，在精确测定三角网的 1～2 条边长（称为基线），观测所有角度后，即可计算桥轴线长度。近年来光电测距仪的广泛应用，精密测定边长已不困难，因此可在三角网的基础上加测若干边长，称为边角网，其精度一般优于三角网，但外业工作量及平差工作的难度都比三角网大。

## 13.4 桥墩、桥台定位测量

在桥梁施工测量中，测设墩、台中心位置的工作称为桥梁墩、台定位。

直线桥梁的墩、台定位所依据的原始资料为桥轴线控制桩的里程和桥梁墩、台的设计里程。根据里程可以算出它们之间的距离，并由此距离定出墩、台的中心位置。

如图 13-3 所示，直线桥梁的墩、台中心都位于桥轴线的方向上，已经知道了桥轴线控制桩 A、B 及各墩、台中心的里程，由相邻两点的里程相减，即可求得其间的距离。墩、台定位的方法可视河宽、河深及墩、台位置等具体情况而定。根据条件可采用直接丈量、光电测距及极坐标法。

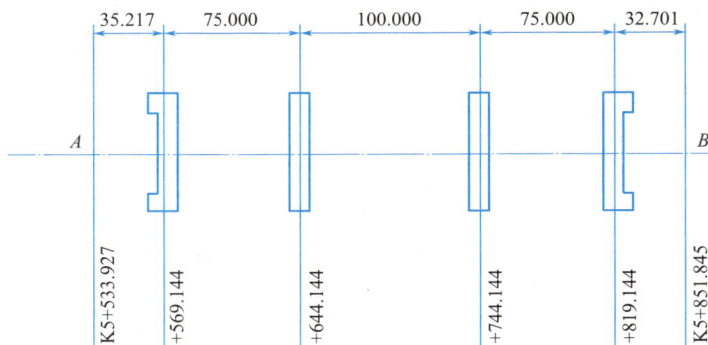

图 13-3 直线桥梁墩台布置图

### 1. 直接丈量

当桥梁墩、台位于无水河滩上（或水面较窄），用钢尺可以跨越丈量时，可采用钢尺直接丈量。丈量所使用的钢尺必须经过检定，丈量的方法与测定桥轴线的方法相同。因为距离测设是根据给定的水平距离，先进行尺长和温度等各项改正，算出测设时的尺面长度，然后按这一长度从起点开始，沿已知方向定出终点位置，所以测设时各项改正数的符号与丈量时正好相反。

如图 13-3 所示，桥轴线控制桩 $A$ 至桥台的距离为 35.217m，在现场概量距离后，用水准测量测得两点间高差为 0.672m，测设时的温度为 30℃，所用钢尺经过检定，其尺长方程式为：

三项改正数为：　$l = 50\text{m} - 0.007\text{mm} + 0.000012 \times (t - 20℃)(\text{m})$

尺长改正：　　　$\Delta l = -\dfrac{-0.007}{50} \times 35.217 = +0.0049(\text{m})$

温度改正：　$\Delta l_t = -0.000012 \times (30 - 20) \times 35.217 = -0.0042(\text{m})$

倾斜改正：　　　$\Delta h = \dfrac{0.672^2}{2 \times 35.217} = 0.0064(\text{m})$

测设时的尺面读数为：$5.217 + 0.0049 - 0.0042 + 0.0064 = 35.2241(\text{m})$

### 2. 光电测距

光电测距目前一般采用全站仪。用全站仪进行直线桥梁墩、台定位，简便、快速、精确。只要墩、台中心处可以安置反射棱镜，仪器与棱镜能够通视，即可采用。

测设时最好将仪器置于桥轴线的一个控制桩上，瞄准另一控制桩，此时望远镜所指方向为桥轴线方向。在此方向上移动棱镜，通过测距定出各墩、台中心。这样测设可有效地控制横向误差。为确保测设点位的准确，测后应将仪器迁至另一控制点上再测设一次进行校核。

### 3. 极坐标法

如果在桥梁设计中，墩台中心坐标（$x$、$y$）已设计出，则可用全站仪按极坐标法测设。原则上可将仪器放在任何一个控制点上，根据墩台坐标和测站点坐标，反算出极坐标放样数据，即角度和距离。然后依此测设墩台的中心位置，具体方法在此不再赘述。

## 13.5　桥墩、桥台细部放样

桥墩施工放样，是指桥墩细部放样，是在实地标定好的墩位中心和桥墩纵横轴线的基础上，根据施工的需要，按照设计图自下而上分阶段地将桥墩各部位尺寸放样到施工作业面上。施工过程中，由于墩位中心及纵横轴线的标志一般都不易长期保存，往往在前一个施工环节中已被破坏，因此必须采取重新交会的方法或根据护桩恢复墩位中心及纵横轴线，再进行下一步的细部放样工作。

### 1. 扩大基础施工放样

（1）墩、台纵横轴线的放样及固定

在墩、台中心定位之后，还应放样出墩、台的纵横轴线，作为墩、台细部放样的依据。对旱桥或浅水桥可以直接用经纬仪或全站仪采用拨角法放样；位于水中的桥墩，如采用筑岛或围堰施工时，可以把纵横轴线测设于岛上或围堰上。直线桥的墩、台轴线应与桥轴线垂直；若曲线桥墩、台中心位于路线中心上，则墩、台的纵轴线为墩、台中心处曲线的切线方向，而横轴与纵轴垂直。

对放样出的墩、台轴线，要用护桩固定，因为在施工过程当中，需要经常恢复纵横轴线的位置。墩、台轴线的护桩在每侧应不少于两个，尽量在每侧设三个护桩，以防护桩被破坏。护桩的位置一般是在放样出的桥梁墩、台纵横轴线上，这样有利用于校核。特殊情况（如水下中墩护桩）也可不在轴线上，这时要用方向交会法设置护桩。

（2）扩大基础基坑开挖边线的放样

如图 13-4 所示，在地面已定出桥墩中心位置 o 及纵横轴线 XX、YY。若已知基坑底面尺寸长 28m、宽 6m，挖基深度为 5m，基坑坑壁坡度为 1∶1.5，现欲放样基坑的开挖边线 PQRS。

根据基坑底面尺寸计算出 P、Q、R、S 各点对纵横轴线的垂距，即可按直角坐标法放样四点。通过几何关系可得：

$$P \text{ 点对纵轴的垂距：} PI = JO = 14 + 5 \times 1.5 = 21.5 (\text{m})$$

$$P \text{ 点对横轴的垂距：} PJ = IO = 3 + 5 \times 1.5 = 10.5 (\text{m})$$

在现场根据 IO、JO 的计算值用钢尺沿纵横轴线方向在地面定出 I、J 两点，然后分别在 I、J 两点以 PI、PJ 两距离相交定出 P 点。同法可依次定出其他各点在地面上的位置，即得基坑的开挖边线 PQRS。

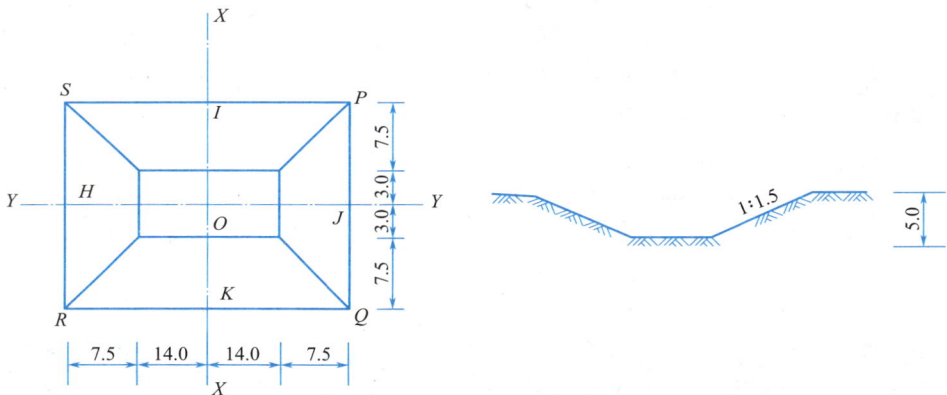

图 13-4　基坑开挖边线放样

## 2. 桩基础钻孔定位放样

桩基础钻孔放样和中墩定位放样方法相同，可采用全站仪坐标法或桥梁三角网法等，但放样的桩要用护桩固定，固定方法与墩、台纵横轴线测设方法相同。桩基定位放样当中应注意以下几点：

（1）认真熟悉图纸，详细核对各轴线桩布置情况，是单排桩、双排桩还是梅花桩等，每行桩与轴线的关系是否偏中，桩距多少、桩个数、承台标高、桩顶标高。

（2）根据轴线控制桩纵横拉小线，把轴线放到地面上，从纵横轴线交点起，按桩位布置图进行逐个桩定位，在桩中心钉上木桩。

（3）每个桩中心都固定标志，一般用 4cm×4cm 的方木桩钉牢，或浅颜色作标志，以便钻机在成孔过程中及时正确地找准桩位。

（4）桩基成孔后，灌注水下混凝土前应在每个桩附近重新测量标高，以便正确掌握桩顶标高。

## 3. 桥台、墩身施工放样

基础部分做完后，墩中心点应再利用控制点交会设出。然后在墩中心点设置经纬仪放出纵横轴线，并将纵横轴线投影到固定的附属结构物上，以减少交会放样次数。同时根据岸上水准基点检查基础顶面的高程，其精度应符合四等水准要求。根据纵横轴线即可放样承台、墩身砌筑的外轮廓线。随着桥墩砌筑的升高，可用较重的垂球将标定的纵、横轴线转移到上一段，但每升高 3～6m 后须利用三角点检查一次桥墩中心和纵横轴线。

例如，圆头墩身平面位置的放样方法如图 13-5 所示。欲放样墩身某断面尺寸为长12m、宽 3m，圆头半径为 1.5m 的圆头桥墩时，在墩位上已设出桥墩中心 $O$ 及其纵横轴线 $XX'$、$YY'$。则可以 $O$ 点为准，沿纵线 $XX'$ 方向用钢尺向两侧各放出 6m 得 $I$、$K$ 两点。再以 $O$ 点为准，沿横轴 $YY'$，用钢尺放出 4.5m 得圆心 $J$ 点。然后再分别以 $I$、$J$ 及 $K$、$J$ 点用距离交会法测出 $P$、$Q$ 点，并以 $J$ 点为圆心，以 $JP=1.5m$ 为半径，作圆弧，得弧上相应各点。用同样方法可放出桥墩的另一端。

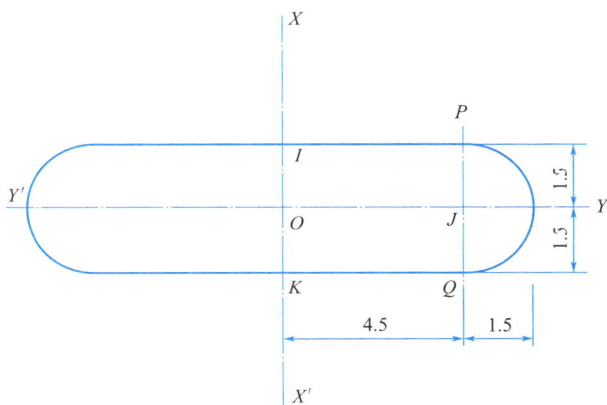

图 13-5　圆头墩身放样（m）

## 小结

本项目介绍了桥梁施工、放样的测量方法。学生应掌握桥位控制测量、轴线测定和墩台的放样的主要方法。

## 思考题

1. 简述桥梁墩台定位测量的几种常用方法。
2. 跨河水准测量应如何实施？需要注意哪些事项？

# 学习情境14

## 隧道施工测量

## Chapter 14

### 知识目标

理解隧道施工测量的内容。

掌握隧道施工测量的方法，重点掌握隧道控制测量和隧道贯通误差。

### 能力目标

学会隧道施工测量。

熟知隧道控制测量。

了解隧道施工测量的特殊环境对控制点布设的要求。

### 思政目标

加强中华优秀传统文化知识教育，落实党的领导和社会主义核心价值观教育，促进学生德技并修。

弘扬精益求精的专业精神、职业精神、工匠精神和劳模精神。

## 情境链接1

### 世界建设规模最大的公路隧道——秦岭终南山公路隧道

秦岭终南山公路隧道是国家高速公路网包头至茂名线控制性工程，也是陕西"三纵四横五辐射"公路网西安至安康高速公路重要组成部分。秦岭终南山公路隧道的建成通车，方便了群众安全快捷出行，节约了运输成本，对促进西部大开发战略的实施和陕西省与周边省市的经济交流具有十分重要的意义；作为中国自行设计施工的世界最长双洞单向公路隧道，人们驱车 15 分钟就能穿越秦岭这一天然屏障。中国工程技术人员历时 4 年零 9 个多月创造的一项世界之最，使中国南北分界线秦岭天堑变通途。

**图 14-1　秦岭终南山公路隧道**

秦岭终南山公路隧道（图 14-1）采用双洞双线设计，横断面高 76m、宽 1092m，最大纵坡为 11‰；单洞全长 18020m、净宽 10.5m、限高 5m；采用双向四车道、单向两车道高速公路建设标准，设计行车速度 80km/h；安全等级一级，隧道结构设计基准期 100 年。上、下行线隧道每 750m 均设 1 处紧急停车带，停车带有效长度 30m、全长 40m；两条隧道间每 500m 设 1 处行车横通道，横通道净宽 4.5m、净高 5.97m；每 250m 设 1 处人行横通道，断面净宽 2m、净高 2.5m。隧道进口高程 896.9m，出口高程 1025.4m。

隧道施工需要学生掌握隧道施工测量的方法，重点掌握隧道控制测量和隧道贯通误差。

## 情境链接2

### 国之重器：我国研制的超大直径盾构机在长沙下线

中国铁建重工集团、中铁十四局集团联合研制的最大开挖直径达 16.07m 的超大直径盾构机"京华号"在中国铁建重工集团长沙第一产业园下线。如图 14-2 所示，这台盾构机整机长150m，总重量4300t，这是我国迄今研制的最大直径盾构机，出厂后将参与北京东六环改造工程建设。"京华号"盾构机现场犹如一条钢铁巨龙横卧，高度超过5层楼，刀盘涂装从京剧脸谱中提取视觉元素，外观鲜明夺目，凸显北京地域文化特色。

"京华号"盾构机应用了液压管片拼装、常压换刀、伸缩主驱动、高效大功率泥水环流系统、高精度开挖面气液独立平衡控制等多项核心技术，同时创新搭载了管环收敛测量、管环平整度检测、同步双液注浆等系统装置，使高强度、高风险、高污染的隧道掘进作业转变成相对安全、高效的绿色施工模式。

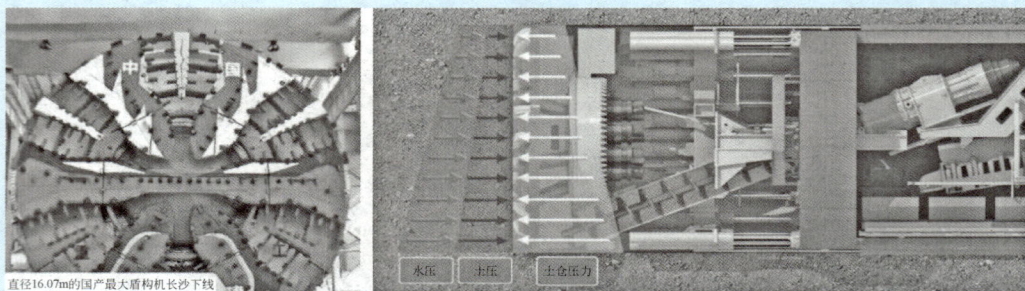

图 14-2 "京华号"超大直径盾构机

## 14.1 概述

隧道是一种穿通山岭，横贯海峡、河道，盘绕城市地下的交通结构物。随着交通现代化建设的发展，隧道已成为公路建设中的重要组成部分，隧道施工通常是由两端对向开挖，对于较长隧道，为了加快施工进度、改善工作条件、减少施工干扰，常选择平硐、斜井、竖井等辅助坑道来增加掘进工作面。隧道按其洞身的长度可分为四级，见表14-1。

隧道分级表　　　　　　　　　　　　　　　　　　　　　　表 14-1

| 公路隧道分级 | 特长隧道 | 长隧道 | 中隧道 | 短隧道 |
|---|---|---|---|---|
| 直线型隧道长度(m) | $L>3000$ | $3000 \geqslant L>1000$ | $1000 \geqslant L>500$ | $L \leqslant 500$ |
| 曲线型隧道长度(m) | $L>1500$ | $1500 \geqslant L \geqslant 500$ | $500>L \geqslant 250$ | $L<250$ |

隧道施工不同于桥梁等其他构造物，它除了造价高、施工难度大以外，在施工测量上也有许多不同之处。隧道施工测量首先要建立洞外平面和高程控制网，每一开挖洞口附近都应设立平面控制点及水准点，这样可将各开挖面联系起来，作为开挖放样的依据。随着坑道的向前掘进，必须将洞口控制桩坐标、方向及洞口水准点的高程传递到洞内，再用导线测量的方法建立洞内的平面控制，用水准测量方法建立高程控制。根据洞内控制点的坐

标及高程，来指导开挖方向，并作为洞内衬砌及建筑物放样的数据。隧道贯通后，必然产生平面及高程的贯通误差，此时需进行中线调整。设有竖井的隧道还需专门进行竖井测量。在隧道所有的施工项目完成后还要作竣工测量。

隧道施工测量的主要任务是保证隧道相向开挖时，能够按规定的精度正确贯通，并使隧道在施工后衬砌部分和洞内建筑物不超过规定的界限。

隧道施工测量首先要建立洞外平面和高程控制网，每一开挖洞口附近都应设立平面控制点及水准点，以将各开挖面联系起来作为开挖放样的依据。随着坑道的向前掘进，需将洞口控制点坐标、方向及水准点高程传递到洞内，在洞内用导线测量的方法建立平面控制，用水准测量的方法建立高程控制。根据洞内控制点的坐标与高程指导开挖方向，并作为洞内衬砌及建筑物放样的数据。隧道贯通后往往会产生贯通误差，此时，需进行中线调整。设有竖井的隧道还需进行竖井测量。

隧道施工测量的精度要求，主要根据工程性质、隧道长度及施工方法来定。在对向掘进隧道的贯通面上，对向测量标设在隧道中线产生偏差称为贯通误差，包括纵向误差、横向误差和高程误差。其中纵向误差仅影响隧道中线的长度施工测量中较易满足要求，而横向误差和高程误差则是影响隧道施工质量的重要指标。

## 14.2 洞外控制测量

### 1. 洞外平面控制测量

隧道洞外平面控制测量的主要任务是测定洞口控制点的平面位置，并同道路中线联系，以便根据洞口控制点位置，按设计方向和坡度对隧道进行掘进，使隧道以规定的精度贯通。根据隧道的分级和地形状况，洞外平面控制测量通常有中线法、导线法、三角测量法及卫星定位测量法等。

（1）中线法

对于长度较短的直线隧道，可以采用中线法定线。中线法就是在隧道洞顶面上用直接定线的方法，把隧道的中线每隔一定的距离用控制桩精确地标定在洞顶面上，作为隧道施工引测进洞的依据。由于洞口两点不通视，需要在洞顶面上反复校核中线控制桩是否精确地放在路线中线上。通常采用正倒镜分中延长直线法，从一端洞口的控制点向另一端洞口延长直线。

如图 14-3 所示，图中 $A$、$D$ 为定测时路线的中线点（也是隧道洞口的控制桩），$B$、$C$…为隧道洞顶的中线控制桩，可按如下方法进行测设。

在 $A$ 点安置仪器（经纬仪或全站仪），根据概略方向在洞顶地面上定出 $B'$ 点，搬仪器到 $B'$ 点，采用正倒镜分中法延长直线 $AB'$ 到 $C'$ 点，同法继续延长该直线，直到另一洞口控制桩 $D$ 点附近 $D'$ 点。在延长直线时，用经纬仪视距法或全站仪测距法测定 $AB'$、$B'C'$ 和 $C'D$ 的距离。此时 $D$、$D'$ 两点若不重合，量取 $D$、$D'$ 两点的距离 $DD'$。按比例关系计算出 $C$ 点偏离中线的距离 $CC'$ 为：

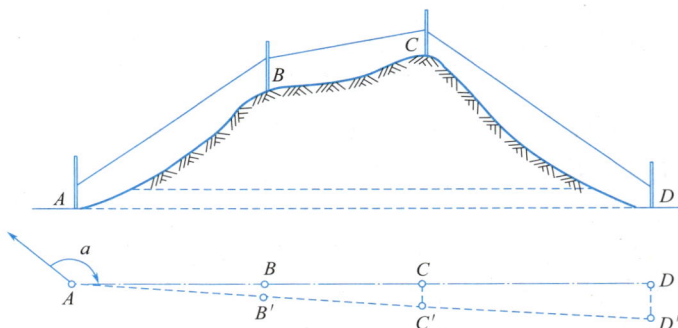

图 14-3　中线法地面控制

$$CC' = \frac{AC'}{AD'} \cdot DD' \qquad (14\text{-}1)$$

在 $C'$ 点沿垂直于 $C'D'$ 的方向量取距离 $CC'$ 定出 $C$ 点，将仪器安置于 $C$ 点，采用正倒镜分中法，延长直线 $DC$ 到 $B$ 点，同法继续延长该直线，直到另一洞口控制桩 $A$ 点的近旁得 $A'$ 点，若 $A'$ 点与 $A$ 点重合（或在容许误差范围内），则测设完成。否则，用同样的方法进行第二次趋近，直至 $B$、$C$ 等点精确位于 $A$、$D$ 方向上为止。$B$、$C$ 等点即可作为隧道掘进方向的定向点，$A$、$B$、$C$、$D$ 的分段距离应用全站仪测定，测距的相对误差不应大于 $1/5000$。

施工时，将仪器安置于隧道洞口控制桩 $A$ 或 $D$ 上，照准定向点 $B$ 或 $C$，即可向洞内延伸直线。

（2）导线法

地面导线的测算方法与第六章导线测量基本相同，但要求较高。测角和量测边长均应用较精密的仪器和方法。导线的布设须按隧道工程的要求来确定。直线隧道的导线应尽量沿两洞口连线的方向，布设成直伸形式，因为直伸导线的量距误差主要影响隧道的长度，而对横向贯通误差影响较小。在曲线隧道测设中，当两端洞口附近为曲线时，则两端应沿其端点的切线布设导线点；中部为直线时，则中部应沿中线布设导线点；当整个隧道在曲线上时，应尽量沿两端洞口的连线布设导线点。导线应尽可能通过隧道两端洞口及各辅助坑道的进洞点，并使这些点成为主导线点。要求每个洞口有不少于 3 个的能彼此联系的平面控制点，以利于检测和补测。必要时可将导线布设成主副导线闭合环，对副导线只测水平角而不测距离。

（3）三角锁法

对于长隧道、曲线隧道及上下行隧道，由于地形复杂、要求更高，故以布设三角锁为宜。三角网的点位精度比导线点高，有利于控制隧道贯通的横向误差。

布设三角锁时，先根据隧道平面图拟定三角网，然后实地选点，用三角测量的方法建立隧道施工控制网。

用三角锁布设隧道施工控制网时，一般布成与路线同方向延伸，隧道全长及各进洞点均应在控制范围内，三角点要分布均匀，并考虑施工引测方便和使误差最小。基线不应离隧道轴线太远，否则将增加三角锁中三角形的个数，从而降低三角锁最远边推算的精度。

三角锁的图形，取决于隧道中线的形状、施工方法及地形条件。直线隧道以单锁为主，三角点尽量靠近中线，条件许可时，可利用隧道中线作为三角锁的一边，这样可以减小测量误差对横向贯通的影响。曲线隧道三角锁以沿两端洞口的连线方向布设较为有利。较短的曲线隧道可布设成中点多边形锁，长的曲线隧道可布设成任意形式的三角形锁。

（4）卫星定位系统法

用卫星定位系统做隧道施工的平面控制时，只需要在洞口布设控制点和定向点，洞口与洞口之间的点不需要通视，与国家控制点之间的联测也不需要遮视，地面控制点的布设灵活方便，定位精度已超过常规的平面控制网。卫星定位技术在隧道施工测量的地面控制测量中已经被广泛采用。

### 2. 洞外高程控制测量

隧道高程控制测量的任务，是按照规定的精度，施测隧道洞口（隧道进出口、竖井口、斜井口和坑道口等）附近水准点的高程，作为高程引测进洞的依据。根据两洞口点间的高差和距离，还可以确定隧道底面的设计坡度，并按设计坡度控制隧道底面开挖的高程。

水准路线应选择在连接两端洞口最平坦和最短的地段，以期达到设站少、观测快、精度高的要求。水准路线应尽量直接经过辅助坑道附近，以减少联测工作。每一洞口埋设的水准点应不少于两个，两个水准点间的高差，以能安置一次水准仪即可联测为宜。两端洞口之间的距离大于 1km 时，应在中间增设临时水准点，水准点间距以不大于 1km 为宜。洞外高程控制测量通常采用三、四等水准测量方法，往返观测或组成闭合水准路线进行施测。

一般规定，当两开挖洞口之间的水准路线长度小于 10km 时，容许高差不符值 $\Delta h \leqslant \pm 30\sqrt{L}$（mm），$L$ 为单程路线长度，单位为 km。如高差不符值 $\Delta h$ 在限差以内，取其平均值作为测段之间的高差。

### 3. 洞口掘进方向标定

洞外平面和高程控制测量完成以后，即可求得洞口点（各洞口附近至少有两个）的坐标和高程，同时可计算洞内待定点的设计坐标。施工时，可按坐标反算的方法，求得洞内设计点和洞口附近控制点之间的距离、角度和高差等测设数据，指导隧道施工。

## 14.3　洞内测量

将洞外平面控制和高程控制传递到洞内，建立洞内控制点。利用这些洞内控制点，建立洞内导线点和水准点，对洞内的中线方向及洞内的高程进行标定，修正隧道中线的偏差，控制掘进方向，保证洞内建筑物的精度和隧道施工中多向掘进的贯通精度。

### 1. 洞内导线测量

洞内导线测量是建立洞内平面控制的主要形式。临时中线控制隧道开挖至一定的深度后，应立即建立正式中线，以满足控制隧道延伸的需要。正式中线点是通过导线点按极坐标法测设的，因此，隧道开挖至一定的距离后，导线测量必须及时地跟上。洞内导线的起始点通常都设在洞口点，其坐标在建立洞外平面控制时已确定。洞内导线点应尽可能沿路线中线布设。为了提高导线测量的精度和加强对新设导线点的校核，洞内导线可组成多边形闭合环或主副导线闭合环（副导线只测角、不量边）。主导线点应埋设永久基桩，其埋设深度以不易被破坏和便于利用为原则。

图 14-4 为导线闭合环形式。图中 0 为洞外平面控制点，1、2、3、4、5、6 等为沿隧道中线布设的导线点，其边长为 50～100m，在旁侧并列设立导线点 1′、2′、3′、4′、5′、6′等。一般每隔两三边闭合一次，形成导线环。每设一对新点，应首先根据观测值求解出所设新点的坐标。如由 5 点设立 6 点，由 5′点设立 6′点时，在角度和边长观测以后，即可根据 5 点的坐标求 6 点的坐标，根据 5′点的坐标求 6′点的坐标，这种导线闭合前的坐标在此称为资用坐标。然后由 6、6′点的坐标反算两点间的距离，并与实地量测的距离作比较，以进行实地检核。若比较后差值未超限，即可根据这些点测设中线点或施工放样。等导线闭合以后，进行平差，再算平差后的坐标值。若平差后的坐标值与资用坐标值相差很小（一般在 2～3mm 左右），则根据资用坐标测设的中线点可不再改动，若超限，则应按平差后的坐标值来改正中线点的位置。

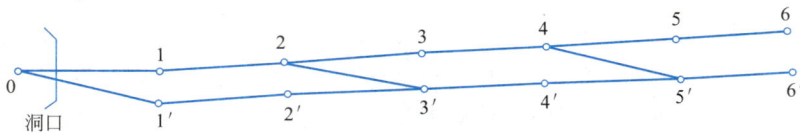

**图 14-4　导线闭合环**

图 14-5 为主副导线闭合环形式。主副导线闭合环与导线闭合环的形式基本相同，但主副导线埋设的标志不同。主导线（以双线表示）传递坐标及方位角，副导线（以单线表示）只测角不量边，供角度闭合。此法具有上述导线闭合环的优点，即导线环经角度平差以后，可以提高导线端点的横向点位精度，并对水平角度测量做较好的检核，根据角度闭合差还可评定测角精度，同时减少了大量的量距工作。

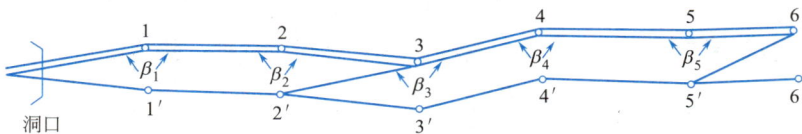

**图 14-5　主副导线闭合环**

## 2. 中线延伸测量

隧道掘进一般采用临时中线来控制，设立临时中线是为了在平面和高程上控制导坑断面的位置。故导坑内临时中线点间的距离较短，通常在直线上为 10m，在曲线上为 5m。

（1）直线导坑的延伸测量

直线导坑的延伸测量多采用串线法进行，此法是将指导开挖的临时中线点设在洞顶。施测时在中线方向上悬吊两条垂球线，以眼睛瞄准指导开挖方向。采用该法时，作为标定方向的两条垂球线的间距不宜小于 5m。当直线导坑延伸长度超过 30m 时，应用经纬仪检核一次，并用仪器设置一个临时中线点，以后仍用上法目测指示掘进。在有条件的情况下，可配合使用激光指向仪指导掘进方向。

（2）曲线导坑的延伸测量

导坑延伸的曲线测量原理同洞外曲线的测设基本相同，但导坑延伸的曲线测设方法有自己的特点。即由于洞内地域狭窄，施测时必须将曲线分段（一般以 5m 或 10m 为一段），以缩短支距、减小偏角便于施测。常用的方法有切线支距法、后延弦线偏距法和全站仪坐标法。

### 3. 洞内水准测量

洞内水准测量是将洞口水准点高程引测到洞内，建立一个与洞外统一的高程系统，以此作为隧道施工放样的依据，保证隧道在竖向的正确贯通。洞内水准测量是随着隧道向前掘进，不断地向前建立新的水准点。方法是在洞内每隔 10m 测设一个供临时放样及控制底面开挖高程的临时水准点，每隔约 50m 测设一个固定水准点，通常情况下可利用导线点作为水准点，有时也可将水准点埋设在顶板、底板或洞壁上，但都应力求稳固和便于观测。水准点的高程测定，按三、四等水准测量方法进行。由于洞内通视条件差，水准仪到水准尺的距离不宜大于 50m，施测时，尺面、望远镜的十字丝及水准器均需采用照明措施。水准路线一般与洞内导线测量路线相同，在隧道贯通之前，洞内水准路线均属支线，需往返观测。所有水准点均应经常检测，以检查是否受爆破震动发生变化。

由于洞内工作场地小，施工干扰大和施工放样时要测定高程点的部位不同，需采用不同的方法来进行。

放样洞顶高程时，在洞底水准点上正立水准尺，以此为后视点，在洞顶倒立水准尺，以此为前视点，如图 14-6 所示（其他形式参考该类型），此时两点的高差仍为 $h = a - b$，但应注意洞底尺读数为正，洞顶尺读数为负。

隧道在贯通以后，可在贯通面附近设立一个水准点，由两端洞口引进的水准路线都联测到此点上，这样此水准点便有两个高程数值，其差值就是实际的高程贯通误差，若此误差在允许范围内，则以水准路线长度的倒数为权，取两高程的加权平均值作为所设水准点的高程。据此再调整洞内其他水准点的高程，作为最后成果。

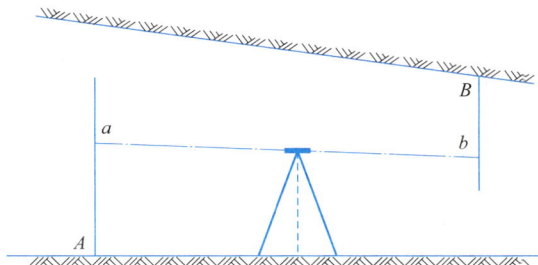

**图 14-6　洞内水准测量**

### 4. 腰线测设

在隧道施工中，为了控制施工的标高和隧道横断面的放样，通常要在隧道的岩壁上，每隔一定的距离（5～10m）测设出比洞底设计地坪高出 1m 的标高线，称为腰线。腰线的高程由引测入洞内的施工水准点进行测设。由于隧道的纵断面有一定的设计坡度，因此，腰线的高程按设计坡度随中线的里程而变化，它与隧道底设计地坪高程线是平行的。具体测设方法可参考前述的已知高程（高差）放样方法。

# 14.4 竖井联系测量

在长隧道施工中，常用竖井在隧道中间增加掘进工作面，从多向同时掘进，可以缩短贯通段的长度，加快施工进度。为保证隧道的正确贯通，必须将地面控制网中的坐标和高程，通过竖井传递到地下，这些工作称为竖井联系测量。

### 1. 竖井定向

竖井定向就是通过竖井将地面控制点的坐标和直线的方位角传递到地下，井口附近地面上导线点的坐标和边的方位角，将作为地下导线测量的起始数据。竖井定向一般采用连接三角形法。

在竖井中悬挂两根细钢丝，为了减小钢丝的振幅，将挂在钢丝下边的重锤浸在液体中以获得阻尼。阻尼用的液体黏度要合适。液体黏度大，重锤会滞留在某个位置，液体黏度小，重锤振幅衰减缓慢。当钢丝静止时，钢丝上的各点平面坐标相同，据此推算地下控制点的坐标。

如图 14-7（a）所示，$A$、$B$ 为地面控制点，其坐标是已知的，$C$、$D$ 为地下控制点。为求 $C$、$D$ 两点的坐标，在竖井上方 $O_1$、$O_2$ 处悬挂两条细钢丝，由于悬挂钢丝点 $O_1$、$O_2$ 不能安置仪器，因此选定井上、井下的连接点 $B$ 和 $C$。这样在井上、井下组成了以 $O_1O_2$ 为公用边的三角形 $\triangle O_1O_2B$ 和 $\triangle O_1O_2C$。一般把这样的三角形称为连接三角形。图 14-7（b）所示的便是井上、井下连接三角形的平面投影。

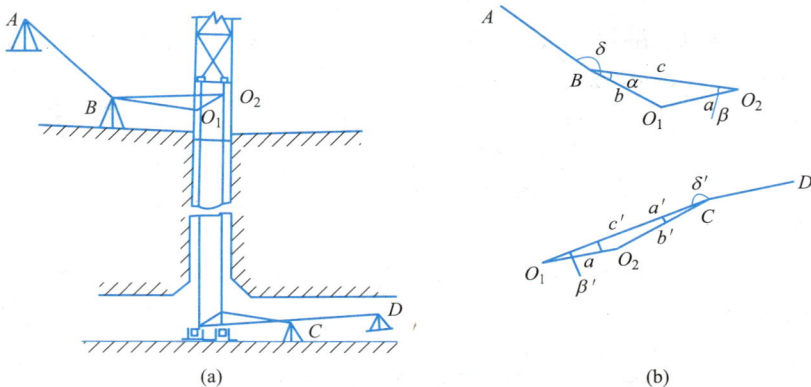

图 14-7 竖井定向联系测量及连接三角形

由图可知，当已知 $A$、$B$ 两点的坐标时，即可测算出 $AB$ 边的方位角。测出地面上的 $\triangle O_1O_2B$ 中的 $\angle O_1BO_2 = \alpha$ 和三条边长 $a$、$b$、$c$ 及 $\alpha$ 角、连接角 $\angle ABO_1 = \delta$，便可用三角形的边角关系和"学习情境 6"中所讲导线测量计算的方法，计算出 $O_1$、$O_2$ 两点的平面坐标及其连线的方位角。在井下，根据已求得的 $O_1$、$O_2$ 点的坐标和 $O_1O_2$ 边的方位角，测得的 $\triangle O_1O_2C$ 中的 $\angle O_1CO_2 = \alpha'$ 和三边长 $a'$、$b'$、$c'$，在 $C$ 点测出 $\angle O_2CD = \delta'$，

即可求得井下控制点 $C$ 及 $D$ 的平面坐标及 $CD$ 边的方位角。

洞内导线取得起始点 $C$ 的坐标及起始边 $CD$ 边的方位角以后，即可向隧道开挖方向延伸，测设隧道中线点位。

为保证测量精度，在选择井上、井下 $B$ 和 $C$ 点时，应满足下列要求。

(1) $CD$ 和 $AB$ 的长度应尽量大于 20m。

(2) 点 $B$ 与 $C$ 应尽可能在 $O_1O_2$ 延长线上，即角度 $\beta$（$\angle BO_2O_1$）、$\alpha$、$\beta'$（$\angle CO_1O_2$）、$\alpha'$ 不应大于 $2°$，以构成最有利三角形，称为延伸三角形。

(3) 点 $C$ 和 $B$ 应适当地靠近垂球线，使 $b/a$ 及 $b'/a$ 一般不超过 1.5。

### 2. 高程联系测量

高程联系测量的任务是把地面的高程系统经竖井传递到井下高程的起始点，导入高程的方法有钢尺导入法、钢丝导入法、测长器导入法及光电测距仪导入法，在此仅介绍钢尺导入法。

如图 14-8 所示，在竖井地面洞口搭支撑架，将长钢尺悬挂在支撑架上并自由伸入洞内。钢尺下面悬挂一定质量的垂球。待钢尺稳定时，开始测量。假设在离洞口不远处的水准点 $A$ 上立尺，在水准点和洞口之间架设水准仪，分别在水准尺和钢尺上读取中丝读数为 $a$、$b$。同时，在地下洞口和地下水准点 $B$ 之间架设水准仪，在钢尺和水准尺上读数分别为 $c$、$d$，这时，地下水准点 $B$ 与地面水准点 $A$ 之间的高差为：

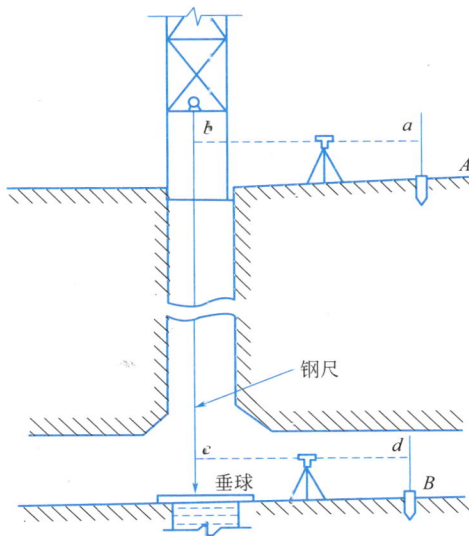

图 14-8　导入高程

$$h_{AB} = (a-b) + (c-d) = (a-d) - (b-c) \tag{14-2}$$

$(b-c)$ 为井上、井下视线间钢尺的名义长度，实际计算中一般须加上尺长改正、温度改正、拉力改正和钢尺自重改正等 4 项的总和 $\sum \Delta l$，即：

$$h_{AB} = (a-d) - [(b-c) + \sum \Delta l] = (a-d) - (b-c) - \sum \Delta l \tag{14-3}$$

这样，根据地面水准点的高程，可以计算地下水准点的高程为：

$$H_B = H_A + h_{AB} \tag{14-4}$$

导入高程需独立进行两次（第二次需移动钢尺，改变仪器高度），加入各项改正数后，前后两次导入高程之差一般不应超过 5mm。

## 14.5　隧道贯通误差测量

在隧道施工中，往往采用两个或两个以上的相向或同向的掘进工作面分段掘进，使其按设计的要求在预定的地点彼此接通，称为隧道贯通。由于施工中的各项测量工作都存在误差，从而使贯通产生偏差。贯通误差在隧道中线方向的投影长度称为纵向贯通误差，在横向即水平垂直于中线方向的投影长度称为横向误差，在高程方向上的投影长度称为高程误差。纵向误差只对贯通在距离上有影响（对工程质量影响不大），高程误差对坡度有影响（采用水准测量此项误差容易达到要求）；横向误差对隧道质量影响较大，且误差大小控制较为困难（通常称该方向为重要方向）。不同的工程对贯通误差有不同的要求。

隧道贯通后，应进行实际偏差的测定，以检查其是否超限，必要时还要做一些调整。

### 1. 贯通误差的测定方法

（1）中线延伸法

采用中线法测量的隧道贯通后，应从相向测量的两个方向分别向贯通面延伸中线，并各钉一临时桩 $A$、$B$，如图 14-9（a）所示。量测出两临时桩 $A$、$B$ 之间的距离，即为隧道的横向误差，两临时桩 $A$、$B$ 的里程之差，即为隧道的纵向误差。

（2）坐标法

采用导线作洞内控制的隧道贯通后，在贯通面中线附近设一临时桩点，如图 14-9（b）所示，分别由贯通面两端的导线测出其坐标，将其坐标闭合差分别投影至贯通面及其相垂直的方向上，即为横向误差和纵向误差。

（3）水准测量法

贯通后，由两端洞口高程控制点向洞内分别测量出贯通面处同一临时点的高程，其高程差即为高程误差。

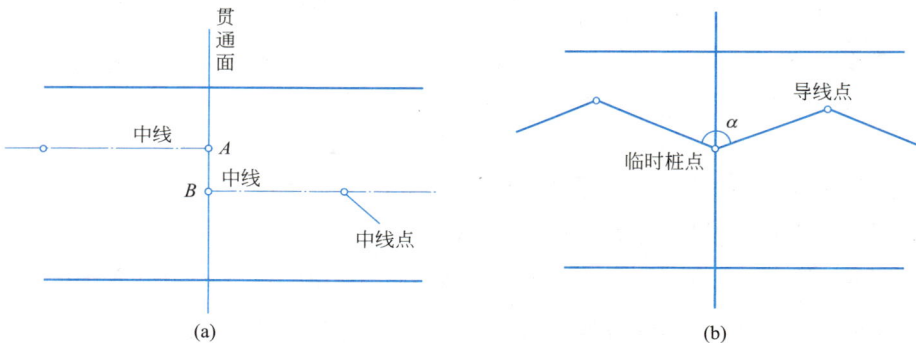

图 14-9　隧道贯通误差测量

### 2. 通误差的调整

隧道贯通后，中线和高程的贯通误差应在未衬砌地段，即调线地段调整，调线地段的开挖和衬砌均应以调整后的中线和高程进行放样。

（1）直线段贯通误差的调整。如图 14-10 所示，$A$、$B$ 为贯通面两侧的中线点，将其相连构成折线中线，因调线 $A$、$B$ 两点分别产生、房的转折角。如转折角小于 $5'$，可视为直线线路：如转折角在 $5' \sim 25'$ 时应按内移量确定线路及相应位置，顶点内移量见表 14-2。如转折角大于 $25'$，则应加设半径为 $4000\text{m}$ 的圆曲线。

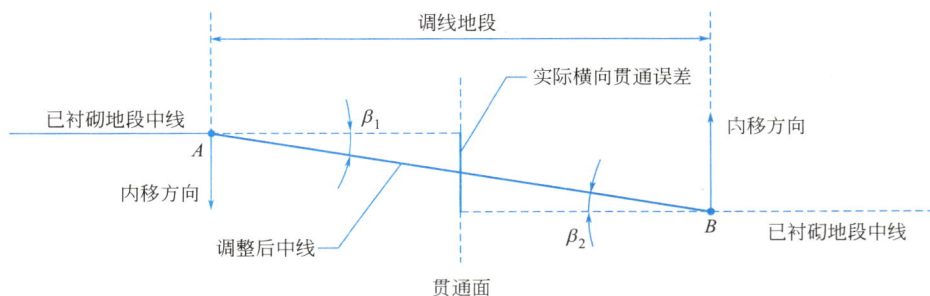

图 14-10　直线隧道贯通误差调整示意

**顶点内移量** 表 14-2

| 转折角(′) | 5 | 10 | 15 | 20 | 25 |
|---|---|---|---|---|---|
| 内移量(mm) | 1 | 4 | 10 | 17 | 26 |

（2）曲线段贯通误差的调整。当调线地段全部位于圆曲线上时，应根据实测的贯通误差由两端曲线向贯通面按长度比例调整中线，如图 14-11 所示。

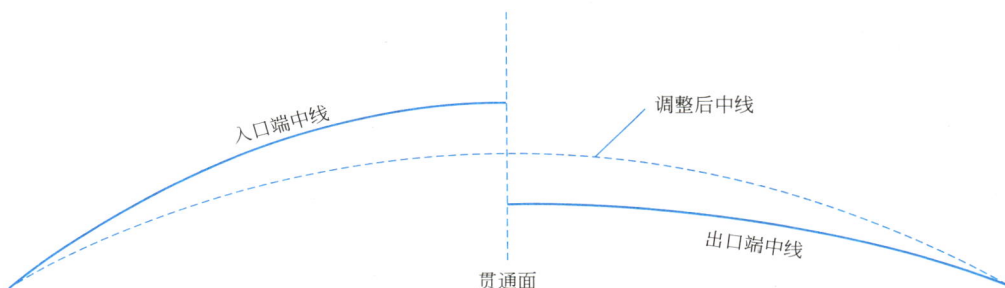

图 14-11　曲线隧道贯通误差调整示意

当贯通面在曲线的始点或终点附近，从曲线延伸出来的直线与直线段既不平行又不重合时，如图 14-11（a）所示，应使：

$$S_\alpha \approx \frac{S_{E,E'} - S_{HZ,HZ'}}{S_{E,HZ}} \cdot R \qquad (14-5)$$

分两步调整中线：第一步，调整圆曲线的长度，使两直线平行；第二步，调整曲线的始终点，使两直线重合。

如图 14-12（a）所示，由隧道一端经过 $E$ 点测设至曲线终点 $HZ$ 点，另一端由 $C$ 点也测设至曲线终点，为 $HZ'$ 点。$HZ$ 点与 $HZ'$ 点不重合，再自 $HZ'$ 点延伸直线至 $E'$ 点，$E—HZ$ 与 $E'—HZ'$ 既不平行也不重合，为使两者平行，需调整圆曲线的长度，调整的圆曲线长度 $S_\alpha$ 与两直线 $E—HIZ$、$E'—HZ'$ 的夹角 $\delta$ 和圆曲线半径 $R$ 有关，且圆曲线长度的调整是加长还是缩短应视具体情况而定。

经过上述调整后，$E$-$HZ$ 与 $E'$-$HZ'$ 平行但不重合，如图 14-11（b）所示。为了使其重合，将曲线起点 $ZH$ 点沿始端切线调整至 $ZH'$，其移动量 $S_{ZH,ZH'}$ 为：

$$S_{ZH,ZH'} = S_{FF'} = \frac{S}{\sin\alpha} \qquad (14-6)$$

式中，$S$——延伸直线与直线段平行后的间距（mm）；

$\alpha$——曲线总转向角（含 $\delta$）。

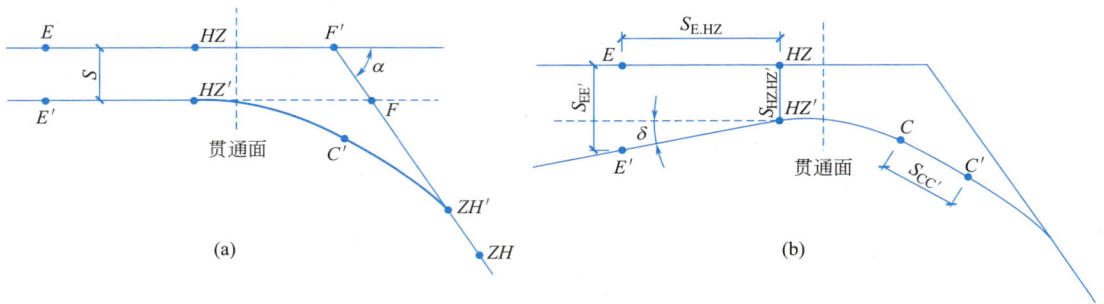

**图 14-12　贯通面位于曲线起点或终点的曲线贯通误差调整示意**

上述贯通误差调整方法主要是针对中线法控制的隧道，以导线控制的隧道，测得的贯通误差如果在规定的限差以内，先将方位角贯通误差分配在未衬砌地段的导线角上，然后计算贯通点坐标闭合差，并按边长比例将其分配在调线地段的导线上。如果实际的贯通误差很小，也可将两端洞口控制点间的整个洞内导线按坐标平差，以消除贯通误差，但方向贯通误差不参与平差。未衬砌地段中线放样均以调整后的导线坐标为准。

（3）高程贯通误差的调整。实测的高程贯通误差在其允许范围内时，调整方法为：首先将由两端测得的贯通点的高程取平均，作为该点高程的最或是值，然后根据该点的实测高程与其最或是值的差值计算出相应水准路线的闭合差，最后在未衬砌地段分别将闭合差按其路线长度的比例调整到相应的高程点上。未衬砌地段高程放样均以调整后的高程为准。

## 小结

本项目介绍了隧道洞外控制测量、洞内测量、竖井联系测量及隧道贯通误差测量的方法，学生应重点掌握其主要测量方法。

## 思考题

1. 简述隧道施工测量的任务。
2. 什么是竖井联系测量？它包括哪些内容？
3. 高程贯通误差的调整方法是什么？
4. 进行洞内高程测量的目的是什么？
5. 简述洞外平面控制测量的任务。
6. 简述隧道曲线段贯通误差的调整步骤。

# 国家工人技术等级标准
# （工程测量工）

▶▶

**岗位工种定义**：使用测量仪器，按工程设计和技术规范要求，为各类工程包括地形图测量、工程控制网的布设及施工放样。为建筑、铁路、公路、航道、水利、桥梁、地下施工、矿山建设和生产、建筑物的变形观测等提供测量数据和测量图件。

**岗位适用范围**：施工测量、市政工程测量、铁路测量、公路测量、航道测量、矿山测量、水工测量、水利测量。

## 岗位工种一：初级工程测量工

了解普通工程测量作业内容和作业规程，掌握地形测量、图根控制测量的基本技能，了解电子计算器的使用方法，在指导下从事工程测量作业，完成指定的单项任务。

### 1. 知识要求

（1）了解地形图的内容与用途，具有地形图比例尺概念。

（2）掌握常用的测绘仪器、工具的名称、用途及保养常识。

（3）掌握测量中常用的度量单位及换算。

（4）了解图根导线、图根水准的测量原理及计算方法。

（5）了解平板测图的原理及施测方法。

（6）了解地下管线的测量原理及施测方法。

（7）了解定线、拨地测量和建（构）筑物放样的基本方法。

（8）懂得野外测量的安全知识。

### 2. 岗位技能要求

（1）能使用标杆、垂球架、光学对中器进行对中。

（2）能勾绘交线草图和断面图，绘制点之记。

（3）在指导下能进行图根水准。图根导线的观测、记录。

（4）掌握道路纵横断面测量，定线拨地放样的辅助工作。

（5）在指导下能进行普通经纬仪、水准仪、平板仪常规项目的检校。

（6）正确使用各类常用图式符号。

（7）能正确使用皮尺和钢卷尺进行量距。

（8）能应用电子计算器进行一般的计算工作。

（9）掌握地下管线测量的辅助工作。

### 3. 岗位工作实例

初级工应掌握以下工作实例1~2项。

（1）绘制点之记或断面施测草图一例。

（2）图根水准观测、记录或图根导线水平角观测、记录一例。

（3）坐标放样数据计算一例。

（4）纵、横断面测量及绘制断面图一例。

（5）使用图解法测量管线工程一例。

（6）图根导线近似平差计算一例。

## 岗位工种二：中级工程测量工

具有工程测量的一般理论知识及有关工程建设的一般专业知识，懂得地形测量、三角测量、水准测量、导线测量、定线放样、变形观测的一般理论知识，掌握各类工程测量的一般方法，包括工程建设施工放样、工业与民用建筑施工测量、线型测量、桥梁工程测量、地下工程施工测量、水利工程测量及建筑物变形观测的施测方法，了解袖珍计算机的应用技术，了解全面质量管理的基础知识，独立完成一般工程测量项目。

### 1. 知识要求

（1）二、三等水准测量及测量误差的基本知识。

（2）了解城市坐标与厂区坐标换算的基本原理及计算方法。

（3）懂得建筑方格网、道路曲线测设原理及测设方法。

（4）掌握各类建筑物、桥梁、烟囱、水利工程沉降、变形观测的基本知识和施测方法。

（5）懂得精密光学经纬仪、水准仪、精密水准尺的检校知识和检校方法。

（6）掌握归心改正、坐标传递、交会定点的原理和计算方法。

（7）掌握袖珍电子计算机的应用知识。

（8）了解水准观测、水平角观测、光电测距仪测距的误差来源及减弱的措施。

### 2. 岗位技能要求

（1）一、二、三级导线测量，二、三等精密水准测量。跨河水准测量的选点、埋石、记录、观测工作，内业成果整理、概算、高程表的编制。

（2）能进行道路圆曲线和一般的缓和曲线及各类工程放样元素的计算及测设工作。

（3）能进行 $DJ_2$ 光学经纬仪、$DS_1$ 型水准仪和精密水准尺常规项目的检验。

（4）组织实施一般建筑物和完成定线、拨地测量工作。

（5）组织实施一般建筑物、桥梁、烟囱、水利工程的沉降、变形观测工作。

（6）能进行水准网、导线网的单结点、双结点平差计算及交会定点和典型图形平差计算工作。

（7）能利用袖珍计算机进行平差计算，利用电子手簿进行外业记簿。

### 3. 岗位工作实例

中级工应掌握以下工作实例 1～2 项。

（1）一、二、三级导线和二等水准观测，记簿各一例。

（2）导线网、水准网的单结点、双结点平差，三角测量概算，交会定点平差计算或典型平差计算一例。

（3）沉降、变形观测的计算和成果资料整理一例。

（4）道路工程圆曲线、缓和曲线、曲线元素计算和放样工作一例。

（5）组织实施工程控制网设计方案一例。

## 岗位工种三：高级工程测量工

具有工程测量一般原理知识，了解高精度工程测量控制网、细部放样网、轴线及工艺设备的放样安装，竣工测量、变形观测的一般理论知识，具有电子计算机的一般应用知识，了解国内工程测量发展动态和新技术应用知识，熟练地掌握精密经纬仪、精密水准仪、光电测距仪的操作技术，掌握工程控制网、细部放样、竣工测量、变形观测的施测技术，能分析处理施测中出现的一般技术问题。

### 1. 知识要求

（1）了解高斯正形投影平面直角坐标系的基本概念。

（2）懂得地下贯通工程施工测量的原理和施测方法。

（3）掌握各种工程控制网的布网方案和施测方法。

（4）了解一般工程测量的基本原理和施测方法。

### 2. 岗位技能要求

（1）掌握大、中型工程的施工测量、竣工测量技术，并编写工程技术总结报告。

（2）掌握测设大、中型桥梁的控制测量及施工、变形测量。

（3）在指导下能进行地下工程的贯通测量。

（4）能解决工程测量中的一般技术问题和质量问题。

（5）能对工程测量进行一般技术指导。

### 3. 岗位工作实例

（1）实施中、大型工程测量、竣工测量和编写技术工作报告弓一例。

（2）桥梁变形观测或地下工程贯通测量一例。

# 工程测量工岗位技能竞赛与考证

## 中级工程测量工模拟训练

**一、判断题（对的打"√"，错的打"×"）**

1. 大地水准面是确定地面点高程的起算面。（　　）

2. 地形图的比例尺分母越大，则该图的比例尺越大。（　　）

3. 测角时，对中偏心误差对测角的影响与距离成反比，对于边长较长的导线，要求有较低的对中精度。（　　）

4. 为了保持外业手簿的整洁，在记录时，允许用橡皮将错的记录擦掉重填。（　　）

5. 为了更好地寻找照准目标，用电测波测距仪测距时，要选择在中午阳光好的时间进行观测。（　　）

6. 同一直线的正、反坐标方位角相差 $270°$。（　　）

7. 象限角是大于 $90°$ 的角。（　　）

8. 工程建设可分为三个阶段：勘测设计阶段、施工阶段、运营管理阶段。（　　）

9. 经纬仪的圆水准器气泡居中时，垂直轴应该与铅垂线相平行。（　　）

10. 闭合水准路线的高差闭合差的理论值是 0。（　　）

11. 缓和曲线是在线路直线和圆曲线之间介入的一段过渡曲线。（　　）

12. 在测量中，通常可以以算术平均值作为未知量的最或然值，那么通过增加观测次数就可以提高观测值的精度。（　　）

13. 我国的高斯平面坐标系的 $x$ 的自然坐标值均为负值。（　　）

14. GPS 系统只能用于测量和导航。（　　）

15. 对于角度观测来说，大气折光的影响可以忽略不计。（　　）

16. 我国的平面坐标系采用的是高斯平面直角坐标系。（　　）

17. 使用经纬仪观测时，调焦的目的是照准目标。（　　）

18. 施工控制网的布设形式都是建筑方格网的形式。（　　）

19. 所有观测值的真误差是不存在的。（     ）

## 二、单项选择题（将正确答案的序号填入括号内）

1. 三等水准测量的观测顺序是：（     ）。

A. 前—后—前—后
B. 后—前—后—前
C. 前—前—后—后
D. 后—前—前—后

2. 水平角观测时，用盘左、盘右两个位置观测可消除（     ）。

A. 竖轴倾斜误差　　　B. 读数误差　　　C. 视准轴误差　　　D. 度盘刻划误差

3. 钢尺量距时，读数误差属于（     ）。

A. 观测误差　　　B. 系统误差　　　C. 偶然误差　　　D. 读数误差

4. GPS 测量，在一个测站最少应同时观测到（     ）颗卫星。

A. 2　　　　　B. 3　　　　　C. 5　　　　　D. 4

5. 在线路勘测设计阶段的测量工作，称为（     ）。

A. 初测　　　　B. 线路施工测量　　　C. 线路勘测测量　　　D. 定测

6. 在角度观测时，凡因超限需要重新观测的完整测回称为（     ）。

A. 补测　　　　B. 重测　　　　C. 往测　　　　D. 返测

7. 对于长度测量来说，一般用（     ）作为衡量精度的指标。

A. 权　　　　B. 中误差　　　　C. 相对中误差　　　　D. 真误差

8. 由于测量误差的影响，贯通测量不可避免地存在（     ）。

A. 开挖面误差　　　B. 贯通面误差　　　C. 贯通误差　　　D. 贯通线误差

9. GPS 系统的空间部分是指：（     ）。

A. GPS 卫星星座　　B. 工作卫星　　C. GPS 卫星　　D. 在轨备用卫星

10. GPS 卫星星座由（     ）颗工作卫星和 3 颗在轨备用卫星组成。

A. 24　　　　B. 18　　　　C. 21　　　　D. 12

## 三、多项选择题（将正确答案的序号填入括号内）

1. 属于我国基本比例尺系列的比例尺有：（     ）。

A. 1：1 万　　　B. 1：5 万　　　C. 1：100 万　　　D. 1：30 万

2. GPS 定位原理与方法主要有（     ）等。

A. 差分 GPS 定位
B. 载波相位测量定位
C. 伪距法定位
D. 静态定位

3. 高程测量的方法主要有以下几种：（     ）。

A. 钢尺丈量　　　B. 三角高程测量　　　C. 物理高程测量　　　D. 水准测量

4. 导线的布设形式有：（     ）。

A. 支导线
B. 闭合导线
C. 附合导线
D. 电测波测距导线

5. 观测条件是指：（     ）。

A. 观测次数　　　B. 人　　　C. 外界条件　　　D. 仪器

6. 变形观测的成果整理包括（     ）。

A. 填写报表
B. 初步判断
C. 简单整理
D. 定期的成果整理分析

7. 衡量精度的指标有（　　　）。

A. 平均误差　　　　B. 中误差　　　　C. 相对中误差　　　　D. 观测误差

8. 水准路线的布设形式有（　　　）。

A. 单一水准路线　　B. 环水准路线　　C. 附合水准路线　　D. 闭合水准路线

9. 变形观测包括（　　　）等内容。

A. 前方交会法观测　B. 水平位移观测　C. 垂直位移观测　　D. 小角法观测

10. 测量上常用的测量距离的方法有：（　　　）。

A. 电测波测距　　　B. 直接丈量　　　C. 钢尺量距　　　　D. 视距测量

### 四、简答题

1. 什么叫比例尺的精度？

2. 等高线的特性是什么？

3. 简述施工控制网的特点和布设原则。

# 高级工程测量工模拟训练

### 一、单项选择题（将正确答案的序号填入括号内）

1. 在角度观测时，凡因超限需要重新观测的完整测回称为（　　　）。

A. 往测　　　　　　B. 补测　　　　　C. 重测　　　　　　D. 返测

2. 水准仪的特点是：（　　　）。

A. 可以全天候作业　　　　　　　　　B. 无需照准目标

C. 无需整平仪器　　　　　　　　　　D. 能够提供一条水平视线

3. 在竖井联系测量中，称坐标和方向的传递测量为（　　　）。

A. 高程测量　　　　B. 定向测量　　　C. 水准测量　　　　D. 贯通测量

4. 对某量进行 4 次等精度规测，已知规测值中误差为 $\pm 0.2$，则该观测值平均值的精度为：（　　　）。

A. $\pm 0.4$mm　　　B. $\pm 0.2$mm　　C. $\pm 0.1$mm　　　D. $\pm 0.8$mm

5. 经纬仪观测时，调焦的目的是（　　　）。

A. 照准目标　　　　B. 使仪器粗平　　C. 消除视差　　　　D. 使视线水平

6. 对于数字测图来说，表示地图图形的数据一般有（　　　）和栅格数据两种。

A. 图像数据　　　　B. 属性数据　　　C. 矢量数据　　　　D. 地物数据

7. 以下不属于高程测量的方法有：（　　　）。

A. 物理高程测量　　B. 三角高程测量　C. 钢尺丈量　　　　D. 水准测量

8. GPS 卫星星座由（　　　）颗工作卫星和 3 颗在轨备用卫星组成。

A. 12　　　　　　　B. 18　　　　　　C. 24　　　　　　　D. 21

9. 已知观测值 $x$ 的中误差为 $\pm 0.3$mm，则函数 $y = 3x$ 的中误差为（　　　）。

A. $\pm 0.4$mm　　　B. $\pm 0.3$mm　　C. $\pm 0.9$mm　　　D. $\pm 0.6$mm

10. 已知某导线的一条导线边边长 $S = 1000$m，该导线边的测量中误差是：$\pm 500$，则该导线边的相对中误差为（　　　）。

A. 1/20　　　　　　B. $\pm 0.5$m　　　C. 1/1000　　　　　D. 1/2000

**二、多项选择题（将正确答案的序号填入括号内）**

1. 测量中，需要观测垂直角的工作有：（    ）。

   A. 水准测量　　　　　　　　　　　　B. 将斜距化算为平距

   C. 水平角的放样　　　　　　　　　　D. 确定地面点的高程位置

2. 从比例尺为 1∶10000 的图上量取某线段长为 50mm，则该线段所对应的实地水平距离是（    ）。

   A. 5km　　　　　　B. 5000dm　　　　　　C. 500m　　　　　　D. 50km

3. 受大气折光影响的测量工作有：（    ）。

   A. GPS 测量　　　　B. 三角高程测量　　　C. 垂直角观测　　　D. 钢尺量距

4. GPS 定位原理与方法主要有（    ）等。

   A. 差分 GPS 定位　　　　　　　　　　B. 载波相位测量定位

   C. 伪距法定位　　　　　　　　　　　D. 静态定位

5. 三角高程测量中的误差来源有：（    ）。

   A. 记错数据　　　　　　　　　　　　B. 地球球面弯曲的影响

   C. 观测者的水平　　　　　　　　　　D. 大气折光的影响

6. 影响角度放样精度的主要有：（    ）。

   A. 仪器对中误差　　　　　　　　　　B. 目标偏心误差

   C. 操作者的失误　　　　　　　　　　D. 外界条件的影响

7. 隧道中线的定线方法有：（    ）。

   A. 直接贯通法　　B. 解析法　　　　C. 现场标定法　　　D. 开挖面法

8. 变形观测包括（    ）等内容。

   A. 前方交会法观测　B. 水平位移观测　　C. 垂直位移观测　　D. 小角法观测

9. 激光准直法根据其测定偏离值方法的不同可分为：（    ）。

   A. 前方交会法观测　B. 波带板激光准直　C. 小角法观测　　　D. 激光经纬仪准直

10. GPS 的功能有：（    ）。

   A. 测速　　　　　　B. 导航　　　　　　C. 测时　　　　　　D. 观测时间短

**三、判断题（对的打"√"，错的打"×"）**

1. 地面上某点到大地水准面的铅垂距离称为该点的绝对高程。（    ）

2. 水准测量时，水准标尺向后倾斜致使读数增大，向前倾斜则使读数减小。（    ）

3. 两个观测值的中误差相等，说明两者的精度相等，其真误差也相等。（    ）

4. 水准仪观测时，水准管气泡居中时，视线即已水平。（    ）

5. 地面上两点的直角坐标值之差称为坐标增量。（    ）

6. 经纬仪的圆水准器气泡居中时，垂直轴应该与铅垂线相平行。（    ）

7. 闭合水准路线的高差闭合差的理论值是 0。（    ）

8. 综合曲线是由圆曲线和缓和曲线所组成的曲线。（    ）

9. 我国国家水准原点的高程值为 0。（    ）

10. 施工控制网的布设形式都是建筑方格网的形式。（    ）

11. 大地水准面是测量工作的基准面。（    ）

12. 球面三角形与平面三角形的内角和都是 180°。（    ）

13. 等精度 6 次观测，则观测值的算术平均值的中误差为观测值的中误差的 1/6 倍。（　　）

14. 在线路施工阶段而进行的测量工作，称为线路施工测量。（　　）

15. 在测量中，通常可以以算术平均值作为未知量的最或然值，那么通过增加观测次数就可以提高观测值的精度。（　　）

16. 测角时，对中偏心误差对测角的影响与距离成反比，对于边长较长的导线，要求有较低的对中精度。（　　）

17. 当建筑用地审批确定后，进行的建筑用地界址的测设，称为拨地测量。（　　）

18. 在测量工作中，可以完全以水平面代替大地水准面。（　　）

## 四、简答题

1. 用基准线法测定建筑物水平位移的观测方法主要有哪些？

2. 简述水准仪测量的原理。

3. 经纬仪应满足的几何条件是什么？

4. 什么是地下工程测量？测定建筑物水平位移的方法有哪些？

# 参考文献

［1］张正禄. 工程测量学（第三版）［M］. 武汉：武汉大学出版社，2020.

［2］覃辉. 土木工程测量（第 5 版）［M］. 上海：同济大学出版社，2019.

［3］李章树. 工程测量学 ［M］. 北京：化学工业出版社，2019.

［4］郭宗河. 工程测量实用教程 ［M］. 北京：中国电力出版社，2013.

［5］李金生. 工程测量 ［M］. 武汉：武汉大学出版社，2020.

［6］李会青. 工程测量实务 ［M］. 北京：北京理工大学出版社，2020.

横断面外业观测记录表 表 18-2

| 前视<br>距离　右 | 中桩号<br>后视前视 | 右　后视度数<br>与中桩距离 |
|---|---|---|
|  |  |  |
|  |  |  |
|  |  |  |

横断面内业高程计算表 表 18-3

| 高程<br>距离　右 | 中桩号<br>高程 | 左　高程<br>距离 |
|---|---|---|
|  |  |  |
|  |  |  |
|  |  |  |

中平测量记录表 表 18-1

| 中桩点号 | 水准尺度数 | | | 高差 | 改正数（mm） | 改后高程 | 视线高 | 高程 | 备注 |
|---|---|---|---|---|---|---|---|---|---|
| | 前视 | 中视 | 后视 | | | | | | |
| | | | | | | | | | |
| | | | | | | | | | |
| | | | | | | | | | |
| | | | | | | | | | |
| | | | | | | | | | |
| | | | | | | | | | |
| Σ | | | | | | | | | |

返测

| 中桩点号 | 水准尺度数 | | | 高差 | 改正数（mm） | 改后高程 | 视线高 | 高程 | 备注 |
|---|---|---|---|---|---|---|---|---|---|
| | 前视 | 中视 | 后视 | | | | | | |
| | | | | | | | | | |
| | | | | | | | | | |
| | | | | | | | | | |
| | | | | | | | | | |
| | | | | | | | | | |
| Σ | | | | | | | | | |

以里程桩各点，垂直向上找出其高程位置，标出交点，相邻各点连成平滑曲线，便绘成纵断面图。

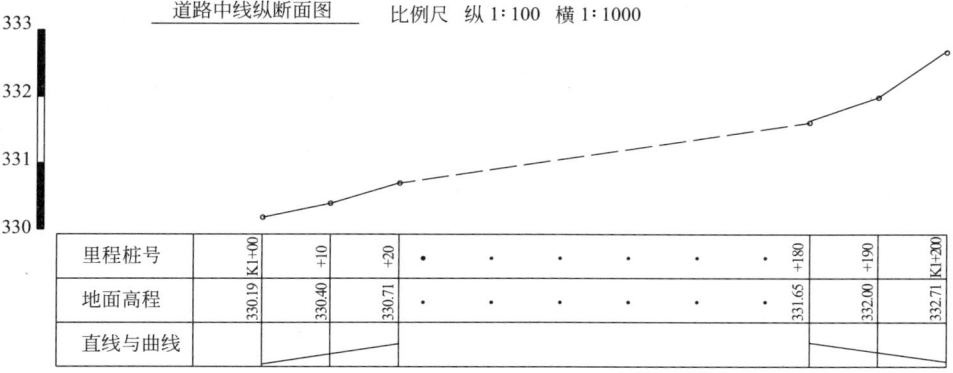

道路中线纵断面图　　比例尺　纵 1∶100　横 1∶1000

| 里程桩号 | 330.19 K1+00 | +10 330.40 | +20 330.71 | • | • | • | • | • | +180 331.65 | +190 332.00 | K1+200 332.71 |
|---|---|---|---|---|---|---|---|---|---|---|---|
| 地面高程 | | | | • | • | • | • | • | | | |
| 直线与曲线 | | | | | | | | | | | |

图 18-3

（2）横断面图展绘（1∶200）

以各条横断面测量各变坡点高程，单独展绘横断面图。

在图纸适当位置选中桩点位置，左、右各 10m 即图上 5cm，在每条横断面左侧，按最大高程差绘出 1m 分划的高程标尺。

以中桩为中心，向左、右按各变坡与中桩的平距标出各变坡点位置之后，垂直方向标出各点高程点位（包括中桩点）。各相邻高程点连成平滑曲线，便绘成此横断面图，以同样方法每人绘 10 条。在图的右下方标出责任表（图 18-4 和图 18-5）。

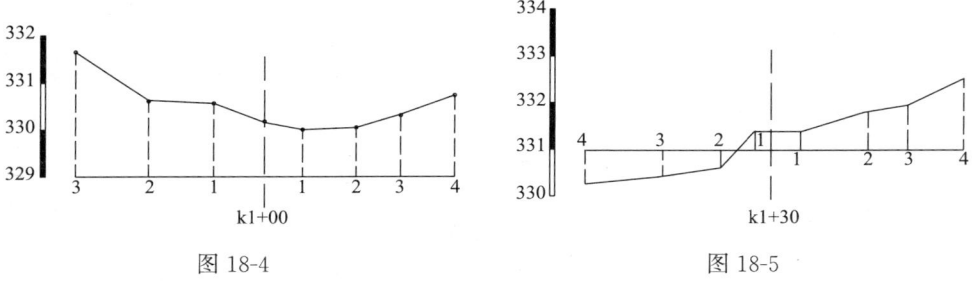

图 18-4　　　　　　　　　　　　　图 18-5

## 四、上交资料（每人）

1. 纵断面观测记录平差计算成果（即《中平测量记录表》表 18-1）。

2. 《横断面外业观测记录表》（每人 10 份，表 18-2）。

3. 《横断面内业高程计算表》（每人 10 份，表 18-3）。

4. 纵断面图 1 份，横断面图 10 份。

首站结束。下站以前站的前视点为后视，重复前站后视、中视、前视，顺序向前推进至终点。往测结束。往测所有转点间的高差总和用 $\sum \Delta h$ 往表示。

返测，如图 18-2 所示，以终点为后视，并以后视、中视、前视顺序向起点方向施测至起点。结束返测。返测所有测站高差总和用 $\sum \Delta h$ 返表示。

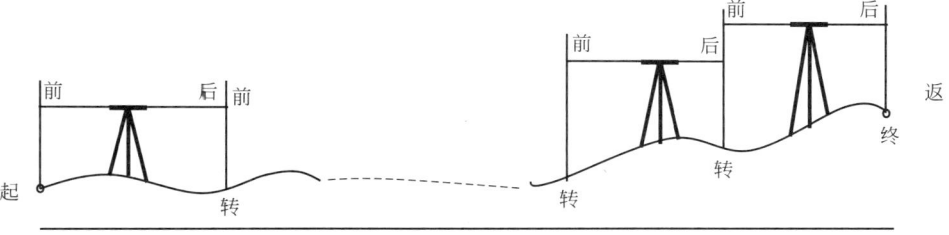

图 18-2

（3）内业计算

对外业观测成果进行百分之百检查无误，在限差内，再进行平差计算，依外业观测记录计算各转点间高差，并求出往、返高差总和，以及往返高差闭合差 $f_{\Delta h} = \sum \Delta h$ 往 $+ \sum \Delta h$ 返 $\leqslant 12\sqrt{n}$（$n$ 为往或返的测站数）。$f_{\Delta h}$ 在限差内，再进行平差，即取 $f_{\Delta h}/2$ 反号并除以往测站数 $n$，分配往返各转点间高差，取位至毫米，返测站不改正。

以起点高程按改后高差求得各转点高程。以视线高法求各中间点高程。

校核：（1）往测后视读数总和减前视读数总和应等于高差总和。

（2）终点高程减起点高程应等于往返测高差平均值的总和。

上两项若不等则重新计算。

2. 横断面测量（横断 10 条，每条 20m）

使用 $DS_3$ 水准仪，配 5m 塔尺。

以中桩点为中心，沿垂直中线前进方向左、右两侧各测 10m（平距）。在此段各变坡点上做标记并丈量与中桩点的平距记录下来。记录格式见表 3。每条横断面标定边坡点后，架设水准仪，以中桩为后视，测定左、右各变坡点的高差，再求各点高程，此条横断观测结束，每组测 15 条。

3. 展绘纵、横断面图（展绘在一张 35cm×50cm 方格纸上）

（1）展绘纵断面图（纵 1：100，横 1：1000）

首先在图纸上方写出图名："道路中线纵断面图"及比例尺。在图左侧画出纵断面最大高差值为 1m 的分划标尺，下面标出"里程桩号""地面高程"和"直线与曲线"三个横格，如图 18-3。里程桩号格以起点为零依次由左向右按 1：1000 比例列至 200m 为止；在地面高程格标出相应点高程至厘米；在折线格由起点头一拐点和相邻各拐点连线至终点并标出条段方位角。

# 实训工单 18  路线纵、横断面测量

## 一、实训目的与要求

1. 掌握纵断面测量方法。
2. 掌握横断面测量方法。
3. 掌握纵、横断面图的绘制方法。
4. 实训时间 5 天。

## 二、测前准备工作

每班：木桩（或铁钉 0.2m 长）桩顶 3×3cm，长 25～30cm。每条纵线 200m 需 21 根，油漆，排笔，铁锤等。

每组：DS₃ 水准仪 1 台，水准尺 1 对（3～5m），皮尺（50m）1 把。

## 三、施测过程 （水准支线需往返测）

1. 纵断面测量（纵线长 200m，中平测量）

使用 DS₃ 水准仪配最小刻划 1cm 的 3m 塔尺。

（1）选线、埋石、编号，假设起点高程及起边方位角

到工地确定起点，埋下标记并编号，假设其高程及起边方位角。

标定直线至拐点，以起点为零每隔 10m 标一中桩点并顺序编号至拐点。测定下一段直线转角（左角或右角）度数求得方位角，并接连上段编号。

标定各 10m 中桩点及编号，依此序方法标至 200m 为止，最后点为终点，纵线结束。

（2）施测纵断面

往测：如图 18-1 所示。

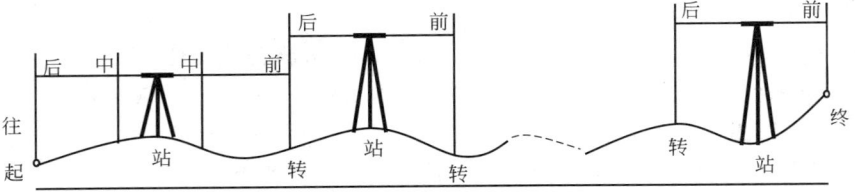

图 18-1

以起点为后视，每站依后视、中视、前视顺序连续测定所有中桩点间高差，

# 工程测量

## 实训手册

中国建筑工业出版社

# 目录

# 第一部分　工程测量实训须知

## 一、工程测量实训的基本要则

工程测量实训是"工程测量"课程教学的重要环节。通过测量实训，不仅能让学生加强对课程内容的理解和掌握，巩固在课堂上所学的理论知识，且是理论联系实际，还能让学生熟悉测量仪器的构造和使用方法，培养学生进行测量工作的基本操作技能，高尚的职业道德，团结协作的精神和认真细致的工作态度。测量实训课主要是室外作业，相对于其他实训课有其特殊性，在实习操作时学生必须注意下列各点：

1. 课前应预习实训指导书和教材中的有关章节，务必掌握实训的内容、要求、方法、步骤及注意事项，以保证按时完成实训任务。并应认真准备好需用的表格和文具。

2. 实训课无论在室外还是室内进行，都应与上课一样，必须遵守课堂纪律。不得擅自更改老师指定的实训地点和实习任务。

3. 实训中要爱护实训仪器工具，严格遵守《测量仪器使用规则》。携带仪器时，要提前检查仪器箱是否扣紧、锁好，拉手和背带是否牢固，并注意轻拿轻放。如发现仪器工具有损坏遗失，应立即报告实训指导教师，以便查明原因根据情节轻重给予适当处理。

4. 实训时每人都必须认真仔细地操作，培养独立工作和团结协作的能力，要保持严谨的科学态度。

5. 实训中必须重视记录，严格遵守《测量资料记录规则》。

6. 实训中应爱护建筑设施、绿化园林。若有损坏，按有关规定处理。

## 二、测量仪器的借领及使用规则

测量仪器多为精密、贵重仪器。在使用过程中要保证仪器的安全、保持仪器精度、正确使用、精心爱护和科学保养，是测量人员必须具备的素质和应该掌握的技能。严谨的工作态度也是保证测量成果质量、提高测量工作效率的必要条件。在仪器工具的借领与使用中，必须严格遵守下列规定。

1. 仪器的借领

（1）学生依教学计划进行实习借用仪器时，需由任课教师在一周前提出实训使用仪器的品种、数量、使用时间、使用班级及实训组数，以便实训室提前准备。

（2）学生借用仪器时，需按实训室要求将所需测量设备的品种、数量、设备编号进行登记、清点，以小组为单位由组长签字后，方可借用。

（3）学生借用实训仪器时，需按编组顺序有秩序地进行，除遇特殊情况征得实训室同意外，不得任意调换仪器。

（4）借领时应该当场清点检查：实物与清单是否相符；仪器工具及其附件是否齐全；背带及提手是否牢固；脚架是否完好等。离开借领地点之前，必须锁好仪器箱并捆扎好各种工具。搬运仪器工具时，必须轻取轻放。

（5）非上课时间借用仪器时，在不影响正常教学工作的情况下，学生可凭学生证在规定的时间内借用。

（6）学生借用的仪器、设备，不得转借，除另有规定外，必须在下课时归还实训室不得擅自带回宿舍。

（7）在归还仪器时，应将架腿擦净，放回原处，并由实训室工作人员进行检查，如认为与借出时情况相符，则由验收人员在借用卡片上签字验收。

（8）学生借用的仪器设备，应按操作要求使用，并需加以爱护，如有丢失、损坏等情况发生可按价酌情赔偿。

2. 仪器的安装

（1）在三脚架安置稳妥之后，注意检查脚架关节螺旋是否紧固。开箱前应将仪器箱放在平稳处，严禁托在手上或抱在怀里；开箱时应将仪器箱放置平稳；开箱后，记清仪器在箱内安放的位置，以免用后无法按原样放回。

（2）取仪器时，应先松开制动螺旋，握住仪器坚实部位，轻轻取出仪器放在角架上，保持一手握住仪器，一手拧连接螺旋，使仪器与脚架连接稳固（适度紧即可），切勿手提望远镜。仪器取出后，将干燥剂放至箱内，并随即关好仪器箱，防止灰尘和湿气进入仪器箱内，严禁在箱上坐人或放置重物。

（3）仪器应尽可能避免架设在交通道路上；仪器安置好后无论是否操作都必须有人看守，防止无关人员搬弄或行人、车辆碰撞，并撑伞遮阳、避雨淋；在斜坡上安置仪器时注意须将脚架的两条架腿在斜坡的下方，以防仪器倾倒。

3. 仪器的使用

（1）在仪器操作过程中，不得将两腿跨在脚架腿上，也不能将双手压在仪器或仪器脚架上。

（2）拧动仪器各部螺旋，用力要适当，不得过紧。转动仪器时，应先松开制动螺旋，再平稳转动；使用微动螺旋时，应先旋紧制动螺旋；未松开制动螺旋时，不得转动仪器或望远镜；微动螺旋不要转至尽头，以防失灵。

（3）在打开物镜时或在观测过程中，如发现灰尘可用镜头纸或软毛刷轻轻拂去，严禁用手指或手帕等擦拭镜头，以免损坏镜头上的镀膜。观测结束后应及时套好镜盖。

（4）在仪器发生故障时，如发现仪器转动不灵，或有异样声音时，应立即停止工作，对仪器进行检查，并及时报告指导教师，不得擅自处理。

（5）使用仪器后，应详细检查仪器状况及配件是否齐全。

（6）对特殊贵重和精密仪器应按专业的规定使用。

（7）仪器工具受损坏、损失时，视情节轻重按有关规定对责任者进行经济赔偿及行政处分。

4. 仪器的搬迁

（1）在行走不便的地区迁站或远距离迁站时，必须将仪器装箱后再搬迁。

（2）短距离迁站时，可先取下垂球、检查并旋紧仪器连接螺旋，松开各制动螺旋使仪器保持初始位置（经纬仪望远镜物镜对向度盘中心、水准仪的水准器向上）再收拢三脚架，左手握住仪器基座或支架放在胸前，右手抱住脚架放在肋下，稳步行走。严禁斜扛仪器，以防碰摔。

（3）搬迁时，小组其他人员应协助观测员带走仪器箱和有关工具。

5. 仪器的装箱

（1）每次使用仪器后，应及时清除仪器上的灰尘及脚架上的泥土。

（2）仪器拆卸时，应先将仪器脚螺旋调至大致同高的位置，再一手扶住仪器，一手松开连接螺旋，双手取下仪器。

（3）仪器装箱时要保持原来的放置位置。先松开各制动螺旋，使仪器就位正确，试关箱盖确认放妥后，再拧紧制动螺旋，然后关箱上锁。若合不上箱口，切不可强压箱盖，以防压坏仪器。

（4）清点所有附件和工具，防止遗失。

6. 其他测量工具的使用

（1）钢尺的使用：应防止扭曲、打结和折断，切勿在打卷的情况下拉尺。量距时，应在留有2～3圈的情况拉尺，且用力不得过猛，以免将连接部分拉坏。防止行人踩踏或车辆碾压，尽量避免尺身着水。携尺前进时，应将尺身提起，不得沿地面拖行，以防损坏刻画。用完钢尺应擦净、涂油，以防生锈。

（2）各种标尺、花杆的使用：应保持其刻画清晰，没有弯曲，不得用来打抬物品或乱扔乱放或用作它用；水准尺放置地上时，尺面不得靠地。应注意防水、防潮，防止受横向压力，不能磨损尺面刻画的漆皮，不用时安放稳妥；塔尺的使用，还应注意接口处的正确连接，用后及时收尺。

（3）测图板的使用：应注意保护板面，不得乱写乱扎，不能施以重压。

（4）小件工具：如垂球应保持形状对称，尖部锐利。不得在坚硬的地面上乱甩乱碰，测钎、尺垫、榔头等的使用，应用完即收，防止遗失。

（5）一切测量工具都应保持清洁，专人保管搬运，不能随意放置，更不能作为捆扎、抬、担等的工具。

### 三、测量资料记录规则

测量记录是外业观测成果的原始记载和内业数据处理的依据。在测量记录或计算时必须严肃认真，一丝不苟，严格遵守下列规则：

（1）实训记录直接填写在规定的表格中，不得先用其他纸记录，再行转抄。

（2）所有记录和计算须用 H 或 2H 铅笔书写，不得使用钢笔、圆珠笔等其他笔书写。字体应端正清晰，书写在规定的格子内，上部应留出适当空隙，作错误更正之用。

（3）记录观测数据之前，应将记录表头的仪器型号、日期、天气、测站、观测者及记录者姓名等全部信息填写齐全。

（4）写错的数字用横线端正地划去，在原字上方写出正确数字。严禁在原字上涂改或用橡皮擦拭挖补。

（5）禁止连续更改数字，应将尊重原始、客观数据，遵守职业道德，观测的尾数原则上不得更改。如角度的分秒值，水准和距离的厘米、毫米数。

（6）记录的数字应齐全，如水准中的 0.234 或 3.100，角度中的 3°04′06″或 3°20′00″、数字"0"不得随意省略。

（7）当一人观测另一人记录时，记录者应将所记数字回报给观测者，以防听错记错。

（8）每站观测结束后，必须在现场完成规定的计算和检核，确认无误后方可迁站。

（9）数据运算应根据所取位数，按"4 舍 6 入，5 前单进双舍"的规则进行凑整。例如对 1.4244m、1.4236m、1.4235m、1.4245m 这几个数据，若取至毫米位，则均应记为 1.424m。

# 第二部分　实训

## 实训工单 1　水准仪的认识和使用

### 一、实训目的与要求

1. 了解自动安平水准仪的基本构造，各部件的名称及作用，并熟悉使用方法。
2. 练习水准仪的安置、粗平、瞄准与读数。
3. 完成地面两点间的高差测量任务。

### 二、实训器材

水准仪 1 台，三脚架 1 个，水准尺 1 对，塔尺 1 个，尺垫 2 个。

### 三、实训内容

1. 认识自动安平水准器

了解仪器各部件的名称及其作用并熟悉其使用方法。同时熟悉水准尺的分划注记，精确读数。

2. 水准仪的使用

水准仪在一个测站上的操作顺序为：安置仪器—整平—瞄准水准尺—读数。

### 四、实训步骤

1. 安置仪器

在测站点的选择时，最好选在两根水准尺连线的垂直平分线上。将三脚架固定带打开，拧开三脚架架腿的固定螺旋，手持架头向上提起三脚架，使其高度在胸口附近，再拧紧固定螺旋。张开三脚架，使架头大致水平，并将三脚架脚尖踩入土中，以求稳固。然后从仪器箱中取出水准仪，并将水准仪脚螺旋调到可上可下的中间位置，再用连接螺旋将水准仪连接在三脚架上。

2. 整平

通过脚螺旋使圆水准器气泡居中，使得仪器的竖轴大致铅垂。在整平过程中，气泡移动的方向与左手大拇指转动脚螺旋时的移动方向一致。

一般先转动仪器，使视准轴方向与其中一个脚螺旋（1）呈一直线。再对向转动另外两个脚螺旋（2 和 3），使圆水准器气泡向中间移动，使气泡、圆水准器的圆圈及另一个脚螺旋（1）大致呈一直线，再转动脚螺旋（1），使气泡移至居中位置。

3. 瞄准

将望远镜转向明亮的背景（如天空或白色明亮物体），转动目镜调焦（对光）螺旋，使十字丝成像清晰，转动仪器，用准星和照门缺口瞄准水准尺，转动物镜调焦（对光）螺旋，使尺像清晰，若目标较远，则物镜调焦（对光）螺旋向后转动，如目标较近，则物镜调焦（对光）螺旋向前转动。再转动水平微动螺旋，使水准尺成像在十字丝的交点处。上下移动眼睛观察是否存在视差，若存在视差，转动目镜调焦（对光）螺旋和物镜调焦（对光）螺旋，消除视差，使目标清晰。

4. 读数

观察圆水准气泡是否居中，居中应立即用中丝在水准尺上读取米、分米、厘米，估读毫米，即读出四位有效数字。读数后再检查一下气泡是否居中。若气泡不居中，则应重新精平，重新读数。

5. 一测站水位测量练习

在地面选定高度不同的两个点 AB 分别作为后视点和前视点，放上尺垫并立尺，在距两尺距离大致相等处安置水准仪。整平瞄准后视尺读数（黑面和红面）；再瞄准前视尺，读数（黑面和红面）。根据高差的计算公式计算 AB 两点的高差。

五、实训注意事项

1. 将水准仪脚螺旋调到可上可下的中间位置，三脚架头应大致水平，仪器安放到三脚架头上，必须立即旋紧连接螺旋，使连接牢固。

2. 转动脚螺旋可使水准仪整平。转动脚螺旋时要遵循"气泡移动的方向与左手拇指的旋转方向一致"的原则进行。

3. 脚螺旋，水平微动螺旋等均有一定的调节范围，使用时不宜旋到顶端，不应用力过猛。

4. 持尺者将水准尺立于地面一点，尺的零点在下，尺面对向望远镜，保持水准尺直立。

5. 读数前必须消除视差，水准尺必须扶竖直，掌握标尺刻画规律，读数应由刻画顺序读取（不管上下，只管由小到大）。

6. 在水准尺上读数时，符合水准器中气泡必须居中。

7. 水准测量实施中，读完后视读数后，当望远镜转到另一个方向继续观测时，水准器气泡就会有微小的偏移。因此，每次瞄准水准尺时，在读数前必须等水准器气泡居中再开始读数，后视与前视读数之间切忌转动脚螺旋。

8. 操作应轮流进行，每人操作一次操作时应变换仪器高低，严禁几人同时操作仪器。

六、上交资料

每人上交实训报告一份。

# 水准仪的认识和使用

日期_____ 班组_____ 姓名_____ 仪器编号_____

## 一、完成下列 DS3 水准仪各部件名称的填写

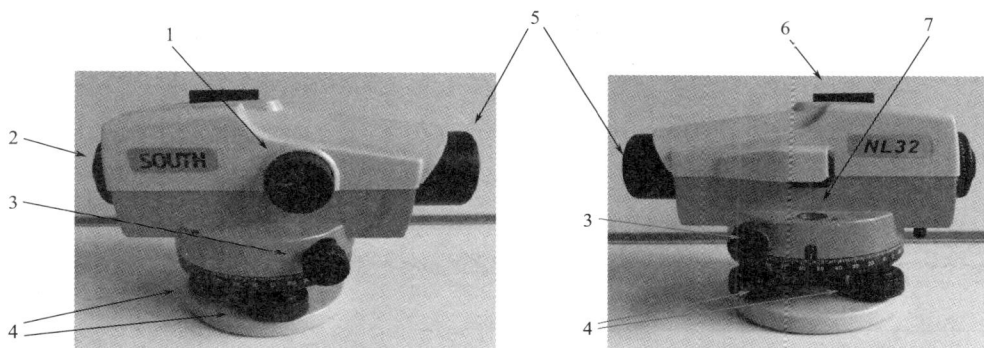

1—(          ); 2—(          ); 3—(          ); 4—(          );
5—(          ); 6—(          ); 7—(          )

## 二、完成下列填空

1. 安置仪器后，转动（                    ）使圆水准气泡居中，转动
（              ）看清十字丝，通过（                    ）概略地瞄准水准尺，
转动（              ）精确照准水准尺，转动（              ）消除视差，
最后读数。

2. 消除视差的步骤是转动（                    ）使（                    ）
清晰，再转动（                    ）使（                    ）清晰。

3. 在下列水准测量读数框内，读取十字丝的上、中、下丝的读数，并填在
对应横线上。

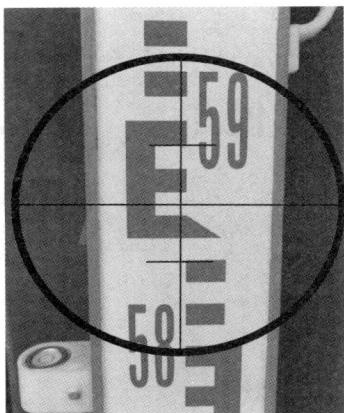

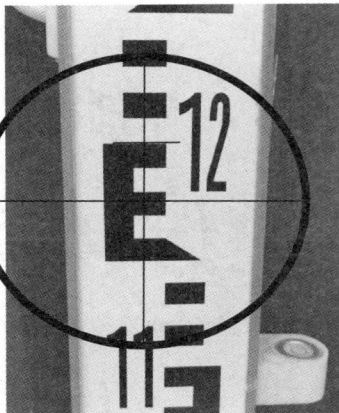

上丝读数：_____          上丝读数：_____

中丝读数：_____          中丝读数：_____

下丝读数：_____          下丝读数：_____

### 三、实训记录计算

1. 记录水准尺上读数。

|  | 黑面(m) | 红面(m) | 塔尺 A 面(m) | 塔尺 B 面(m) |
|---|---|---|---|---|
| A 尺 |  |  |  |  |
| B 尺 |  |  |  |  |

2. 计算（假定 $A$ 点的高程 $H_A=$ _____ m）。

(1) $A$ 点比 $B$ 点（高、低）（    ）。

(2) $A$、$B$ 两点的高差 $h_{AB}=$（    ）m，则 $B$ 点的高程 $H_B=$（    ）m。

(3) 水准仪的视线高 $H_i=$（    ）m，则 $B$ 点的高程 $H_B=$（    ）m。

# 实训工单 2  水准测量

## 一、实训目的与要求

1. 继续练习水准仪的安置、粗平、瞄准精平、读数。

2. 掌握简单水准测量的施测、记录与计算。

3. 掌握路线水准测量的观测、记录和检核的方法。

4. 学会在实地选择测站和转点，完成一个闭合水准路线的布设。

5. 掌握水准测量的高差闭合差调整及推求待定点高程的方法。

## 二、实训器材

每组水准仪 1 台，三脚架 1 台，双面水准尺 1 对，尺垫 2 个。

## 三、实训内容

普通外业水准测量。

## 四、实训步骤

水准测量一般适用于从已知水准点到待定点之间的距离较近（小于 200m）高差较小（小于水准尺长），由一个测站即可测出所有待定点的高程。其计算方法有高差法和视线高法（仪高法）。

1. 个测站的基本操作程序是：

（1）在已知水准点和待定点之间安置水准仪，进行粗平。

（2）照准后视点（即已知水准点）上的水准尺，按中丝读出后视读数。

（3）转动仪器按顺序逐点照准各前视点（即待定点）上的水准尺，按中丝读出各点前视读数，记录在实训记录表上。

（4）按有关公式计算高差或视线高程，推算待定点的高程。

2. 路线水准的基本操作步骤：

（1）从实训场地的已知水准点 $BM_A$ 出发经待定水准点 $BM_B$、$BM_C$，布设一条闭合水准路线。

（2）在已知水准点 $BM_A$ 和转点 1 之间安置水准仪，操作程序是后视 $BM_A$ 点上的水准尺，用中丝读取后尺读数，记入表 2-1 或表 2-2 中；读取前视转点 1 上的水准尺并记入表 2-1 或表 2-2 中。然后立即计算该站的高差。

（3）迁至第 2 测站，继续上述操作程序，直到最后回到 $BM_A$ 点。

（4）根据已知点高程及各测站高差，计算水准路线的高差闭合差，并检查高差闭合差是否超限，其限差公式为：

$$平地\ f_{h容}=\pm\sqrt{n}\ （mm）\ 或山地\ f_{h容}=\pm12\sqrt{n}\ （mm）$$

式中　$n$——测站数；

　　　$L$——水准路线的长度，以 km 为单位。

（5）若高差闭合差在容许范围内，则对高差闭合差进行调整，计算各待定点的高程。

### 五、实训注意事项

1. 仪器安置到三脚架架头上，必须旋紧连接螺旋，使连接牢固。

2. 瞄准目标必须消除视差；水准尺必须扶竖直；掌握标尺刻画规律；读数应向数值增加方向读，在每次读数之前，使水准气泡严格居中。

3. 在已知点和待定点上不能放置尺垫，但在松软的转点必须用尺垫，在仪器迁站时，前视点的尺垫不能移动。

4. 水准测量实施中，读完后视读数后，当望远镜转到另一个方向继续观测时，水准器气泡就会有微小的偏移。因此，每次瞄准水准尺时，在读数前必须等水准器气泡居中再开始读数，后视与前视读数之间切勿转动脚螺旋。

5. 简单水准测量只有一个后视读数，而可以有多个前视读数，它们在读数时的视线高一样。因此在读数过程中不能调整脚螺旋，从而保证了同一个测站的视线高度一致，否则读取的前后读数是不能用的。路线水准测量时要弄清每一个测站的前视点、后视点、前视读数、后视读数、转点、中间点的概念。

6. 注意区别高差法、仪高法在观测、记录、计算中的异同。

7. 检查用高差法、仪高法求得的同一待定水准点的高程是否相同。

8. 在路线水准测量过程中必须十分认真细心地测量转点的后视读数和前视读数并认真记录计算，一旦有错将影响后面的所有测量，造成后面全部结果错误。

9. 分清测量路线、测段、测站的概念。每个测段、每个测站的记录和计算与路线水准测量的成果计算要清晰。

10. 水准路线尽量选择山地。若水准路线是平坦地区，需要用皮尺简单丈量路线长度。水准路线长度为 500～800m，测站 2～4 个，视线长度 30m。本条在选择水准路线位置时需要考虑。

11. 注意检查高差闭合差是否超限，若超限应重测。

12. 注意已知水准点只有后视读数；转点既有后视读数，又有前视读数；中间点只有前视读数。

13. 各测站的视线高度不一样。水准路线总长等于各视距之和。测量过程中只读取用双面尺法的读数。测量过程中应绘制测量草图。

## 六、上交资料

1. 每人上交《普通水准测量记录表》一份（表 2-1 和表 2-2）。
2. 每人上交《普通水准测量实训报告》等材料一份（表 2-3～表 2-5）。

普通水准测量记录表（高差法）　　　　　表 2-1

| 测点 | 水准尺读数(m) | | 高差(m) | 高程(m) | 备注 |
| --- | --- | --- | --- | --- | --- |
| | 后视读数 | 前视读数 | | | |
| BM$_A$ | | | | 75.228 | 已知水准点 |
| XT$_1$ | | | | | 待定点 |
| XT$_2$ | | | | | 待定点 |
| BM$_B$ | | | | | 待定点 |
| XT$_3$ | | | | | 待定点 |
| XT$_4$ | | | | | 待定点 |
| BM$_C$ | | | | | 待定点 |
| XT$_5$ | | | | | 待定点 |
| XT$_6$ | | | | | 待定点 |
| XT$_7$ | | | | | 待定点 |
| BM$_A$ | | | | 75.228 | 已知水准点 |

普通水准测量记录表（仪高法）　　　　　表 2-2

| 测点 | 水准尺读数(m) | | 高差(m) | 高程(m) | 备注 |
| --- | --- | --- | --- | --- | --- |
| | 后视读数 | 前视读数 | | | |
| BM$_A$ | | | | 75.228 | 已知水准点 |
| XT$_1$ | | | | | 待定点 |
| XT$_2$ | | | | | 待定点 |
| BM$_B$ | | | | | 待定点 |
| XT$_3$ | | | | | 待定点 |
| XT$_4$ | | | | | 待定点 |
| BM$_C$ | | | | | 待定点 |
| XT$_5$ | | | | | 待定点 |
| XT$_6$ | | | | | 待定点 |
| XT$_7$ | | | | | 待定点 |
| BM$_A$ | | | | 75.228 | 已知水准点 |

比较一下两种方法得到的结果是否一致？若不一致，请找出原因。

## 普通水准测量实训报告

表 2-3

日期：　　班级：　　组别：　　姓名：　　学号：

| 实训题目 | | 成绩 | |
| --- | --- | --- | --- |
| 实训目的 | | | |
| 主要仪器与工具 | | | |

| |
| --- |
| 1. 实训场地布置草图 |
| 2. 实训主要步骤 |
| 3. 实训总结 |

日期：　　　　　　　天气：　　　　　　仪器型号：　　　　　　组号：

观测者：　　　　　　记录者：　　　　　　立尺者：

| 测段 | 测站 | 点号 | 后视读数(m) | 黑面红面 | 前视读数(m) | 黑面红面 | 测站高差(m) | 平均高差(m) | 测段高差(m) | 备注 |
|---|---|---|---|---|---|---|---|---|---|---|
| 第一测段 | 1 | | | | | | | | | |
| | 2 | | | | | | | | | |
| | 3 | | | | | | | | | |
| | 4 | | | | | | | | | |
| 第二测段 | 1 | | | | | | | | | |
| | 2 | | | | | | | | | |
| | 3 | | | | | | | | | |
| | 4 | | | | | | | | | |
| 第三测段 | 1 | | | | | | | | | |
| | 2 | | | | | | | | | |
| | 3 | | | | | | | | | |
| | 4 | | | | | | | | | |
| $\Sigma$ | | | | | | | | | | |
| 计算校核 | | | | | | | | | | |

待定点高程计算 表 2-5

| 点号 | 测段距离（m） | 测站数 | 高差（m） | | | 高程（m） |
|------|-----------|--------|----------|------|------|---------|
| | | | 观测值（m） | 改正数（m） | 改正后高差（m） | |
| A | | | | | | 113.325 |
| B | | | | | | |
| C | | | | | | |
| A | | | | | | |
| 辅助计算 | | | | | | |

# 实训工单 3　微倾式水准仪的检验与校正

## 一、实训目的与要求

1. 熟悉水准仪各主要轴线之间应满足的几何条件。
2. 掌握 DS$_3$ 型水准仪的检验与校正。

## 二、实训器材

DS$_3$ 型水准仪 1 台，水准尺 1 对，尺垫 1 对，记录夹 1 个，测伞 1 把。

## 三、实训内容

1. 圆水准器的检验与校正。
2. 望远镜十字丝的检验与校正。
3. 水准管轴平行于视准轴的检验与校正。

## 四、实训步骤

1. 圆水准器轴平行于竖轴的检验与校正

（1）检验

① 将仪器置于脚架上，然后踩紧脚架，转动脚螺旋使圆水准器气泡严格居中；

② 仪器旋转 180°，若气泡偏离中心位置，则说明两者相互不平行，需要校正。

（2）校正

① 稍微松动圆水准器底部中央的紧固螺旋；

② 用校正针拨动圆水准器校正螺丝，使气泡返回偏离中心的一半；

③ 转动脚螺旋使气泡严格居中；

④ 反复检查 2～3 遍，直至仪器转动到任何位置气泡都居中为止。

2. 十字丝横丝垂直于仪器竖轴的检验与校正

（1）检验

① 严格整平水准仪，用十字丝交点对准一固定小点；

② 旋紧制动螺旋，转动微动螺旋，使小点沿横丝移动，如小点移动时不偏离横丝，则条件满足；反之则应校正。

（2）校正

用小螺丝刀松开十字丝分划板 3 颗固定螺栓，转动十字丝分划板使横丝末端与小点重合，再拧紧被松开的固定螺栓。

3. 水准管轴平行于视准轴的检验与校正

（1）检验

① 在比较平坦的地面上选择相距100m左右的 $A$、$B$ 两点，分别在两点上放上尺垫，踩紧并立上水准尺；

② 置水准仪于 $A$、$B$ 两点的中间，精确整平后分别读取两水准尺上的中丝读数 $a_1$ 和 $b_1$，求得正确高差 $h_1 = a_1 - b_1$。（为了提高精度和防止错误，可两次测定 $A$、$B$ 两点的高差，并取平均值作为最后结果）；

③ 将仪器搬至离 $B$ 点 2～3m 处，精确整平后再分别读取两水准尺上中丝读数 $a_2$ 和 $b_2$，求得两点间的高差 $h_2 = a_2 - b_2$；

④ 若 $h_1 = h_2$，则说明条件满足；若 $h_1 \neq h_2$，则该仪器水准管轴不平行于视准轴，需要校正。

（2）校正

① 先求得 A 点水准尺上的正确读数 $a_3 = h_1 + b_2$；

② 转动微倾螺旋使中丝读数由 $a_2$ 改变成 $a_3$，此时水准管气泡不再居中；

③ 用校正针拨动校正螺丝，使水准管气泡居中；

④ 重复检查，直至 $|h_1 - h_2| \leq 3$mm 为止。

## 五、注意事项

1. 水准仪的检验和校正过程要认真细心，不能马虎。原始数据不得涂改。

2. 校正螺丝都比较精细，在拨动螺丝时要"慢、稳、匀"。

3. 各项检验和校正的顺序不能颠倒，在检校过程中同时填写实训报告。

4. 各项检校都需要重复进行，直到符合要求为止。

5. 对100m长的视距，一般要求是检验远尺的读数与计算值之差不大于3～5mm。

6. 每项检校完毕都要拧紧各个校正螺栓，上好护盖，以防脱落。

7. 校正后，应再作一次检验，看其是否符合要求。

8. 本次实训要求学生在实训过程中要及时填写实训报告，只进行检验。如若校正，应在指导教师直接指导下进行。

## 六、上交资料

1. 每人上交《微倾式水准仪检验与校正记录表》一份（表 3-1）。

2. 每人上交《微倾式水准仪检验与校正实训报告》一份（表 3-2）。

检校者：     仪器：     记录者：     日期：     天气：

| 测站位置 | 计算符号 | 第一次 | 第二次 | 原理略图（按实际地形画图） |
|---|---|---|---|---|
| 仪器在两标尺之间 | $a_1$ | | | |
| | $b_1$ | | | |
| | $h_1 = a_1 - b_1$ | | | |
| 仪器在 $B$ 标尺一端 | $h_1$ | | | |
| | $b_2$ | | | |
| | $a_3 = h_1 + b_2$ | | | |
| | $a_2$ | | | |
| | $\Delta = a_3 - b_3$ | | | |

微倾式水准仪检验与校正实训报告 表 3-2

日期： 班级： 组别： 姓名： 学号：

| 实训题目 | | 成绩 | |
|---|---|---|---|
| 实训目的 | | | |
| 主要仪器与工具 | | | |

1. 实训场地布置草图


2. 水准仪提供水平视线的充要条件是什么？


3. 水准测量时，水准管气泡已严格居中，视线一定水平吗？为什么？


4. 实训总结

# 实训工单 4　经纬仪的认识与操作

## 一、实训目的与要求

1. 了解 $DJ_6$ 级光学经纬仪的基本构造及各部件的功能。

2. 练习仪器的对中、整平、照准、读数（要求对中误差不超过 3mm，整平误差不超过 1 格）。

## 二、实训器材

$DJ_6$ 级光学经纬仪 1 台，记录板 1 块，测伞 1 把。

## 三、实训内容

1. 认识 $DJ_6$ 型光学经纬仪。

2. 练习 $DJ_6$ 的使用。

## 四、实训步骤

1. 安置经纬仪

将经纬仪从箱中取出，装到三脚架上，拧紧中心连接螺旋。然后熟悉仪器构造和各部功能，正确使用制动螺旋、微动螺旋、调焦螺旋和脚螺旋，了解分微尺的读数方法及水平度盘变换手轮的使用。

2. 练习对中和整平

用光学对中器对中、整平的具体操作方法如下：

（1）概略对中、整平

① 将三脚架安置在测站上，使架头大致水平。

② 调整仪器的三个脚螺旋高度适中，使光学对中器的中心标志概略对准测站点（不要求气泡居中）；转动对中器目镜看清分划板中心圈（十字丝），再拉动或旋转目镜，使测站点影像清晰。若十字丝与测站点相距较远，则应平移脚架，而后旋转脚螺旋，使测站点与十字丝重合。

③ 伸缩三脚架腿使照准部圆水准器居中。

（2）精密对中、整平

如图 4-1 所示，使照准部水准管轴平行于两个脚螺旋的连线，转动这两个脚螺旋使水准管气泡居中。将照准部旋转 90°，转动另一脚螺旋使水准管气泡居中，在这两个位置上来回数次，直到水准管气泡在任何方向都居中为止。若整平后发现对中有偏差，可松开中心连接螺旋，移动照准部再进行对中，拧紧后仍需重新整平仪器，这样，反复几次，就可对中整平。

　　3. 用望远镜瞄准远处目标

　　（1）安置好仪器后，松开照准部和望远镜的制动螺旋，用粗瞄器初步瞄准目标，然后拧紧这两个制动螺旋；

　　（2）调节目镜对光螺旋，看清十字丝，再转动物镜对光螺旋，使望远镜内目标清晰，旋转水平微动和垂直微动螺旋，用十字丝精确照准目标，并消除视差。

　　4. 练习水平度盘读数

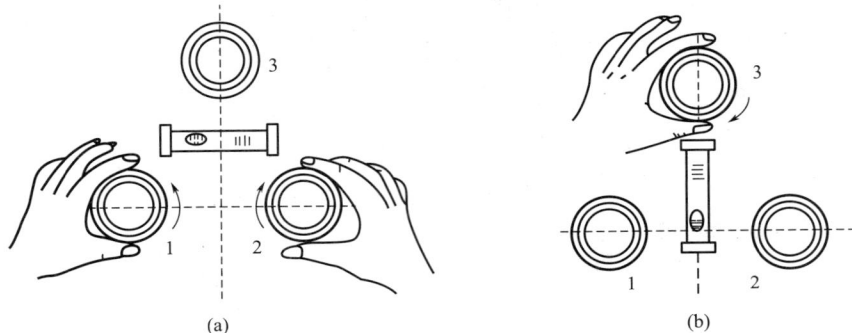

图 4-1　整平

　　5. 练习用水平度盘变换手轮设置水平度盘读数

　　（1）用望远镜照准选定目标。

　　（2）拧紧水平制动螺旋，用微动螺旋准确瞄准目标。

　　（3）转动水平度盘变换手轮，使水平度盘读数设置到预定数值。

　　（4）松开制动螺旋，稍微旋转后，再重新照准原目标，看水平度盘读数是否仍为原读数，否则需重新设置。

**五、注意事项**

　　1. 仪器从箱中取出前，应看好它的放置位置，以免装箱时不能恢复到原位。

　　2. 仪器在三脚架上未固定好前，手必须握住仪器，不得松手，以防仪器跌落。

　　3. 转动望远镜或照准部之前，必须先松开制动螺旋，用力要轻；一旦发现转动不灵，要及时检查原因，不可强行转动。

　　4. 当一个人操作时，其他组员只能用语言帮助，不能多人操作一台仪器，以免发生仪器跌落的危险。

　　5. 仪器装箱后，要及时上锁，以防存在事故危险。

**六、上交资料**

　　每人交《经纬仪的认识与操作实训报告》一份（表 4-1）。

日期       班级       组别       姓名       学号

| 实训题目 | | 成绩 | |
|---|---|---|---|
| 实训目的 | | | |
| 主要仪器与工具 | | | |

1. 经纬仪主要由几部分组成?

2. 经纬仪对中、整平的目的?

3. 照准部制动螺旋和微动螺旋各起什么作用?

4. 望远镜制动螺旋和微动螺旋各起什么作用?

5. 实训总结

# 经纬仪的认识和使用

日期_____   班组_____   姓名_____   仪器编号_____

## 一、完成下列经纬仪各部件名称的填写

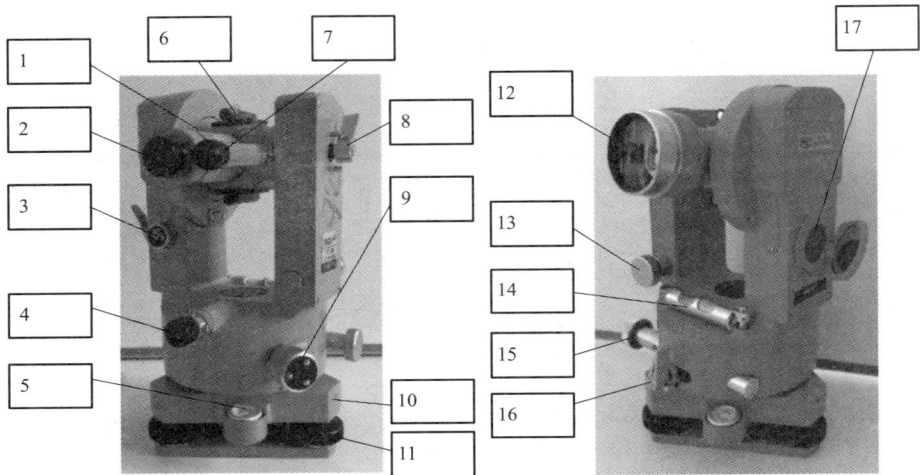

1—(　　　　)；　2—(　　　　)；　3—(　　　　)；　4—(　　　　)；
5—(　　　　)；　6—(　　　　)；　7—(　　　　)；　8—(　　　　)；
9—(　　　　)；　10—(　　　　)；　11—(　　　　)；　12—(　　　　)；
13—(　　　　)；　14—(　　　　)；　15—(　　　　)；　16—(　　　　)；
17—(　　　　)

## 二、完成下列填空

1. 移动三脚架的（　　　　　　），使对中器中的十字丝对准（　　　　　　）。踩紧三脚架，通过调节三脚架（　　　　　　）使圆水准气泡居中。

2. 转动照准部，使水准管平行于任意一对脚螺旋，同时（　　　　　）旋转这对脚螺旋，使水准管气泡居中；将照准部绕竖轴转动（　　　　　）、旋转第三只脚螺旋，使气泡居中。再转动90°，检查气泡误差，直到小于刻画线的（　　　　　）为止。

## 三、上交资料

每人上交《经纬仪的认识与技术操作实训报告》一份（表4-1）。

# 实训工单 5　测回法观测水平角

## 一、实训目的与要求

掌握测回法观测水平角的记录及计算。

## 二、实训器材

$DJ_6$ 级光学经纬仪 1 台，记录板 1 块，测伞 1 把。

## 三、实训内容

练习用测回法观测水平角。

## 四、实训要求

1. 每人至少测两测回。

2. 对中误差小于 3mm，水准管气泡偏离不应超过 1 格。

3. 第一测回对 $0°$，其他测回改变 $180°/n$。

4. 上、下半测回角值差不超过 $40''$，各测回角值差不超过 $24''$。

## 五、实训步骤

1. 将仪器安置在测站上，对中、整平后，盘左照准左目标，用度盘变换手轮使起始读数略大于 $0°00'00''$，关上度盘变换手轮保险，将起始读数记入手簿；松开制动螺旋，顺时针转动照准部，照准右目标，读数并记入手簿，称为上半测回。

2. 倒转望远镜，逆时针旋转盘右再照准右边目标，读数并记入手簿；松开制动螺旋，逆时针旋转照准部照准左目标，读数并记入手簿，称为下半测回。

3. 测完第一测回后，应检查水准管气泡是否偏离；若气泡偏离值小于 1 格，则可测第二测回。第二测回开始前，始读数要设置在 $90°00'00''$ 左右，再重复第一测回的各步骤。当两测回间的测回差不超过 $24''$ 时，再取平均值。

## 六、注意事项

1. 在记录前，首先要弄清记录表格的填写次序和填写方法。

2. 每一测回的观测中间，如发现水准管气泡偏离，也不能重新整平。本测回观测完毕，下一测回开始前再重新整平仪器。

3. 在照准目标时，要用十字丝竖丝照准目标的明显地方，最好看目标下部，上半测回照准什么部位，下半测回仍照准这个部位。

4. 长条形较大目标需要用十字丝双丝来照准，点目标用单丝平分。

5. 在选择目标时，最好选取不同高度的目标进行观测。

## 七、上交资料

1. 每人上交《测回法观测水平角记录表》一份（表 5-1）。
2. 每人上交《测回法观测水平角实训报告》一份（表 5-2）。

测回法观测水平角记录表 表 5-1

观测者： 　　仪器： 　　记录者： 　　日期： 　　天气：

| 测站 | 盘位 | 目标 | 水平度盘读数<br>（° ′ ″） | 半测回角值<br>（° ′ ″） | 一测回角值<br>（° ′ ″） | 各测回平均角值<br>（° ′ ″） | 备注 |
|---|---|---|---|---|---|---|---|
|  |  |  |  |  |  |  |  |
|  |  |  |  |  |  |  |  |
|  |  |  |  |  |  |  |  |
|  |  |  |  |  |  |  |  |
|  |  |  |  |  |  |  |  |
|  |  |  |  |  |  |  |  |
|  |  |  |  |  |  |  |  |
|  |  |  |  |  |  |  |  |
|  |  |  |  |  |  |  |  |
|  |  |  |  |  |  |  |  |
|  |  |  |  |  |  |  |  |
|  |  |  |  |  |  |  |  |
|  |  |  |  |  |  |  |  |
|  |  |  |  |  |  |  |  |
|  |  |  |  |  |  |  |  |
|  |  |  |  |  |  |  |  |

## 测回法观测水平角实训报告

表 5-2

日期：　　　　班级：　　　　组别：　　　　姓名：　　　　学号：

| | | | |
|---|---|---|---|
| 实训题目 | | 成绩 | |
| 实训目的 | | | |
| 主要仪器与工具 | | | |

| |
|---|
| 1. 实训场地布置草图 |
| 2. 实训主要步骤 |
| 3. 实训总结 |

# 实训工单 6  全圆方向法观测水平角

## 一、实训目的与要求

初步掌握全圆方向法观测水平角的观测、记录、计算方法。

## 二、实训器材

DJ$_6$ 级光学经纬仪 1 台，测钎 4 根，记录板 1 块（自备计算器），测伞 1 把。

## 三、实训内容

练习全圆方向法观测水平角。

## 四、实训要求

1. 每人观测一个测回，四个方向，测回起始读数变动数值仍用公式 $180°/n$ 计算。

2. 要求半测回归零差不大于 $18''$，各测回同一方向值互差不大于 $24''$。

## 五、实训步骤

1. 将仪器安置在测站上，对中、整平后，选择一个通视良好，目标清晰的方向作为起始方向（零方向）。

2. 盘左观测。先照准起始方向（称为 $A$ 点），设置度盘读数略对于 $0°$，并记入手簿；然后顺时针转动照准部依次瞄准 $B$、$C$、$D$、$A$ 点，读数并记入手簿。$A$ 点两次读数之差称为上半测回归零差，其值应小于 $18''$。

3. 倒转望远镜，盘右观测。从 $A$ 点开始，逆时针依次瞄准 $D$、$C$、$B$、$A$，读数并记入手簿。$A$ 点两次读数差称为下半测回归零差，其值也应小于 $18''$。

4. 根据观测结果计算 $2C$ 值和各方向平均读数，再计算归零后的方向值。

5. 同一测站、同一目标、各测回归零后的方向值之差应小于 $24''$。

## 六、上交资料

1. 每人上交《全圆方向法观测水平角记录表》一份（表 6-1）。

2. 每人上交《全圆方向法观测水平角实训报告》一份（表 6-2）。

## 全圆方向法观测水平角记录表 表 6-1

观测者：　　　　仪器：　　　　记录者：　　　　日期：　　　　天气：

| 目标名称 | 读数 | | | | | | 2C | $\dfrac{左+(右\pm180°)}{2}$ | 一测回归零方向值 | 各测回归零方向值 | 平均角值 |
|---|---|---|---|---|---|---|---|---|---|---|---|
| | 盘左 | | | 盘右 | | | | | | | |
| | ° ′ | ″ | ″ | ° ′ | ″ | ″ | ″ | ° ′ ″ | ° ′ ″ | ° ′ ″ | ° ′ ″ |
| | | | | | | | | | | | |
| | | | | | | | | | | | |
| | | | | | | | | | | | |
| | | | | | | | | | | | |
| | | | | | | | | | | | |
| | | | | | | | | | | | |
| | | | | | | | | | | | |
| | | | | | | | | | | | |

全圆方向法观测水平角实训报告　　　　　表 6-2

日期：　　　　班级：　　　　组别：　　　　姓名：　　　　学号：

| 实训题目 | | 成绩 | |
| --- | --- | --- | --- |
| 实训目的 | | | |
| 主要仪器与工具 | | | |

1. 实训场地布置草图

2. 实训主要步骤

3. 实训总结

# 实训工单 7　竖直角观测

## 一、实训目的与要求

1. 了解竖直度盘与望远镜的转动关系以及竖盘指标与竖盘指标水准管的关系。

2. 掌握竖直角的观测、记录及指标差和竖直角的计算。

## 二、实训器材

DJ$_6$ 级光学经纬仪 1 台，记录板 1 块，测伞 1 把。

## 三、实训内容

用盘左、盘右观测一高处目标进行竖直角的练习。

## 四、实训要求

1. 每人照准一目标观测两个测回。

2. 两测回的竖直角及指标差之差均小于 24″。

## 五、实训步骤

1. 在某指定点上安置经纬仪。

2. 以盘左位置使望远镜视线大致水平，竖盘指标所指读数约为 90°。

3. 将望远镜物镜端抬高，即当视准轴逐渐向上倾斜时，观察竖盘读数 $L$ 比 90°是增加还是减少，借以确定竖直角和指标差的计算公式。

（1）当望远镜物镜抬高时，如竖盘读数 $L$ 比 90°逐渐减少，则竖直角计算公式为：

$$a_{左}=90°-L$$

盘右时，竖盘读数为 $R$，其竖直角公式为：

$$a_{右}=R-270°$$

$$竖直角 \ a=1/2(a_{左}+a_{右})=1/2(R-L-180°)$$

（2）当望远镜物镜抬高时，如竖盘读数 $L$ 比 90°逐渐增大，则竖直角计算公式为：

$$a_{左}=L-90°$$

$$a_{右}=270°-R$$

$$竖直角 \ a=1/2(a_{左}+a_{右})=1/2(L-R-180°)$$

在上述两种情况下，竖盘指标差均为：

$$X = 1/2(a_左 - a_右) = 1/2(L + R - 360°)$$

4．用测回法测定竖直角，其观测程序如下：

（1）安置好经纬仪后，盘左位置照准目标，转动竖盘指标水准管微动螺旋，使水准管气泡居中或打开竖盘指标自动归零装置使之处于 ON 位置，读取竖直度盘的读数 $L$。记录者将读数值 $L$ 记入竖直角测量记录表中。

（2）根据竖直角计算公式，在记录表中计算出盘左时的竖直角 $a_左$。

（3）再用盘右位置照准目标，按照（1）的操作步骤，读取其竖直度盘读数 $R$。记录者将读数值 $R$ 记入竖直角测量记录表中。

（4）根据竖直角计算公式，在记录表中计算出盘右时的竖直角 $a_右$。

（5）计算一测回竖直角值和指标差。

### 六、注意事项

1．直接读取的竖盘读数并非竖直角，竖直角通过计算才能获得。

2．竖盘因其刻画注记和始读数的不同，计算竖直角的方法也就不同，要通过检测来确定正确的竖直角和指标差计算公式。

3．盘左盘右照准目标时，要用十字丝横丝照准目标的同一位置。

4．在竖盘读数前，务必要使竖盘指标水准管气泡居中。

### 七、上交资料

1．每人上交《竖直角观测记录表》一份（表 7-1）。

2．每人上交《竖直角观测实训报告》一份（表 7-2）。

竖直角观测记录表　　　　　　　　　　　　　　　　　表 7-1

观测者：　　　　　　仪器：　　　　　　记录者：　　　　　　日期：　　　　　　天气：

| 测站 | 目标 | 竖盘位置 | 竖盘读数<br>(° ′ ″) | 半测回竖直角<br>(° ′ ″) | 指标差<br>(° ′ ″) | 一测回竖直角<br>(° ′ ″) | 备注 |
|---|---|---|---|---|---|---|---|
|  |  |  |  |  |  |  |  |
|  |  |  |  |  |  |  |  |
|  |  |  |  |  |  |  |  |
|  |  |  |  |  |  |  |  |
|  |  |  |  |  |  |  |  |
|  |  |  |  |  |  |  |  |
|  |  |  |  |  |  |  |  |
|  |  |  |  |  |  |  |  |
|  |  |  |  |  |  |  |  |
|  |  |  |  |  |  |  |  |
|  |  |  |  |  |  |  |  |
|  |  |  |  |  |  |  |  |
|  |  |  |  |  |  |  |  |
|  |  |  |  |  |  |  |  |
|  |  |  |  |  |  |  |  |
|  |  |  |  |  |  |  |  |
|  |  |  |  |  |  |  |  |
|  |  |  |  |  |  |  |  |

## 竖直角观测实训报告

表 7-2

日期：　　　　班级：　　　　组别：　　　　姓名：　　　　学号：

| | | | |
|---|---|---|---|
| 实训题目 | | 成绩 | |
| 实训目的 | | | |
| 主要仪器与工具 | | | |
| 1. 实训场地布置草图 | | | |
| 2. 实训主要步骤 | | | |
| 3. 实训总结 | | | |

# 实训工单 8　经纬仪的检验与校正

## 一、实训目的与要求

1. 掌握经纬仪应满足的几何条件，并检验这些几何条件是否满足要求。
2. 初步掌握照准部水准管、视准轴、十字丝和竖盘指标水准管的校正方法。

## 二、实训器材

DJ₆ 级光学经纬仪 1 台，校正针 1 根，螺丝刀 1 把，记录板 1 块，花杆 2 根，测伞 1 把。

## 三、实训内容

1. 照准部水准管轴的检验与校正；
2. 十字丝的检验与校正；
3. 视准轴的检验与校正；
4. 横轴的检验与校正；
5. 竖盘指标差的检验与校正；
6. 光学对中器的检验与校正。

## 四、实训要求

只检验，不校正。各项内容经检验，若发现条件不满足，需弄清要校正时应该拨动那些校正螺丝即可。

## 五、实训步骤

1. 照准部水准管轴的检验与校正

（1）检验：安置好仪器后，调节两个脚螺旋，使水准管气泡严格居中，旋转照准部 180°，若气泡偏离中心大于 1 格，则需校正。

（2）校正：拨动水准管的校正螺丝，使气泡返回偏离格值的一半，另一半用脚螺旋调节，使气泡居中。若气泡偏离值小于 1 格，一般可不校正。

2. 十字丝竖丝垂直于横轴的检验与校正

（1）检验用十字丝交点照准一个明显的点状目标，转动望远镜微动螺旋，若该目标离开竖丝，则需要校正。

（2）校正：旋下望远镜前护罩，拨松十字丝分划板座的四个固定螺旋，微微转动十字丝环，使竖丝末端与该目标重合。重复上述检验，满足要求后，再旋紧四个固定螺旋和装上护罩即可。

3. 视准轴垂直于横轴的检验与校正

（1）检验：在仪器到墙的相反方向上、相等距离处立一花杆，视线水平时在花杆上作一标志 $A$。用盘左精确瞄准 $A$，纵转望远镜，仍使视线水平，在墙上标出 $B_1$；再用盘右瞄准 $A$，纵转望远镜，在墙上标出 $B_2$；若两点不重合且间距大于 2cm，则需校正（仪器距墙距离为 30m 左右）。

（2）校正：在 $B_1$、$B_2$ 两点之间的 1/4 处定出一点 $B$，即为十字丝中心应照准的正确位置。取下十字丝分划板护罩，拨动十字丝分划板左、右校正螺丝，使十字丝交点对准 $B$ 点。

4. 横轴垂直于竖轴的检验与校正

（1）检验：盘左瞄准楼房高处一目标 $P$，松开望远镜制动螺旋，慢慢将望远镜放到水平位置，在墙上标出一点 $A$；盘右再瞄准 $P$ 点，将望远镜放到水平位置又标出一点 $B$；若 $A$、$B$ 两点不重合或者 $i = \dfrac{P_1 P_2}{2D \cdot \tan\alpha} \cdot \rho > 20''$（DJ$_6$ 经纬仪），应进行校正。

（2）校正：用十字丝交点照准 $AB$ 的中点，然后将望远镜上翘到和 $P$ 点同高的位置；取下左边支架盖板（盘右时），松开偏心环（轴瓦）的固定螺旋，转动偏心环，使十字丝交点对准 $P$ 点。最后拧紧偏心环固定螺丝，盖上护盖。

5. 竖盘指标差的检验与校正

（1）检验：瞄准一个明显的与仪器大致同高的小目标，读取盘左、盘右的竖盘读 $L$ 和 $R$，按公式 $x = [(L+R) - 360°]/2$ 计算出指标差。若指标差大于 $60''$，则应校正。

（2）校正：先算出盘右的竖盘正确读数（$R-x$），以盘右照准原目标，用指标水准管微倾螺旋使竖盘读数变为正确读数，此时指标水准管气泡偏离中心；旋下指标水准管校正螺丝的护盖，再用校正针将指标水准管气泡调至居中，然后重复检验一次。

6. 光学对中器的检验与校正

（1）检验：安置经纬仪于脚架上，移动放置在脚架中央地面上标有 $A$ 点的白纸，使十字丝中心与 $A$ 点重合。转动仪器 120°、240°，再看十字丝中心是否与地面上的 $A$ 点目标重合，若不重合，形成三角形，确定三角形的中心。

（2）校正：调节分划板校正螺丝，使十字丝与三角形的中心重合，即可达到校正的目的。

## 六、上交资料

每人上交《经纬仪的检验与校正实训报告》一份（表 8-1）。

日期：　　　　班级：　　　　　　组别：　　　　姓名：　　　　学号：

| 实训题目 | | 成绩 | |
|---|---|---|---|
| 实训目的 | | | |
| 主要仪器与工具 | | | |
| 1. 照准部水准管轴的检验与校正 | (1)安置好仪器后,调节两个脚螺旋,使水准管气泡严格居中,旋转照准部180°,气泡偏离中心是否大于1格?<br><br>(2)是否需要校正?<br><br>(3)如何校正? | | |
| 2. 十字丝的检验与校正 | (1)用十字丝交点照准一个明显的点状目标,转动望远镜微动螺旋,该目标是否离开竖丝?<br><br>(2)是否需要校正?<br><br>(3)如何校正? | | |
| 3. 视准轴的检验与校正 | (1)在仪器到墙的相反方向上、相等距离处立一花杆,视线水平时在花杆上作一标志 $A$。用盘左精确瞄准 $A$,纵转望远镜,仍使视线水平,在墙上标出 $B_1$;再用盘右瞄准 $A$,纵转望远镜,在墙上标出 $B_2$;是否两点不重合且间距大于 2cm?<br><br>(2)是否需要校正?<br><br>(3)如何校正? | | |

| | |
|---|---|
| 4. 横轴的检验与校正 | (1)盘左瞄准楼房高处一目标 $P$，松开望远镜制动螺旋，慢慢将望远镜放到水平位置，在墙上标出一点 $A$；盘右再瞄准 $P$ 点，将望远镜放到水平位置又标出一点 $B$；是否 $A$、$B$ 两点不重合，相距超过规定限差？<br><br>(2)是否需要校正？<br><br>(3)如何校正？ |
| 5. 竖盘指标差的检验与校正 | (1)瞄准一个明显的小目标，读取盘左、盘右的竖盘读 $L$ 和 $R$，按公式 $X=[(L+R)-360°]/2$ 计算出指标差。指标差是否大于 $60''$？<br><br>(2)是否需要校正？<br><br>(3)如何校正？ |
| 6. 光学对中器的检验与校正 | (1)安置经纬仪于脚架上，移动放置在脚架中央地面上表有 $A$ 点的白纸，使十字丝中心与 $A$ 点重合。转动仪器 $120°$、$240°$，再看十字丝中心是否与地面上的 $A$ 点目标重合？<br><br>(2)是否需要校正？<br><br>(3)如何校正？ |
| 7. 实训总结 | |

# 实训工单 9　钢尺一般量距与直线定向

## 一、实训目的与要求

1. 学会在地面上标定直线及用普通钢尺丈量距离。
2. 学会用罗盘仪测定直线的磁方位角。

## 二、实训器材

1. 由仪器室借领：20m 钢尺 1 卷、花杆 3 根、测钎 1 束、木桩 3 个、斧子 1 把、记录板 1 块、书包 1 个、罗盘仪 1 台。
2. 自备：计算器、铅笔、小刀、计算用纸。

## 三、实训步骤

1. 指导教师讲解本次实训的内容和方法。

2. 在实训场地上相距 60～80m 的 A 点和 B 点各打一木桩，作为直线端点桩，木桩上钉小铁钉或画十字线作为点位标志，木桩高出地面约 2cm。

3. 进行直线定线，如图 9-1 所示。

先在 A、B 两点立好花杆，观测员甲站在 A 点花杆后面 1m 左右，用单眼通过 A 花杆一侧瞄准 B 花杆同一侧，形成视线，观测员乙拿着一根花杆到欲定点 ①（为略小于一个尺长位置）处，侧身立好花杆，根据甲的指挥左右移动。当甲观测到①点花杆在 AB 同一侧并与视线相切时，喊"好"，乙即在①点做好标志，插一测钎，这时①点就是直线 AB 上的一点。同法可定出②（为略小于一个尺长位置）点等位置，直至与 B 距离不足一尺长。如需将 AB 线延长，则可仿照上

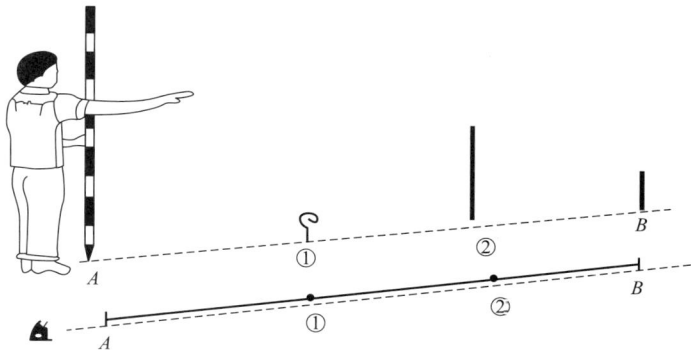

图 9-1

述方法，在 $AB$ 直线延长线上定线。

4. 丈量距离，如图 9-2 所示。

（1）前、后尺手都蹲下，后尺手把尺终点对准起点 $A$ 的标志，喊"预备"，前尺手把尺通过定线时所作的记号，两人同时把尺拉直，拉力大小适当，尺身要保持水平，当尺拉稳后，后尺手喊"好"，这时前尺手对准尺的零点刻划，在地面竖直地插入一根测钎，如图 9-2 中的①点，插好后喊"好"，这样就量完了一个整尺段。

（2）前、后尺手抬尺前进，当后尺手到达①点测钎后，重复上述操作，丈量第二整尺段，得到②点，量好后继续向前丈量，后尺手依次收回测钎，一根测钎代表一个整尺段。丈量到 $B$ 点前的最后一段，由前尺手对零，后尺手读出该不足整尺段长度。

（3）计算总长度。至此完成了往测的任务。

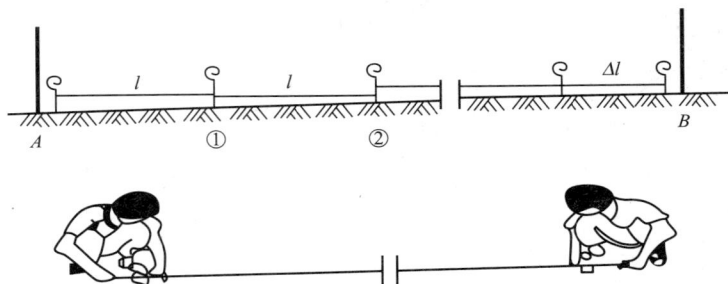

图 9-2

（4）再用上述（1）、（2）、（3）的方法进行返测。取往返丈量的平均值作为这段距离的量测值，即 $DAB=(DAB_{往}+DAB_{返})/2$。

（5）轮换工作再进行往返丈量。

（6）在记录表中进行成果整理和精度计算。直线丈量相对误差要小于 $1/2000$。

（7）如果丈量成果超限，要分析原因并进行重量，直至符合要求为止。

5. 用罗盘仪测定其磁方位角。

（1）将罗盘仪安置在 $A$ 点，进行整平和对中。

（2）瞄准 $B$ 点的花杆后，放松磁针制动螺旋。

（3）待磁针静止后，读出磁针北端在刻度盘上的读数，即为直线 $AB$ 的磁方位角。

（4）再将罗盘仪安置在 $B$ 点上，用（1）、（2）、（3）的方法测定直线 $BA$ 的磁方位角进行校核。

## 四、注意事项

1. 本次实训内容多，各组同学要互相帮助，以防出现事故。
2. 借领的仪器、工具在实训中要保管好，防止丢失。
3. 使用罗盘仪时，用完后务必把磁针托起，以免磁针脱落。
4. 钢尺切勿扭折或在地上拖拉。用后要用油布擦净，然后卷入盒中。

## 五、上交资料

1. 每组上交合格的《距离丈量记录表》一份（表 9-1）。
2. 每人上交《距离丈量实训报告》一份（表 9-2）。

距离丈量记录表                                      表 9-1

观测者：        仪器：           记录者：         日期：            天气：

| 测线 | 方向 | 整尺段（m） | 零尺段（m） | 总计（m） | 相对误差 | 平均值（m） | 备注 |
|------|------|-----------|-----------|----------|---------|-----------|------|
|      |      |           |           |          |         |           |      |
|      |      |           |           |          |         |           |      |
|      |      |           |           |          |         |           |      |
|      |      |           |           |          |         |           |      |
|      |      |           |           |          |         |           |      |
|      |      |           |           |          |         |           |      |
|      |      |           |           |          |         |           |      |
|      |      |           |           |          |         |           |      |
|      |      |           |           |          |         |           |      |
|      |      |           |           |          |         |           |      |
|      |      |           |           |          |         |           |      |
|      |      |           |           |          |         |           |      |
|      |      |           |           |          |         |           |      |
|      |      |           |           |          |         |           |      |
|      |      |           |           |          |         |           |      |
|      |      |           |           |          |         |           |      |
|      |      |           |           |          |         |           |      |
|      |      |           |           |          |         |           |      |
|      |      |           |           |          |         |           |      |
|      |      |           |           |          |         |           |      |

距离丈量实训报告 表 9-2

日期： 班级： 组别： 姓名： 学号：

| 实训题目 | | 距离丈量 | | 成绩 | |
|---|---|---|---|---|---|
| 实训目的 | | | | | |
| 主要仪器与工具 | | | | | |

1. 实训场地布置草图

2. 实训主要步骤

3. 实训总结

# 实训工单 10　视距测量

## 一、实训目的与要求

学会视距测量的观测、记录和计算。

## 二、实训器材

经纬仪 1 台，水准尺 1 根，小钢尺 1 个，记录板 1 块，测伞 1 把。

## 三、实训内容

练习经纬仪视距测量的观测与记录。

## 四、实训要求

1. 每人测量周围 4 个固定点，将观测数据记录在实验报告中，并用计算器算出各点的水平距离与高差。

2. 竖直角读数到秒，水平距离和高差均计算至 0.01m。

## 五、实训步骤

1. 在测站上安置经纬仪，对中、整平后，量取仪器高 $i$（精确到 cm），设测站点地面高程为 $H_0$。

2. 选择若干个地形点，在每个点上立水准尺，读取上、下丝读数、中丝读数 $v$（可取与仪器高相等，即 $v=i$）、竖盘读数 $L$ 并分别记入视距测量手簿。竖盘读数时，竖盘指标水准管气泡应居中（或打开补偿器）。

3. 用公式 $k|q|=k|$上丝－下丝$|$、$D=k|q|\cos^2\alpha$ 及 $h=D\cdot\tan\alpha+i-v$ 计算平距和高差。用下列公式计算高程：

$$H_i=H_0+h$$

## 六、注意事项

1. 视距测量前应校正竖盘指标差。

2. 标尺应严格竖直。

3. 仪器高度、中丝读数、平距和高差计算精确到 cm。

## 七、上交资料

每人上交《视距测量实训报告》一份（表 10-1）。

**视距测量实训报告** 表 10-1

日期： 班级： 组别： 姓名： 学号：

| 实训题目 | | | | 成绩 | | | | |
|---|---|---|---|---|---|---|---|---|
| 实训目的 | | | | | | | | |
| 主要仪器与工具 | | | | | | | | |
| 视距测量记录表 | | | | | | | | |

| 点号 | 视距读数 | | 视距 (m) | 中丝读数 (m) | 仪器高 (m) | 竖盘读数 (° ′ ″) | 平距 (m) | 高差 (m) | 高程 (m) |
|---|---|---|---|---|---|---|---|---|---|
| | 上丝 | 下丝 | | | | | | | |
| | | | | | | | | | |
| | | | | | | | | | |
| | | | | | | | | | |
| | | | | | | | | | |
| | | | | | | | | | |
| | | | | | | | | | |
| | | | | | | | | | |
| | | | | | | | | | |

实训总结

**047**

# 实训工单 11　全站仪的操作与使用

## 一、实训目的与要求

1. 掌握全站仪的常规设置和基本操作。
2. 熟悉全站仪的测距、测角、坐标测量等功能。

## 二、实训器材

全站仪 1 台，棱镜 2 个，木桩 2 个，斧头 1 把，记录板 1 块，测伞 1 把。

## 三、实训内容

1. 全站仪的基本操作与使用。
2. 进行水平角、距离、坐标放样。

## 四、实训步骤

按［电源］键开机显示以前设置的温度和气压。上下转动望远镜进入基本测量状态（绝对编码度盘不需此项操作）。

### 1. 角度测量

角度测量是测定测站至两目标间的水平夹角，同时可测定相应视线的竖直角，设地面上有 $A$、$B$、$C$ 三点，$A$ 为测站点，测定角 $BAC$ 的步骤如下：

（1）在测站点安置仪器，开机进入基本测量模式；

（2）将仪器望远镜瞄准起始目标点 $B$；

（3）按［角度］键全站仪显示角度测量菜单，将起始方向值置成零；

（4）将全站仪望远镜瞄准目标点 $C$，全站仪屏幕即显示所测角度；

（5）在水平角测量时可以将起始方向置成零，也可以将起始方向设置成所需的方向值，其方法是在照准第一目标后，在基本测量模式下按［角度］键全站仪显示角度测量菜单，输入所需的方向值后按［回车键］即可。输入格式为：例如角度值为 $90°02'06''$ 时应输入 90.0206。

### 2. 距离测量

在进行距离测量之前应进行目标高输入、仪器高输入、气象改正、棱镜类型设定、棱镜常数值设定、测距模式设置并观察返回信号的大小，然后才能进行距离测量。

（1）测距前仪器参数设置

1）目标高输入：在基本测量状态下选第一项目标高，按相应数字键输入目标高。输入格式为：例如目标高为 1.230m 时应输入 1.230，按［回车键］确认。

2）气象改正：先测出当时的温度和气压值，然后输入到全站仪中，全站仪会自动计算大气改正值（也可以直接输入大气改正值），并对测距结果进行改正。

（2）测距

用望远镜十字丝精确照准棱镜，按［测量］键，距离测量开始，经数秒即可测出距离并显示在屏幕上，屏幕上显示斜距、平距和高差。

全站仪的测距模式有精测模式、跟踪模式和粗测模式三种。精测模式是目前最常用的测距模式，最小显示单位1mm，测量时间约2s；跟踪模式常用于跟踪移动目标或放样时连续测距，最小显示单位1cm，测量时间约0.2s；粗测模式测量时间约0.4s，在距离测量或坐标测量时可采用不同的测距模式。

（3）坐标测量

1）已知点建站

将全站仪所在已知点的数据和后视点的数据输入全站仪（要求输入测站点点号、坐标、代码、仪器高），以便全站仪调用内部坐标测量和施工放样程序，进行坐标测量和施工放样。

当全站仪在已知点上架设时必须选择第一项进行建站，否则全站仪默认上一个已知点的数据，测出的坐标和放样数据都是错误的。

2）快速建站

选择快速项，是将全站仪架设在未知点上，默认 $X=0$、$Y=0$、$Z=0$；也可将全站仪架设在已知点上进行建站。方位角也可假定，是一种独立坐标系的建站方法。

3）坐标测量操作方法

将全站仪所在已知点的数据和后视点的数据输入全站仪（要求输入测站点点号、坐标、代码、仪器高、棱镜高、棱镜常数、大气改正值或温度、气压值），以便全站仪调用内部坐标测量程序，进行坐标测量。

4）坐标放样（XYZ）

选择坐标放样功能键，要求输入放样点点号。若放样点已存储在全站仪中，则自动调出其坐标，否则需要键盘输入。然后按要求输入放样点 $X$、$Y$、$Z$ 坐标，输入放样点 $X$、$Y$、$Z$ 坐标后，当量测完成后，则显示目标点与放样点的差值。按照屏幕上指示移动棱镜，再按［测量］键进行测量，直至差值满足要求（在测设点的平面位置时，计算值与检测值比较，检测边长相对误差≤1/2000，检测角误差≤60″；在测设点的高程时，检测值与设计值之差应≤8mm），超限应重新测量。

**五、注意事项**

观测时，应仔细检查仪器的各项参数设置，禁止将望远镜照准太阳。

**六、上交资料**

1. 每人上交《全站仪观测记录表》一份（表11-1）。

2. 每人上交《全站仪测量实训报告》一份（表11-2）。

全站仪观测记录表 表 11-1

观测者：　　　　　仪器：　　　　　记录者：　　　　　日期：　　　　　天气：

测站名称：　　　　测站高程：　　　　仪器高：　　　　棱镜高：

仪器型号：　　　　测站坐标：$X_0=$　　　　$Y_0=$　　　　$H_0=$

| 觇点 | 水平角读数<br>(° ′ ″) | 水平角<br>(° ′ ″) | 水平距离<br>(m) | 坐标(m) | | |
|---|---|---|---|---|---|---|
| | | | | $X$(m) | $Y$(m) | $H$(m) |
| | | | | | | |
| | | | | | | |
| | | | | | | |
| | | | | | | |
| | | | | | | |
| | | | | | | |
| | | | | | | |
| | | | | | | |
| | | | | | | |
| | | | | | | |
| | | | | | | |
| | | | | | | |
| | | | | | | |
| | | | | | | |
| | | | | | | |
| | | | | | | |

**全站仪测量实训报告** 表 11-2

日期： 班级： 组别： 姓名： 学号：

| | | | |
|---|---|---|---|
| 实训题目 | | 成绩 | |
| 实训目的 | | | |
| 主要仪器与工具 | | | |
| 1. 实训场地布置草图 | | | |
| 2. 实训主要步骤 | | | |
| 3. 实训总结 | | | |

# 实训工单 12　四等水准测量

## 一、实训目的与要求

1. 掌握四等水准测量的观测、记录、计算及校核方法。
2. 熟悉四等水准测量的主要技术要求，水准路线的布设及闭合差的计算。

## 二、实训器材

DS$_3$ 水准仪 1 台，双面水准尺 1 对，尺垫 2 个，记录板 1 块，测伞 1 把。

## 三、实训内容

1. 用四等水准测量的方法观测一条闭合水准路线。
2. 进行高差闭合差的调整与高程计算。

## 四、实训步骤

### 1. 观测

选择一条闭合水准线路，路线分为两段，每段布置成四站，按下列顺序进行逐站观测。

（1）在与前后尺等距离处安置水准仪。照准后视尺黑面，精平后，读取下、上、中三丝读数，记入手簿，照准后视尺红面，读取中丝读数，记入手簿。

（2）照准前视尺，重新精平，读黑面尺下、上、中三丝读数，再读红面中丝读数，记入手簿，以上观测顺序简称为"后—后—前—前"（也称"黑—红—黑—红"）。

### 2. 记录

将观测数据记入表中相应栏中，并及时算出前后视距及前后视距差、视距累积差、红黑面读数差、红黑面高差及其差值。每项计算均有限差要求，当符合限差要求后，方可迁站，直至测完全程。

### 3. 内业计算

（1）计算线路总长度。

（2）根据各段的高差中数，计算高差闭合差。

（3）当高差闭合差符合限差要求时，进行闭合差的调整及计算各待测水准点的高程。

## 五、技术要求

1. 黑、红面读数差（即 $K$＋黑－红）不得超过±3mm。

2. 一测站红、黑面高差之差不得超过±5mm。

3. 前、后视距差不得超过 5m，全程累积差不得超过 10m。

4. 视线高度以三丝均能在尺上读数为准，视线长度小于 100m。

5. 高差闭合差应不超过±20$\sqrt{L}$ mm 或±8$\sqrt{n}$。

6. 四等水准测量要求测段站数为偶数。

## 六、注意事项

1. 在观测的同时，记录员应及时进行测站计算检核，符合要求方可搬站，否则应重测。

2. 仪器未搬站时，后视尺不得移动；仪器搬站时，前视尺不得移动。

3. 当一个人操作时，其他组员只能用语言帮助，不能多人操作一台仪器，以免发生仪器跌落的危险。

4. 仪器装箱后，要及时上锁，以防存在事故危险。

## 七、上交资料

1. 每组上交《四等水准测量观测记录表》一份（表 12-1）。

2. 每人提交《四等水准测量平差计算表》一份（表 12-2）。

四等水准测量观测记录表 表 12-1

观测者： 仪器： 记录者： 日期： 天气：

| 测站编号 | 后尺 | 下丝 | 前尺 | 下丝 | 方向及尺号 | 水准尺读数 | | K＋黑－红 | 平均高差（m） | 备注 |
|---|---|---|---|---|---|---|---|---|---|---|
| | | 上丝 | | 上丝 | | | | | | |
| | 后视距 | | 前视距 | | | 黑面 | 红面 | | | |
| | 视距差 d | | $\sum d$ | | | | | | | |
| | | | | | | | | | | |
| | | | | | | | | | | |
| | | | | | | | | | | |
| | | | | | | | | | | |
| | | | | | | | | | | |
| | | | | | | | | | | |
| | | | | | | | | | | |
| | | | | | | | | | | |
| | | | | | | | | | | |
| | | | | | | | | | | |
| | | | | | | | | | | |
| | | | | | | | | | | |
| | | | | | | | | | | |
| | | | | | | | | | | |
| | | | | | | | | | | |
| | | | | | | | | | | |
| 计算检核 | | | | | | | | | | |

四等水准测量平差计算表　　　　　　　　　表 12-2

| 测段编号 | 测点 | 测段长度（m）或测站数 | 实测高差（m） | 改正数（m） | 改正后高差（m） | 高程 | 备注 |
|---|---|---|---|---|---|---|---|
| | | | | | | | |
| | | | | | | | |
| | | | | | | | |
| | | | | | | | |
| | | | | | | | |
| | | | | | | | |
| | | | | | | | |
| | | | | | | | |
| | | | | | | | |
| | | | | | | | |

# 实训工单 13　测设水平角和水平距离

## 一、实训目的与要求

1. 练习用精确法测设已知水平角，要求角度误差不超过 $40''$。
2. 练习测设已知水平距离，测设精度要求相对误差不应低于 1/5000。

## 二、实训器材

$DJ_6$ 经纬仪 1 台，钢尺 1 把，测钎 6 个，斧 1 把，伞 1 把，记录本 1 本，$DS_3$ 水准仪 1 个，水准尺 1 对，温度计 1 个，弹簧秤 1 个。

## 三、实训内容

1. 测设已知角值的水平角。
2. 测设已知长度的水平距离。

## 四、实训步骤

1. 测设角值为 $\beta$ 的水平角

（1）在地面上选 $A$、$B$ 两点打桩，作为已知方向，安置经纬仪于 $B$ 点，瞄准 $A$ 点并使水平度盘读数为 $0°00'00''$（或略大于 $0°$）。

（2）顺时针方向转动照准部，使度盘读数为 $\beta$（或 $A$ 方向读数 $+\beta$），在此方向打桩为 $C$ 点，在桩顶标出视线方向和 $C$ 点的点位，并量出 $BC$ 距离。用测回法观测 $\angle ABC$ 两个测回，取其平均值为 $\beta_1$；计算改正数 $\overline{CC_1}=BC\dfrac{\beta-\beta_1}{\rho''}=BC\dfrac{\Delta\beta}{\rho''}$ m，过 $C$ 点作 $BC$ 的垂线，沿垂线向外（$\beta>\beta_1$）或向内（$\beta<\beta_1$）量取 $CC_1$ 定出 $C_1$ 点，则 $\angle ABC_1$ 即为要测设的 $\beta$ 角。再次检测改正，直到满足精度要求为止。

2. 测设长度为 $D$ 的水平距离。利用测设水平角的桩点，沿 $BC_1$ 方向测设水平距离为 $D$ 的线段 $BE$。

（1）安置经纬仪于 $B$ 点，用钢尺沿 $BC_1$ 方向概量长度 $D$，并定出各尺段桩用检定过的钢尺按精密量距的方法往、返测定距，并记下丈量时的温度（估读至 $0.5℃$）

（2）用水准仪往、返测各桩顶间的高差，两次测得高差之差不超过 10mm 时，取其平均值作为结果。

（3）将往、返丈量的距离分别加尺长、温度和倾斜改正后，取其平均值为 $D'$，然后与要测设的长度 $D$ 相比较求出改正数 $\Delta D=D-D'$。

（4）若 $\Delta D$ 为负，则应由 $E$ 点向 $B$ 点改正；若 $\Delta D$ 为正，则以相反的方向改正。最后再检测 $BE$ 的距离，它与设计的距离之差不得低于 1/5000。

**五、上交资料**

1. 每组上交《水平角测设手簿》《水平角检测手簿》《距离测设手簿》《距离检测手簿》各一份（表 13-1～表 13-4）。

2. 每人上交《测设水平角和水平距离实训报告》一份（表 13-5）。

水平角测设手簿　　　　　　　　　　　　　　　　表 13-1

观测者：　　　　　　仪器：　　　　　　记录者：　　　　　　日期：　　　　　　天气：

| 测站 | 设计角值 | 竖盘位置 | 目标 | 水平度盘卖数 | 测设略图 | 备注 |
|---|---|---|---|---|---|---|
|  | ° ′ ″ |  |  | ° ′ ″ |  |  |
|  |  | 左 |  |  |  |  |
|  |  | 右 |  |  |  |  |
|  |  | 左 |  |  |  |  |
|  |  | 右 |  |  |  |  |

水平角检测手簿　　　　　　　　　　　　　　　　表 13-2

观测者：　　　　　　仪器：　　　　　　记录者：　　　　　　日期：　　　　　　天气：

| 测站 | 竖盘 | 目标 | 水平度盘置数 | 角值 | 平均角值 | 备注 |
|---|---|---|---|---|---|---|
|  |  |  | ° ′ ″ | ° ′ ″ | ° ′ ″ |  |
|  |  |  |  |  |  |  |
|  |  |  |  |  |  |  |
|  |  |  |  |  |  |  |
|  |  |  |  |  |  |  |
|  |  |  |  |  |  |  |
|  |  |  |  |  |  |  |

距离测设手簿 表 13-3

观测者：　　　　　仪器：　　　　　记录者：　　　　　日期：　　　　　天气：

| 线名 | 设计距离 $D$(m) | 测设钢尺读数 | | 精密检测距离 $D'$(m) | 距离改正数 $\Delta D = D' - D$(mm) | 备注 |
|---|---|---|---|---|---|---|
| | | 后端 | 前端 | | | |
| | | | | | | |
| | | | | | | |
| | | | | | | |
| | | | | | | |
| | | | | | | |
| | | | | | | |
| | | | | | | |
| | | | | | | |

距离检测手簿 表 13-4

观测者：　　　　　仪器：　　　　　记录者：　　　　　日期：　　　　　天气：

| 尺段 | 次数 | 前尺读数 (m) | 后尺读数 (m) | 尺段长度 (m) | 温度改正数 (mm) | 高差改正数 (mm) | 尺长改正数 (mm) | 改正后尺段长度 (m) | 备注 |
|---|---|---|---|---|---|---|---|---|---|
| | | | | | | | | | |
| | | | | | | | | | |
| | | | | | | | | | |
| | | | | | | | | | |
| | | | | | | | | | |
| | | | | | | | | | |
| | | | | | | | | | |
| | | | | | | | | | |

钢尺号码：　　　　　　　　　钢尺膨胀系数：　　　　　　　　　钢尺检定温度：

钢尺名义长度：　　　　　　　钢尺检定长度：　　　　　　　　　钢尺检定拉力：

## 测设水平角和水平距离实训报告

表 13-5

日期：　　　　班级：　　　　组别：　　　　姓名：　　　　学号：

<table>
<tr><td>实训题目</td><td></td><td>成绩</td><td></td></tr>
<tr><td>实训目的</td><td colspan="3"></td></tr>
<tr><td>主要仪器与工具</td><td colspan="3"></td></tr>
<tr><td colspan="4">1. 实训场地布置草图</td></tr>
<tr><td colspan="4">2. 实训主要步骤</td></tr>
<tr><td colspan="4">3. 实训总结</td></tr>
</table>

# 实训工单 14  测设已知高程和坡度线

## 一、目的

1. 练习测设已知高程点，要求误差不大于±8mm。

2. 练习测设坡度线。

## 二、实训器材

水准仪 1 台，水准尺 1 对，木桩 6 个，斧子 1 把，测伞 1 把，记录本 1 本，皮尺 1 个。

## 三、实训内容

1. 测设已知高程。

2. 测设坡度线。

## 四、实训步骤

1. 测设已知高程 $H_设$

（1）在水准点 $A$ 与待测高程点 $B$（打一木桩）之间安置水准仪，读取 $A$ 点的后视读数 $a$，根据水准点高程 $H_设$，计算出 $B$ 点的前视读数 $b = H_A + a - H_设$。

（2）使水准尺紧贴 $B$ 点木桩侧面上、下移动，当视线水平，中丝对准尺上读数为 $b$ 时，沿尺底在木桩上画线，即为测设的高程位置。

（3）重新测定上述尺底线的高程，检查误差是否超限。

2. 测设坡度线。欲从点 $A$ 至点 $B$ 测设距离为 $D$，坡度为 $i$ 的坡度线，规定每隔 10m 打一木桩。

（1）从 $A$ 点开始，沿 $AB$ 方向量距、打桩并依此编号。

（2）起点 $A$ 位于坡度线上，其高程为 $H_A$，根据设计坡度及 $AB$ 两点的距离，计算出点 $B$ 的设计高程，并用测设已知高程点的方法将点 $B$ 测设出来。

（3）安置水准仪于 $A$ 点，使一只脚螺旋位于 $AB$ 方向上，另两只脚螺旋的连线与 $AB$ 垂直，量取仪器高 $i$。

（4）用望远镜瞄准点 $B$ 上的水准尺，转动位于 $AB$ 方向上的脚螺旋，使中丝对准尺上读数 $i$ 处。

（5）不改变视线，依次立尺于各桩顶，轻轻打桩，待尺上读数为 $i$ 时，桩顶即位于坡度线上。

若受地形所限，不允许将桩顶打在坡度线上时，可读取水准尺上的读数，然后计算出各中间点桩顶距坡度线的填、挖数值：填（挖）数＝$i$－尺上读数，"－"为填，即坡度线在桩顶上面；"＋"为挖，即坡度线在桩顶下面。

### 五、上交资料

1. 每组上交《高程测设手簿》《高程检测手簿》《坡度线测设手簿》各一份（表 14-1～表 14-3）。

2. 每人上交《测设已知高程和坡度线实训报告》一份（表 14-4）。

**高程测设手簿**　　　　　　　　　　　　　　表 14-1

观测者：　　　　　仪器：　　　　　记录者：　　　　　日期：　　　　　天气：

| 测站 | 水准点号 | 水准点高程 | 后视 | 视线高 | 测点编号 | 设计高程 | 桩顶应读数 | 桩顶实读数 | 桩顶挖填数 |
|------|---------|-----------|------|--------|---------|---------|-----------|-----------|-----------|
|      |         |           |      |        |         |         |           |           |           |
|      |         |           |      |        |         |         |           |           |           |
|      |         |           |      |        |         |         |           |           |           |

**高程检测手簿**　　　　　　　　　　　　　　表 14-2

观测者：　　　　　仪器：　　　　　记录者：　　　　　日期：　　　　　天气：

| 测站 | 水准点号 | 水准点高程 | 后视 | 视线高 | 测点编号 | 设计高程 | 检测高程 | 测设误差 |
|------|---------|-----------|------|--------|---------|---------|---------|---------|
|      |         |           |      |        |         |         |         |         |
|      |         |           |      |        |         |         |         |         |
|      |         |           |      |        |         |         |         |         |

**坡度线测设手簿**　　　　　　　　　　　　　　表 14-3

观测者：　　　　　仪器：　　　　　记录者：　　　　　日期　　　　　天气：

| 点号 | 后视 $a$ | 视线高 $H_视$ | 坡线设计高程 $H_设$ | 坡线读数 $b_坡$ | 桩顶读数 $b_桩$ | 挖填数 $W$ | 备注 |
|------|---------|--------------|--------------------|----------------|----------------|-----------|------|
|      |         |              |                    |                |                |           |      |
|      |         |              |                    |                |                |           |      |
|      |         |              |                    |                |                |           |      |
|      |         |              |                    |                |                |           |      |
|      |         |              |                    |                |                |           |      |

线名：　　　　　设计坡度：　　　　　水准点高程 $H_尺$：

## 测设已知高程和坡度线实训报告

表 14-4

日期：　　　　班级：　　　　组别：　　　　姓名：　　　　学号：

| 实训题目 | | 成绩 | |
|---|---|---|---|
| 实训目的 | | | |
| 主要仪器与工具 | | | |
| 1. 实训场地布置草图 | | | |
| 2. 实训主要步骤 | | | |
| 3. 实训总结 | | | |

# 实训工单 15　高程传递测量

## 一、实训目的与要求

1. 确定立井导入高程的方案，制定实施计划，完成立井导入高程。
2. 每组在实训场地完成一组高程传递的数据，并计算出结果。

## 二、实训器材

长钢尺 1 把，水准仪 1 台，重锤 2 个，滑轮 2 套，绞车 2 套，水准尺 1 对，小钢尺 1 把，自备铅笔、计算器。

## 三、实训步骤

在确保安全的情况下，在校园内选择一处有开放式过廊的地方，可以从上面向下导下钢尺，如图 15-1 所示，设已知水准点 $A$ 的高程为 $H_A$，要在井内测出高程为 $H_B$ 的 $B$ 点的位置。具体操作步骤如下。

1. 悬挂一根带重锤的钢卷尺，零点在下端。
2. 在地面上安置水准仪，后视 $A$ 点读数为 $a$，前视钢尺读数为 $b$。
3. 同时在井内安置水准仪，后视钢尺读数为 $c$，前视钢尺读数为 $d$。
4. 计算 $B$ 点的高程 $H_B$。$H_A + a = H_B + d + (c - b)$。

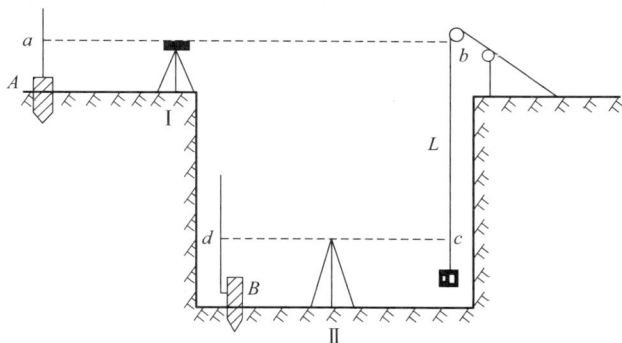

图 15-1

## 四、注意事项

1. 采用在竖井内悬挂钢尺的方法进行高程传递测量时，地上和地下的两台水准仪应同时读数，并应在钢尺上悬挂与钢尺鉴定时相同质量的重锤。

2. 在传递高程时，每次应独立观测三测回，测回间应变动仪器高。三测回测得的地上、地下水准点间的高差较差应小于 3mm。

3. 高差应进行温度、尺长改正，当井深超过 50m 时应进行钢尺自重张力改正。

## 五、上交资料

1. 每组上交《高程传递测量记录表》一份（表 15-1）。

2. 每人上交《高程传递测量记录表实训报告》一份（表 15-2）。

高程传递测量记录表

表 15-1

观测者：　　　　　仪器：　　　　　记录者：　　　　　日期：　　　　　天气：

| 点位 | 地面 | | 地下 | |
|:---:|:---:|:---:|:---:|:---:|
| | 钢尺读数 | 水准尺读数 | 钢尺读数 | 水准尺读数 |
| 1 | | | | |
| $H_{B1}$ | | | | |
| 2 | | | | |
| $H_{B2}$ | | | | |
| 3 | | | | |
| $H_{B3}$ | | | | |
| 4 | | | | |
| $H_{B4}$ | | | | |
| $H_B$ | | | | |

## 高程传递测量记录表实训报告　　　　表 15-2

日期：　　　　班级：　　　　组别：　　　　姓名：　　　　学号：

| 实训题目 | | 成绩 | |
|---|---|---|---|
| 实训目的 | | | |
| 主要仪器与工具 | | | |

1. 实训场地布置草图

2. 实训主要步骤

3. 实训总结

# 实训工单 16　圆曲线主点测设

## 一、实训目的与要求

1. 掌握路线交点转角的测定方法。
2. 掌握圆曲线主点里程的计算方法及测设过程。
3. 每个实训小组由 5 人组成。
4. 利用经纬仪进行圆曲线主点放样。

## 二、实训器材

每组配经纬仪 1 台，木桩 3 个，皮尺 1 把，记录板 1 块，测钎 3 个。

## 三、实训内容

1. 掌握圆曲线主点里程的计算方法。
2. 学会圆曲线主点的测设方法。

## 四、实训步骤

1. 在平坦地区定出路线导线的三个交点（$ZD_1$、JD、$ZD_2$），如图 16-1 所示，并在所选点上用木桩标定其位置。导线边长要大于 80m，目估角 $\beta < 145°$。

2. 在交点 JD 上安置经纬仪，用测回法观测出 $\angle ACB$，并计算出 $\alpha$。$\alpha = 180° - \angle ACB$。

3. 假定圆曲线的半径 $R = 100$m，根据 $R$ 和 $\alpha$ 计算圆曲线测设元素 $L$、$T$、$E$、$D$。

4. 计算圆曲线主点的里程（假定 $JD_1$ 的里程为 K4+296.67）。

5. 设置圆曲线的主点。

（1）在 $JD-ZD_1$ 方向上，自 $JD_1$ 量取切线长 $T$，得圆曲线的起点 ZY，插一测钎作为起点桩。

（2）在 $JD-ZD_2$ 方向上，自 $JD_1$ 量取切线长 $T$，得圆曲线的起点 YZ，插一测钎作为终点桩。

（3）用经纬仪设置 $\beta/2$ 的方向线，即 $\beta$ 的角平分线。在此角平分线上自 $JD_1$ 量取外距 $E$，得圆曲线的终点 QZ，插一测钎作为中点桩。

（4）站在曲线内侧观察 ZY、QZ、YZ 桩是否有圆曲线的线形，以作为概略检核。

（5）交换工种后，重复 1～5 步，看两次设置的主点位置是否重合。

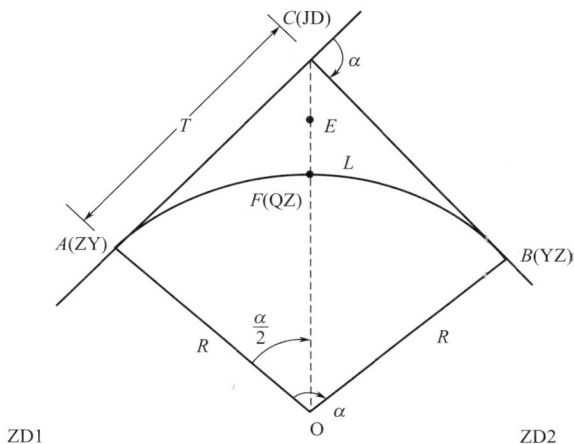

图 16-1

## 五、注意事项

1. 为使实训直观、便利地克服场地的限制，本次实训规定 $30° < \alpha < 40°$，$R = 100\text{m}$。

2. 在计算主点里程时要两人独立计算，加强校核，以防算错。

## 六、上交资料

1. 每组上交《圆曲线主点测设记录表》一份（表 16-1）。

2. 每人上交《圆曲线实训报告》一份（表 16-2）。

## 圆曲线主点测设记录表 　　　　表 16-1

观测者：　　　　　仪器：　　　　　记录者：　　　　　日期：　　　　　天气：

| 交点号 | | | | 交点桩号 | | |
|---|---|---|---|---|---|---|
| 转角观测结果 | 盘位 | 目标 | 水平度盘读数 | 半测回右角值 | 右角 | 转角 |
| | 盘左 | | | | | |
| | 盘右 | | | | | |
| 曲线元素 | $R$（半径）＝　　　　$T$（切线长）　　　$E$（外距）＝　　　$\alpha$（转角）＝<br>$L$（曲线长）＝　　　　　　　　　$D$（超距）＝ | | | | | |
| 主点桩号 | ZY 桩号：　　　　QZ 桩号：　　　　YZ 桩号： | | | | | |
| 主点测设方法 | 测设草图 | | | 测设方法 | | |
| | | | | | | |

**068**

## 圆曲线实训报告

表 16-2

日期：　　　　班级：　　　　组别：　　　　姓名：　　　　学号：

| | | | |
|---|---|---|---|
| 实训题目 | | 成绩 | |
| 实训目的 | | | |
| 主要仪器与工具 | | | |
| 1. 实训场地布置草图 | | | |
| 2. 实训主要步骤 | | | |
| 3. 实训总结 | | | |

# 实训工单 17　地形图测绘 （1∶500）
## ——经纬仪配小平板和半圆仪测绘

### 一、实训目的与要求

（1）掌握图根控制测量的方法。

（2）掌握展绘坐标网和图根点的方法。

（3）掌握极坐标法进行碎部测量的方法。

（4）掌握大比例尺地形图测绘的方法。

（5）实训时间 10 天。

### 二、测前准备工作

每组 4~5 人，经纬仪 1 台，水准仪 1 台，钢尺（50m）1 把，水准尺（3~5m）1 对，塔尺 1 对，花杆 2 根，木桩若干，油漆，画笔，铁锤。

### 三、图根控制测量

1. 图根点平面位置测量（起点坐标为假设）

（1）选线、埋石、编号。在测区内约 0.04km² 内选定若干个图根点组成闭合导线，并埋石（自然石）。编号（逆时针方向）。

（2）边长丈量：记录入表 17-3。

两点间边长在 50m 内，直接往返丈量。前后读数两次至毫米。读数差小于 5mm，取平均数。往返较差相对中误差小于 1/3000。取平均数为其边长 $S$（斜距）。测定两点高差 $\Delta h$。求平距：

$$D = \sqrt{s^2 - \Delta h^2}$$

两点间边长在 100m 内，分两段丈量。首先定中间点（三点一线），依上法分段丈量，两段往返总长较差相对中误差小于 1/3000。取其平均数。依上法边长全部丈量完为止。

（3）水平角观测（测回法测内角）

每站测回法一测回，要求盘左与盘右半测回较差不大于 40″取平均值为此站水平角。超 40″重测。依次测定各点内角。

多边形闭合差 $f_\beta = \sum \beta - 180°(n-2)$，$n$ 为测站数。$f_\beta$ 小于 $\pm 40″\sqrt{n}$ 在限差内平均分配各内角。取至秒，$V_{改} = -f_\beta/n$。超限需重测内角，至合格为止。

（4）闭合导线计算

假设起点坐标。依据各点水平角值（平差后角值），以起始边假设方位角求出各边方位角，以边长数据计算出各点坐标。

2.图根点的高程测量（起点高程为假设高程）

利用选定的图根点，进行等外水准测量。求得各点高程，该水准路线为闭合路线。

使用 DS$_3$ 水准仪和 3m 水准尺（带尺垫）从 1 号点起至各点再闭合到 1 号点，其闭合差应小于 $12\sqrt{n}$ mm，$n$ 为测站数。在限差内，按测站数平均分配各点上。超限重测。高程平差见表 17-6。求得各点高程。

### 四、绘制坐标格网和展绘所有图根点

1. 绘制坐标格网（直尺对角线法或坐标格网尺法）

2. 展绘图根点

先估测把各图根点大约放置在图纸的中部，后按 1：500 比例尺标出 50m 整数格网线填满所有坐标线 $X$、$Y$ 数据。根据各图根点坐标 $X$、$Y$ 值，确定各图根点在方格网的位置。依 $X$ 值标在两相临 $X$ 网线上。同样以 $Y$ 值标出 $Y$ 网线，$X$、$Y$ 线交点与该点图上位置。同法将所有图根点展上。之后丈量两点间距与实际长度之差不小于 0.2mm，大于 0.2mm 需检查重展。每点标出点号及高程至毫米。

### 五、碎部测量

采用极坐标法。按人员分工分述如下：

1. 观测者

在各图根点上架经纬仪后量仪高。对准零方向后，开始测定碎部点。其任务是测定本站碎部点与零方向点间的水平角，读至分。读取上、下及中丝在水准尺上的读数，同时读取竖直角（读至分）。求得视距。为计算方便，中丝照准仪器高 $i$，则 $i-1=0$。在测点过程中，适时检查零方向是否变动。此站测完转下站，直至测完为止。

2. 记录计算者（可两人）

在记录本上记下测站点，仪器高，零方向。测定各地物，地貌特征点，视距丝上中下，及觇标高，水平角，垂直角（至分）后，计算出平距及高程。并记下各点属性。

3. 跑尺者

在每一站周围，对 1：500 比例尺所见地物全部测定，一般要求距离不超过 80m。立尺于地物点上，对地貌、山顶、山梁、山谷、陡坡、地形变化处都要立尺测点外，在平地或坡地变化不大地段，隔 10m 左右也要立尺测点。在图上每

平方分米内，至少要测定 5 点以上至 20 点。地貌才能显得真实自然。

4. 绘图者

将图板摆开，找到测站点，标出零方向，用半度刻划的半圆仪。按每点与零方向夹角（即水平角）定方向。用该点与站点之平距定位，并标出该点高程到厘米，按点特征标其符号。再用此法展下一点。相临各点位置现场看清，并连线。在展一部分点后，可按相临高程插绘等高线（1m 等高距）。每测站结束前，在现场展绘完所有碎部点。没有漏点方可转站。缺点当站补上。

整幅测完展绘完成后，需整饰。主要地物、地貌符号，要按图式尺寸画好，如图根点、路、墙、陡坎、电杆等。等高线、首曲线要连续、清晰，计曲线要加粗，并在上坡方向标出高程数据。整饰后，图面整洁、清晰、易读。另外在特征地段要有注记点高程，记到厘米，如山顶、沟底、鞍部、平地、坎高等都要注记。

图内整饰后，绘图廓。并在图上方写图名，下方写比例尺。

左下角写测量数据来源，即坐标系、测量日期、等高距。右下角写明测量单位及人员。整饰后连资料一起上交。

## 六、检查、验收与评分（表 17-1）

检查、验收与评分 表 17-1

| 序号 | 考核项目 | 考核标准 | 考核要求 | 评分标准 |
|---|---|---|---|---|
| 1 | 图根控制测量（35 分） | 1. 进行闭合导线测量、四等水准测量；<br>2. 外业选点、观测右角、测距及起始边方位角测量；<br>3. 内业平差计算导线点坐标 | 1. 选择导线点符合要求；<br>2. 水平角、边长测量精度合格；<br>3. 平差计算正确；<br>4. 记录干净整齐 | 正确完成外业测量工作 20 分；<br>正确完成内业计算工作 15 分；<br>不符要求扣 5～10 分 |
| 2 | 大比例校平面图测绘（40 分） | 1. 进行大比例校平面图的测绘工作；<br>2. 测绘校平面图一张 | 1. 地物测量准确；<br>2. 所测地形图符合地形原状 | 正确完成外业测量工作 20 分；<br>平面图干净整洁,符合原地形 20 分；<br>不符要求扣 5～10 分 |
| 3 | 纵断面图（5 分） | 1. 进行纵断面图的测绘工作；<br>2. 道路纵断面图一张 | 所测图符合道路原状 | 正确完成外业测量工作 3 分；<br>平面图干净整洁,符合原地形 2 分；<br>不符要求扣 1～2 分 |

| 序号 | 考核项目 | 考核标准 | 考核要求 | 评分标准 |
|---|---|---|---|---|
| 4 | 横断面图（5分） | 1. 进行横断面图的测绘工作；<br>2. 道路横断面图一张 | 所测图符合道路横断面原状 | 正确完成外业测量工作3分；<br>平面图干净整洁，符合原地形2分；<br>不符要求扣1～2分 |
| 5 | 报告（5分） | 根据实习内容全面总结，完成实习报告 | 1. 内容全面，字迹工整；<br>2. 文理通顺、结论明确 | 实习报告内容全面，字迹工整，文理通顺5分；<br>不符要求扣1～3分 |
| 6 | 综合表现（10分） | 1. 遵守纪律；<br>2. 团结合作；<br>3. 吃苦耐劳；<br>4. 考勤 | 要求严格遵守劳动纪律，团结协作，共同努力完成工作 | 各方面表现良好20分；<br>不符要求扣5～10分 |

## 七、上交资料

1.《水平角观测记录表》（表 17-2）。

2.《边长丈量记录计算表》（表 17-3）。

3.《闭合导线坐标计算表》（表 17-4）。

4.《高程水准记录表》（表 17-5）。

5.《高程平差计算表》（表 17-6）。

6. 地形图一份。

注：1～5 项每人一份，6 项一组一份。

# 水平角观测记录表

表 17-2

观测者：　　　　　　仪器：　　　　　　记录者：　　　　　　日期：　　　　　　天气：

| 测站 | 盘位 | 目标 | 水平度盘读数<br>(° ′ ″) | 半测回角值<br>(° ′ ″) | 一测回角值<br>(° ′ ″) | 各测回平均角值<br>(° ′ ″) | 备注 |
|---|---|---|---|---|---|---|---|
| | | | | | | | |
| | | | | | | | |
| | | | | | | | |
| | | | | | | | |
| | | | | | | | |
| | | | | | | | |
| | | | | | | | |
| | | | | | | | |
| | | | | | | | |
| | | | | | | | |
| | | | | | | | |
| | | | | | | | |
| | | | | | | | |
| | | | | | | | |
| | | | | | | | |
| | | | | | | | |

## 边长丈量记录计算表 表 17-3

| 边号 | 往测边长 | | | 返测边长 | | | 边长 S （m） | 高差 Δh | 边长 p （m） |
|---|---|---|---|---|---|---|---|---|---|
| | 后尺读数 | 前尺读数 | 后—前 | 后尺 | 前尺 | 后—前 | | | |
| 1-2 | | | | | | | | | |
| | | | | | | | | | |
| | | | | | | | | | |
| 2-3 | | | | | | | | | |
| | | | | | | | | | |
| | | | | | | | | | |
| *n*-1-*n* | | | | | | | | | |
| | | | | | | | | | |
| | | | | | | | | | |
| | | | | | | | | | |
| 总长 | | | | | | | | | |

## 闭合导线坐标计算表

表 17-4

| 点号 | 转折角观测值 (° ′ ″) | 角度改正数 (″) | 改正后角值 (° ′ ″) | 坐标方位角 (° ′ ″) | 边长 (m) | 纵坐标增量(Δx) | | | 横坐标增量(Δy) | | | 纵坐标 (m) | 横坐标 (m) |
|---|---|---|---|---|---|---|---|---|---|---|---|---|---|
| | | | | | | 计算值 (m) | 改正数 (cm) | 改正后值 (m) | 计算值 (m) | 改正数 (cm) | 改正后值 (m) | | |
| 1 | 2 | 3 | 4 | 5 | 6 | 7 | 8 | 9 | 10 | 11 | 12 | 13 | 14 |
| | | | | | | | | | | | | | |
| | | | | | | | | | | | | | |
| | | | | | | | | | | | | | |
| | | | | | | | | | | | | | |
| | | | | | | | | | | | | | |
| | | | | | | | | | | | | | |
| | | | | | | | | | | | | | |
| | | | | | | | | | | | | | |
| | | | | | | | | | | | | | |
| | | | | | | | | | | | | | |
| | | | | | | | | | | | | | |
| | | | | | | | | | | | | | |
| | | | | | | | | | | | | | |
| | | | | | | | | | | | | | |
| | | | | | | | | | | | | | |
| | | | | | | | | | | | | | |
| | | | | | | | | | | | | | |
| | | | | | | | | | | | | | |
| | | | | | | | | | | | | | |
| | | | | | | | | | | | | | |
| 辅助计算 | | | | | | | | | | | | | |

高程水准记录表

表 17-5

观测者:　　　　　仪器:　　　　　记录者:　　　　　日期:　　　　　天气:

| 测点 | 水准尺读数(m) | | 高差 h(m) | | 高程(m) | 备注 |
|---|---|---|---|---|---|---|
| | 后视 a(m) | 前视 b(m) | ＋ | － | | |
| | | － | － | － | | 起点高程设为 50.000m |
| | | | | | | |
| | | | | | | |
| | | | | | | |
| | | | | | | |
| | | | | | | |
| | | | | | | |
| | | | | | | |
| | | | | | | |
| | | | | | | |
| | | | | | | |
| | | | － | － | | |
| Σ | | | | | | |
| 计算校核 | $\sum a - \sum b =$ | | | $\sum h =$ | | |

高程平差计算表 表 17-6

| 点号 | 站数 | 高差 | 改正数（mm） | 改后高差 | 改正后高程 | 备注 |
|---|---|---|---|---|---|---|
|  |  |  |  |  |  |  |
|  |  |  |  |  |  |  |
|  |  |  |  |  |  |  |
|  |  |  |  |  |  |  |
|  |  |  |  |  |  |  |
|  |  |  |  |  |  |  |
|  |  |  |  |  |  |  |
|  |  |  |  |  |  |  |